U0448314

海外东南亚研究译丛
孙来臣　主编

东南亚的自然环境与土地利用

〔日〕高谷好一　著
毕世鸿　李秋艳　译
毕世鸿　校

商务印书馆
The Commercial Press

TONAN AJIA NO SHIZEN TO TOCHI RIYO
by TAKAYA Yoshikazu
Copyright © 1985 TAKAYA Yoneko
All rights reserved.
Originally published in Japan by Keiso Shobo Publishing Co., Ltd., Tokyo.
Chinese (in simplified character only) translation rights arranged with
Keiso Shobo Publishing Co., Ltd., Japan
through THE SAKAI AGENCY and Copyright Agency of China LTD.
本书根据劲草书房1985年版译出

本书承蒙
云南大学圣达奖学金、
王立礼博士
慷慨资助出版

译丛国际顾问团

王赓武（新加坡国立大学）
詹姆斯·斯科特（James Scott，美国耶鲁大学）
埃里克·塔利欧科佐（Eric Tagliocozzo，美国康奈尔大学）
安托尼·瑞德（Anthony Reid，澳大利亚国立大学）
李塔娜（澳大利亚国立大学）
通猜·威尼差恭（Thongchai Winichakul，美国威斯康辛大学）
苏尔梦（Claudine Salmon，法国国家科学研究中心）
桃木至朗（日本大阪大学）
小泉顺子（日本京都大学）
刘仁善（韩国首尔国立大学）
潘辉梨（越南河内国家大学）

译丛国内顾问团

周南京（北京大学）
梁志明（北京大学）
梁英明（北京大学）
梁立基（北京大学）
李　谋（北京大学）
张玉安（北京大学）
裴晓睿（北京大学）
戴可来（郑州大学）
贺圣达（云南社会科学院）
朱振明（云南社会科学院）
范宏贵（广西民族大学）
古小松（广西社会科学院）
孙福生（厦门大学）
庄国土（厦门大学）
陈佳荣（香港现代教育研究社）

"海外东南亚研究译丛"编委会

主　编：孙来臣（加利福尼亚州立大学富勒敦分校）

副主编：李晨阳（云南大学）　　　　傅聪聪（北京外国语大学）
　　　　张振江（暨南大学）　　　　阳　阳（广西民族大学）

编　委：薄文泽（北京大学）　　　　金　勇（北京大学）
　　　　史　阳（北京大学）　　　　夏　露（北京大学）
　　　　杨国影（北京大学）　　　　吴杰伟（北京大学）
　　　　包茂红（北京大学）　　　　顾佳赟（北京外国语大学）
　　　　易朝晖（洛阳外国语学院）　陈红升（广西社会科学院）
　　　　易　嘉（云南民族大学）　　牛军凯（中山大学）
　　　　毕世鸿（云南大学）　　　　范宏伟（厦门大学）
　　　　叶少飞（云南红河学院）　　许芸毓（天津外国语大学）
　　　　杜　洁（成都工贸职业技术学院）王杨红（广西民族大学）
　　　　陈博翼（厦门大学）　　　　咸蔓雪（北京大学）
　　　　谢侃侃（北京大学）

秘书处：李晨阳（cyli_dny2002@126.com）
　　　　傅聪聪（johanikhwan@aliyun.com）
　　　　陈红升（574343199@qq.com）

筚路蓝缕，以启山林
——"海外东南亚研究译丛"总序

孙来臣

从20世纪初期的南洋研究算起，中国研究东南亚的历史几近百年。从南洋研究的先驱人物到东南亚研究的后继学者，薪火相传，辛勤耕耘，使中国的东南亚研究从机构建设、人才培养、资料收集和学术出版诸方面都初具规模、引人注目。

在21世纪初的今天，随着中国国力的提升，东南亚地区重要战略地位的凸显，以及中国与东南亚关系的日益密切，中国对东南亚研究重视的程度日渐加强，民间对东南亚地区的兴趣也愈加浓厚。此外，一批具有国际视野、外语知识和研究能力的学者群体也有望逐渐形成。这些都将会在21世纪把中国东南亚研究推向一个前所未有的高峰。但是，反思中国东南亚研究的今昔，对照美欧、日本和东南亚地区的研究状况，我们又不得不承认，在学术环境、学术视野，研究题目与田野调查的深度和广度，研究资料的购置和收藏，资料和外语的掌握，尤其是重要概念和重大理论的创造等方面，中国的东南亚研究仍落居人后，差距显著，要跻身国际前列并引领世界潮流尚需时日。到目前为止，中国的东南亚研究还缺乏独创的理论和研究框架。要真正走向世界、产生国际影响，就必须在材（史）料上阅读原文、"脚踏实地"（田野调查），实现从"原料进口"到"独立生产"的转变；在研究方法上完成从"刀耕火种"(梳理材料、描述事实)到"工业革命"的飞跃(创造概念、理论和发现重大规律),实现从单一学科到交叉学科、从传统学科(历史、文化、经济、外交、华侨华人等)到前沿学科(包括妇女、性别、生态、气候、环境、医学等)的开拓;而在研究视野上要从微到著,从一(国)到多(国),高屋建瓴,以全球眼光将东南亚地区作为世界的一个有机部分来审视。以此为基础,进而出现一批闻名中国、享誉世界的重要著作和学者,其中最重要的一个标准就是这些著作的观点理论和研究范式要在国内外产生重大甚至爆炸性的影响,达到不胫而走、洛阳纸贵的程度。也就是说,中国的东南亚研究要从学习、借鉴国外的理论和学说开始,进而创造出自己的理论,最后受到国际学术界的广泛肯定和承认。

有鉴于此,翻译与引进国外的优秀著作对中国东南亚研究的进步与起飞至关重要。明末徐光启提出"欲求超胜,必须会通;会通之前,先须翻译"的思想,对中国东南亚研究的发展具有重大而直接的启发意义,而鲁迅"拿来主义"的观点在世界文明交流的过程中则永不过时。中国近百年来对海外的东南亚研究著作时有翻译,为介绍国际学术信息起到了积极的作用,功不可没,但在著作的选择、翻译的组织和翻译质量的管控方面都多有局限。为促进中国东南亚研究与海外的交流,促成中国东南亚研究早日与国际接轨,发掘、培养一批优秀翻译人才,并逐步提高学术界对翻译重要性的认识,在海内外学界的热心促成和康德基金会的鼎力支持下,现在由商务印书馆推出"海外东南亚研究译丛",出版海外东南亚研究各方面(包括历史、考古、政治、经济、华侨、宗教、文化、语言、文学等)的优秀著作。译丛下设顾问团(其中包括国际顾问团与国内顾问团)和编委会。国际顾问团由国际上东南亚研究领域的著名学者组成,负责推荐海外优秀和经典的著作;国内顾问团则由国内东南亚研究领域的著名学者组成,负责确定出版方向、推荐优秀翻译人才等。译丛编委会由国内外精通中外文(外文包括东南亚非通用语种与其他通用语种)、热爱翻译、善于翻译、富有学术献身精神的学者组成。编委会成员根据各方面专家（包括编委会成员）的推荐，审查、确定需要翻译的著作目录，负责物色优秀翻译人才、确定翻译人员、审定翻译作品、保证翻译质量等。光阴荏苒，日月如梭，译丛最早从2010年开始酝酿，距今已经整整八个年头！译丛于2014年7月12日正式在云南大学启动。同时，为了鼓励翻译，译丛编委会在康德基金会的鼎力支持下又设立"姚楠翻译奖"（2017年1月1日之后，改由北京大学博士王立礼先生私人慷慨赞助），从2015年起每两年进行一次评选和颁奖。在译丛筹备的过程中，几位热心支持我们的国内外顾问在近年先后作古，今谨以译丛的正式出版慰藉其在天之灵。

组织并联合国内外的学术力量和资源，系统翻译海外东南亚研究著作的努力在国内尚属首次。译丛这些年一路走来，困难重重、步履维艰，其中包括资金缺乏、学术界漠视翻译以及译才难得等。可喜的是，近几年国内外的学术翻译在渐渐升温。美国"亚洲研究学会"设立了有关中国、南亚和东南亚方面的翻译奖项，显示出国际学术界对翻译的逐渐重视；国内的"海外中国研究丛书"的连续出版和巨大影响也非常令人鼓舞。特别是本译丛的编委会成员们以"筚路蓝缕，以启山林"的理念与献身学术的精神，秉持"假我十年，集同志数十手，众共成之"（明末著名天主教徒杨廷筠语，系其在欣闻法国传教士金尼阁从欧洲采购七千多部西书运抵中国后，计划组织翻译时所说）的信念，为推动中国东南亚研究的发展和进步一直不计名利，默默奉献。我们也希望各方面的有志之士加入到我们的行列中，共同为中国的学术繁荣和中外学术的交流增砖添瓦、贡献力量。我们也竭诚欢迎国内外学术界对我们的译著进行坦诚而细致的评论，因为我们非常欣赏鲁迅的这段话："翻译的不行，大半的责任固然该在翻译家，但读书界和出版界，尤其是批评家，也应该分负若干的责任。要救治这颓运，必须有正确的批评，指出坏的，奖励好的，倘没有，则较好的也可以。"

最后，我们衷心希望本译丛以他山之石，攻中国之玉，为中国东南亚研究的发展和腾飞开山凿洞、架桥铺路！

"海外东南亚研究译丛"的信念：

中国东南亚研究亟须振兴与国际化，

而翻译海外精品著作则是实现该目的的重要途径之一。

"海外东南亚研究译丛"的座右铭：

翻译精品，精品翻译；

精益求精，宁缺毋滥。

"海外东南亚研究译丛"的目标：

出版一批精品译著，开拓一块学术净土，

造就一批优秀译才，建设一座通（向）世（界）桥梁。

译者前言

在开展东南亚区域国别研究的过程中,学界通常认为东南亚的历史是最重要的基础,但有关东南亚自然地理、土地利用和农业发展的研究也是一个重要领域,是深化对东南亚整体认知的重要组成部分。在这一领域,日本知名学者高谷好一(1934—2016年)可谓业界翘楚。高谷好一1934年出生于日本滋贺县守山市,先后毕业于京都大学理学部、京都大学研究生院理学研究科,1990年获得京都大学授予的农学博士学位。其后,高谷好一曾担任京都大学东南亚研究中心(现为东南亚研究所)副教授、教授,滋贺县立大学人类文化学部教授,圣泉大学综合研究所教授。2016年,高谷好一在从事田野调查的印度西北部的昌迪加尔去世,享年81岁。高谷好一长期从事东南亚农业生态学研究,常年在东南亚各地开展田野调查,著作等身,主要著作有《热带三角洲的农业发展》(创文社)、《生活在红树林中——热带雨林的生态史》(NHK Books)、《追求新世界秩序——21世纪的生态史观》(中公新书)、《从"世界单位"看世界——地区研究的视角》(京都大学学术出版会)等。他提出的"世界单位""多文明主义"等理论,为深化区域国别研究做出了重要贡献。2013年,日本政府授予高谷好一瑞宝中绶章,以表彰其对"国家和社会所做出的功绩"。

京都大学东南亚研究所是日本东南亚区域国别研究的重镇,自1963年成立后,该所的东南亚区域国别研究历经数个阶段。在20世纪60年代至70年代前半期的第一阶段(制度建设阶段),该所致力

II 东南亚的自然环境与土地利用

于为研究人员构建平台,以便与日本各相关研究机构的同行组织和开展联合研究。在20世纪70年代后半期至80年代的第二阶段(联合研究发展阶段),该所鼓励研究人员组织和参与跨学科的联合研究,先后组织了"南苏门答腊区域经济调查""越南湄公河三角洲农业环境研究""泰国低地土壤潜力调查""东南亚民族独立运动""工业化对农村社区的影响""气候变化对亚洲水稻种植国农业生产和社会经济条件的影响"等团队项目,涉及多个学科。其中,高谷好一参与主持"热带群岛的环境与人类迁徙"项目,重点围绕东南亚海岛地区开展跨学科联合研究。在20世纪90年代至21世纪头10年的第三阶段(综合性区域国别研究发展阶段),该所大力推进"全球区域国别研究",通过"区域与生态环境""区域特性形成理论""区域发展的本土理论"等子项目确定区域研究的主要领域;通过"外部文明与内部世界"和"区域互联理论"子项目,研究东南亚地区的形成和相互关系。这有力地促进了东南亚区域国别研究的发展。[1]

作为京都大学东南亚研究所联合研究发展阶段有关东南亚农业生态学的代表作,高谷好一的《东南亚的自然环境与土地利用》(劲草书房)出版于1985年,该著作可谓京都大学东南亚研究所制度建设阶段和综合性区域国别研究发展阶段之间承上启下的巨著,也是日本东南亚学丛书的首部学术著作,堪称日本有关东南亚生态学与农业史有机结合的跨学科研究的开山之作。为阐明东南亚土地利用的整体情况,高谷好一在东南亚各地多次开展详细的田野调查,查阅了东南亚各国大量史料,并从生态学的角度对东南亚农业史进行了深入论述。该著作不仅全面解析了东南亚各地区大相径庭的土地利用情况,还阐明了东南亚各地区土地利用在结构上的相互关联,堪称利用交叉学科方法开展区域国别研究的典范。该著作由以下三章构成。

第一章对东南亚的生态和土地利用情况进行总体概括,并将其分

---

[1] "50 years of history at CSEAS", 2017, https://history.cseas.kyoto-u.ac.jp/#home.

为九个生态圈及土地利用区。该章首先阐明了东南亚的基本轮廓,从东南亚的地形、地质、气候、土壤、植被等方面展开论述,这有助于读者整体把握东南亚自然环境。在此基础上,该章就东南亚的水稻、旱稻、玉米类杂粮、薯类作物、西米、温带作物这六种代表性粮食作物,对东南亚各主要民族的耕种情况、耕地种类及种植区进行了论述,并据此将东南亚划分为九大生态圈及土地利用区,即大陆山区、平原地区、三角洲地区、湿润岛屿西部地区、湿润岛屿东部地区、伊里安查亚、小巽他群岛地区、爪哇地区和菲律宾地区。

农业是利用动植物的生长发育规律,通过人工培育来获得产品的产业,而自然条件则在各自的区域内规定了可能种植或饲养的植物和动物。高谷好一指出,相同的自然条件相互连接所形成的空间,决定了农业形成的自然地域性。在东南亚,由于大陆地区和海岛地区气候条件的差异、体现殖民宗主国统治政策所造成的不同农业结构以及各种政体的并存,决定了无法将该地区视为政治、社会经济、自然条件整齐划一的地区。东南亚虽是富有多样性的地区,但从全球层面来看,该地区具有典型的亚洲季风气候、以大米为主食的民族性、长期受中国和印度文化及农业技术影响等共同特征,因而将东南亚视为统一的区域也在情理之中。藤本彰三(东京农业大学教授)认为,这成功地展现出东南亚所具有的多样性和统一性。① 吉野正敏(筑波大学教授)就此强调,该著作重视旱稻、水稻、杂粮以及火耕田的演变,其将东南亚的土地利用划分为九大区域,是在亚洲季风区域内进一步细分下级区域的成功案例。②

第二章以各地的田野调查为基础,对上述九个生态圈及土地利用

---

① 藤本彰三:《东南亚地区农业研究的框架及研究动向》,《农林业问题研究》第140期,2000年12月,第13页(藤本彰三:「東南アジアにおける地域農業研究の枠組みと研究動向」、『農林業問題研究』140号、2000年12月、第13頁)。

② 吉野正敏:《季风亚洲的环境变化与稻作社会》,《地理学评论》第72卷第9期,1999年,第570页(吉野正敏:「モンスーンアジアの環境変化と稲作社会」、『地理学評論』72巻9号、1999年、第570頁)。

IV 东南亚的自然环境与土地利用

区的现状进行了论述。其中，大陆山区的自然环境与人类生产生活方式多样，可进一步细分为四类区域，即盆地、斜坡和支流山谷谷底，混合林斜坡的火耕田[①]，常绿山地林，支流山谷谷底和盆地。平原地区的田地经常遭遇旱灾，自身水资源不足，只能"靠天种地"，大多是雨养水田[②]，但由于文化背景各不相同，导致雨养水田在东南亚各地有所差异。而地势较高且干燥的高燥土地，则一般作为旱地使用。在湄南河、湄公河和伊洛瓦底江的三角洲地区，当地居民因地制宜，采用适合当地自然条件的方式种植水稻。在苏门答腊、西爪哇、马来半岛和加里曼丹岛西部的湿润岛屿西部地区，以咖啡、橡胶、旱稻、水稻种植为主，也有捕鱼、椰子种植、采集森林产品等生产方式。而在湿润岛屿东部地区，其山地有着和湿润岛屿西部地区相似的生活和生产状况，海岸带则主要是西米采集、捕鱼和水牛养殖。在伊里安查亚地区，当地十分盛行种植薯类作物。小巽他群岛地区的土地利用几乎没有受到印度和欧洲的影响，这使得当地传统的火山岛土地利用模式被很好地保留了下来。与此相比，爪哇由于自古以来就是交通要道，深受外来文化影响，这导致当地土地利用模式异常复杂，而当地极大的人口密度更加剧了这一复杂性。此外，菲律宾的土地利用也极其复杂，主要有水稻盛产区、杂粮短期休耕旱地区以及薯类作物和稻谷区。

藏治光一郎（东京工业大学教授）指出，高谷好一在有无雨季和旱季的基础上，通过区分东南亚大陆地区和海岛地区，夏雨、冬雨和

[①] 关于日语"烧畑"，英语有两个名称：即"Swidden"（火耕）和"shifting agriculture"（轮歇农业）。在中国古代叫"火耕""畲田"，现代有"火耕田""火烧地"等说法。明清之后中国西南地区史料广泛使用"刀耕火种"，亦称"轮作"，延续至今。但刀耕火种其实是山地民族解决吃饭问题的生计形态，是一种特殊的农业生产方式。为特指采用刀耕火种这一方式进行种植的土地，综合中国国内特别是西南地区的相关释义，本书采用"火耕田"这种表述。详情参见尹绍亭、耿言虎：《生态人类学的本土开拓：刀耕火种研究三十年回眸——尹绍亭教授访谈录》，《鄱阳湖学刊》2016年第1期，第47—50页。——译者注

[②] 关于日语"天水田"，按照是否使用灌溉设施，农业分为雨养农业和灌溉农业两种主要类型。雨养农业是指没有灌溉设施，不进行人工灌溉，利用天然降水为水源发展的农业模式。借用"雨养农业"的概念，本书采用"雨养水田"的说法。——译者注

一年皆为雨季的所属区域,从而对东南亚各地的降雨类型做了综合性论述。① 大泽正昭(上智大学教授)继而强调,高谷好一对东南亚稻作的整体结构、水文水利、水田土壤、品种、犁的谱系、稻作技术的类型和分布等问题进行了深入研究,并提出了"生态与技术如何关联"这一课题,令读者感到有必要重新认识稻作的所谓"常识",并在未来激起更为活跃的讨论。②

第三章全面梳理上述九个生态圈及土地利用区各自的历史演变过程。该章将东南亚的土地利用史划分为五个时期,即稻作传播时期、印度水稻技术传入时期、大米商品化初始时期、种植园时期、第二次世界大战结束后(二战后)时期。在稻作普及之前,东南亚的本土作物主要是薯类作物和西米。从公元前 1000 年开始,稻作在以薯类作物和西米为主食的地方广泛推广。公元 5—6 世纪,印度文化传入东南亚,各地开始出现巨大的石造寺院和大量的水稻耕种。高谷好一认为,在公元 5—6 世纪至 12—13 世纪期间,印度型稻作方式席卷中南半岛平原地区,印度型稻作是长粒稻、犁耕、撒播、镰刀收割、牛蹄脱粒组成的一整套种植技术。后来,泰国素攀武里府的乌通县发掘出铁犁,这验证了彼时当地存在犁耕的农业生产方式。应地利明(京都大学教授)就此强调,这彰显出该著作在研究东南亚农业史方面具有极高的前瞻性。③

13—16 世纪,东南亚进入"贸易时代",大米在这一时期首次作

---

① 藏治光一郎:《东南亚热带雨林山地小流域的降雨特性》,《水文水资源学会会刊》第 11 卷第 7 期,1998 年,第 708 页(藏治光一郎:「東南アジア熱帯林山地小流域における降雨流出特性」,『水文・水資源学会誌』11 巻 7 号、1998 年、第 708 頁)。
② 大泽正昭:《书评 渡部忠世主编,高谷好一、田中耕司、福井捷朗编〈稻谷的亚洲史〉》,《史学杂志》第 97 卷第 2 期,1988 年,第 255 页(大澤正昭:「書評 渡部忠世責任編集 高谷好一・田中耕司・福井捷朗編集『稲のアジア史』」、『史学雑誌』97 巻 2 号、1988 年、第 255 頁)。
③ 应地利明:《泰国稻作习惯农业方法和犁的调查》,《东南亚研究》第 31 卷第 2 期,1993 年 9 月,第 130 页(応地利明:「タイにおける稲作慣行農法と犁の調査」、『東南アジア研究』31 巻 2 号、1993 年 9 月、第 130 頁)。

VI 东南亚的自然环境与土地利用

为商品出现,这极大地激发了各地种植稻谷的积极性。对此,高村奉树(京都大学教授)指出,关于自古以来使用西米的区域性扩展,高谷好一根据中国古典《诸蕃志》(13世纪末)和《岛夷志略》(14世纪中叶),以东南亚各地主要农作物的区域分布特点为基础,精确推定各地土地利用的特点及其演变,这一成果给予学界诸多启示。高谷好一阐明了以下观点,即与稻作集中的中南半岛、马来半岛和东爪哇等地相对应,从连接菲律宾棉兰老岛南部和加里曼丹岛北部至苏拉威西北部、马鲁古群岛的地区盛产西谷椰子树,而以加里曼丹岛为中心的海岛地区还存在大片薯类作物种植。[1] 然而,当欧美国家对东南亚各地实施殖民统治之后,由于殖民者强制推行大规模种植经济作物,这导致东南亚土地利用情况发生了根本性变化。东南亚各地人与自然和谐共处的原有景观销声匿迹,取而代之的是东南亚各地以热带种植园为代表的人造新景观。二战结束后,随着东南亚各国相继独立,东南亚各地的土地利用模式再次发生巨变。其中变化最为显著的是湄南河三角洲、泰国东北部以及印度尼西亚的海岸低湿地三个地区。

基于上述论述,高谷好一最后强调,种植主粮并非东南亚土地的唯一用途,种植经济作物和工业原料作物也至关重要。特别是在考察东南亚地区的经济、社会特征等问题时,除了梳理作物种类和种植技术的谱系以外,其生产规模也值得关注。据此,高谷好一将东南亚的国家和集团划分为六大类,即拥有大规模大米产地的国家、拥有小规模大米产地的国家、把大米作为经济作物的国家和地区、生产大米以外其他经济作物的地区、独具优势的贸易中转地、自给自足的地区。原田宪一(山形大学教授)就此提出,从当代传统农村社会的土地利用的研究来看,各区域的农业生产与当地的生物、气候及土壤等存在因果关系,该著对此进行了开创性实证研究,而高谷好一凭借日积

---

[1] 高村奉树:《西谷椰子树研究的现状及问题》,《热带农业》第34卷第1期,1990年,第56页(高村奉樹:「サゴヤシ研究の現状と問題点」、『熱帯農業』34巻1号、1990年、第56頁)。

月累的知识成体系才得以首次实现这一目标。①

《东南亚的自然环境与土地利用》一经出版，即被日本学界誉为"综合研究东南亚自然地理的划时代性金字塔尖"。深见纯生（桃山学院大学教授）就此评论道，作为刺激东南亚区域层面理论构建的研究，该著作可谓20世纪80年代最重要的成果之一。②山下清海（东京农业大学教授）认为，关于东南亚的自然环境与农业的关系，该著作可谓日本关于东南亚自然环境研究的开山之作。其对于湄公河三角洲、湄南河三角洲、伊洛瓦底江三角洲的综合性研究，更开创了跨学科研究之先河。③嶋尾稔（庆应义塾大学教授）继而指出，该著作从生态学的视角出发，大胆且鲜明地揭示出东南亚史的时间和空间框架，其研究对象聚焦于景观的变化，让读者能够迅速俯瞰东南亚生态史的全貌。对缺乏生态学相关史料并陷入窘境的文献史学者而言，该著作可谓启蒙之作。④

高谷好一不仅利用历史学、地理学等既有学科，还依靠仔细观察对象地区及和当地居民的深入交谈，通过根植于东南亚自然环境、生活、文化、区域的田野调查方法，孕育出了《东南亚的自然环境与土地利用》这一经典之作。就《东南亚的自然环境与土地利用》所涉及的跨学科研究、长期细致的田野调查以及由此所带来的启示，桃木至朗（大阪大学教授）强调，高谷好一根据其田野调查不断修正既有历

---

① 原田宪一：《破坏地球环境的元凶是科学、技术还是科学技术？》，《堆积学研究会会刊》第36卷第36期，1992年，第79页（原田憲一：「地球環境破壊の元凶は科学か技術か科学技術か」，『堆積学研究会報』36巻36号、1992年、第79頁）。
② 深见纯生：《南亚东南亚——1985年的历史学界：回顾与展望》，《史学杂志》第95卷第5期，1986年，第866页（深見純生：「南アジア、東南アジア1985年の歴史学界：回顧と展望」，『史学雑誌』95巻5号、1986年、第866頁）。
③ 山下清海：《第二次世界大战后日本的东南亚地理学研究》，《经济地理学年报》第38卷第1期，1992年，第41—42页（山下清海：「第二次世界大戦後日本における東南アジアの地理学の研究」，『経済地理学年報』第38巻第1号、1992年、第41—42頁）。
④ 嶋尾稔：《书评 石井米雄编〈讲座 东南亚学（第四卷）东南亚历史〉》，《史学杂志》第101卷第4期，1992年，第587页（嶋尾稔：「書評 石井米雄編『講座 東南アジア学（第四巻）東南アジアの歴史』」，『史学雑誌』101巻4号、1992年、第587頁）。

VIII 东南亚的自然环境与土地利用

史学研究成果并大放异彩,该著作不仅对全球东南亚研究提供了新的历史创见,对中国的传统农业经济史研究也提出了诸多崭新的历史见解。佐治史(日本河滨研究中心研究员)认为,高谷好一通过论述自然村、行政村和村落共同体,建构出理解东南亚社会关系的一种分析框架,并成为学界深刻理解调查地社会秩序的一个重要方法。例如,其对泰国湄南河三角洲运河村落运行情况的研究,弥补了未能把握当地居民空间意识的缺憾,使学界对社会集团形成的要素有了更为深刻的理解。① 伊东利胜(爱知大学教授)继而指出,为了补充文献史料的不足,并揭示更为正确的历史真相,生态学和农学的知识大有裨益,这在当下已成为常识。该著作的作用并不仅限于农业史,对于研究权力基础和政治动向也能发挥重要作用。在这方面,高谷好一可谓在东南亚史研究的冥暗之中投下一股光柱,是先驱者、领路人。

在该著作中,高谷好一将东南亚划分为九大生态区,重点围绕平原、山间盆地、热带雨林考察其中的历史变迁。学界通常认为生态系统是制约人类行动的一大因素,并决定了社会发展的走向。但该著作将交易活动也视为推动农业发展的一个重要因素,继而阐明东南亚在与域外发生关系的过程中,其生态系统也发生了相应变化。这一研究方法及其结论,促使东南亚史呈现出全新的发展态势。该著作的贡献,可谓功勋卓著。② 大桥厚子(名古屋大学教授)借此强调,在人类社会这一空间中,自然环境是其最重要的基础。以该著作中进行生态区分的研究积累为出发点,能够制作全球规模的生态区分图。以地理气候为主要因素的生态,及土地和海洋利用为基本要素,再加上影响人类健康的病毒、害虫以及交通运输环境等,将成为未来重要的研究课题。

---

① 佐治史:《从泰国运河沿岸市场村落的空间来看社会集团形成的理论》,《东南亚研究》第54卷第1期,2016年7月,第63页(佐治史:「タイ・運河沿い市場集落の空間からみる社会集団の形成論理」,『東南アジア研究』54巻1号、2016年7月、第63頁)。
② 伊东利胜:《自律史观的确立》,《东南亚——历史与文化》第22期,1993年,第14页(伊東利勝:「自律史観の確立をめざして」,『東南アジア一歴史と文化』、No.22、1993年、第14頁)。

而与将气候区分为大气候和小气候的方法类似，借助高谷好一的研究方法，也能对生态进行详细区分。①

本书插图均系原书插附地图。

毕世鸿
2023 年 4 月

---

① 大桥厚子：《与东南亚研究一道共度危机时代》，《东南亚——历史与文化》第 41 期，2012 年，第 95—96 页（大橋厚子：「東南アジア研究と共に危機の時代を生き延びるために」、『東南アジア—歴史と文化』、No.41、2012 年、第 95－96 頁）。

前言

笔者才疏学浅，但在本书撰写之际，仍然决心将东南亚土地利用的整体情况呈现给各位读者。

迄今为止，已经有一些文献论述了东南亚的土地利用情况，但这些文献所论述的范围有限。如果想要了解东南亚整体情况，还必须把众多的文献放在一起进行研读，才会有所斩获。笔者撰写本书的目的之一，就是为了解决这一问题，以利于各位读者相对便捷地俯瞰东南亚的整体情况。

本书的另外一个目的，就是不仅阐明东南亚各个地区不同的土地利用情况，也尽可能地去论述它们之间在结构上的相互关联。换言之，要从系谱上分析现阶段的土地利用情况。因此，除了生态学的研究方法，同时还必须从历史的角度来考察东南亚的土地利用情况。虽然历史研究方法已经超越了笔者的能力范围，但仍然决定大胆尝试。

基于以上设想，本书将在第一章中，对东南亚的生态和土地利用情况进行概括，并将其分为九个生态圈及土地利用区。在第二章中，对上述九个生态圈及土地利用区各自的现状进行论述。最后，在第三章中，全面梳理上述九个生态圈及土地利用区各自的历史演变过程。

由于笔者学识有限，文中难免出现诸多资料使用不足、评论独断等问题，但鉴于目前尚无类似著作，恳请各位读者谅解。如果本书能起到抛砖引玉的作用，并能在今后引发学术界对该话题的持续关注，笔者将倍感荣幸。

高谷好一

1984 年 8 月

目 录

译者前言 I

前言 XI

第一章 东南亚的轮廓 001

 第一节 自然环境 001

  一、地形和地质 001

  二、气候 006

  三、土壤 008

  四、森林 013

 第二节 生态圈及土地利用区的划分 016

  一、种植的现状 017

  二、九大生态圈及土地利用区 029

第二章 各类生态圈及土地利用区 032

 第一节 大陆山区 032

  一、盆地、斜坡、支流山谷谷底 032

二、混合林斜坡的火耕田 …… 035

三、利用常绿山地林海拔的优势 …… 041

四、支流山谷和盆地的灌溉稻作 …… 048

第二节 平原地区 …… 054

一、平原的水文环境 …… 054

二、难以稳定的雨养稻作 …… 055

三、各地稻作的实际情况 …… 058

四、高燥土地的利用 …… 065

第三节 三角洲地区 …… 069

一、湄南河三角洲的水文 …… 069

二、湄南河三角洲的土地利用 …… 072

三、伊洛瓦底江三角洲的水文和土地利用 …… 077

四、湄公河三角洲的水文和土地利用 …… 082

第四节 湿润岛屿西部地区 …… 086

一、苏门答腊的横截面 …… 087

二、上游山地 …… 089

三、中游泛滥平原地带 …… 093

四、下游湿地林地带 …… 097

第五节 湿润岛屿东部地区 …… 102

一、生产西米的鲁乌低地 …… 103

二、鲁乌低地的鱼和水牛 …… 107

三、托拉查高地的农业 …… 111

第六节 伊里安查亚地区 …… 116

一、约斯·苏达索岛 …… 117

二、中央高地 …… 119

第七节　小巽他群岛地区 123

　　一、弗洛勒斯岛和帝汶岛 124

　　二、南苏拉威西的南端 129

第八节　爪哇地区 133

　　一、旱地种植 133

　　二、佩卡兰甘庭院 137

　　三、水稻种植 140

第九节　菲律宾地区 142

　　一、传统的土地利用 142

　　二、经济作物 150

小　结 155

第三章　土地利用史 158

第一节　稻作的传播 158

　　一、从发掘的遗物看稻作 159

　　二、东山型稻作的分布 161

第二节　印度型稻作的传入 166

　　一、湄公河下游 166

　　二、爪哇 176

　　三、上缅甸 180

第三节　商品大米的出现 186

　　一、13—16世纪的东南亚 186

　　二、爪哇的水田扩张 208

　　三、阿瑜陀耶的水田开拓 211

第四节　殖民地时期 216

　　一、湿润岛屿西部地区的橡胶 216

二、三角洲的水田开垦 219

三、大陆山地的柚木树 225

四、荷兰对爪哇岛的"经营" 227

第五节　第二次世界大战结束后 233

一、湄南河三角洲的高密度利用 233

二、泰国东北部的旱地扩充 237

三、印度尼西亚海岸低湿地的开发 240

结　语 245

作者后记 247

索　引 249

事项索引 249

人名索引 292

译者后记 295

第一章　东南亚的轮廓

本章将先从地形、地质、气候、土壤等无机环境出发,整体把握东南亚自然和生态环境的基本框架,纵观其植被状况。最后,根据土地利用的情况将东南亚划分为九大区域。

第一节　自然环境

一、地形和地质

（一）大陆地区和海岛地区

东南亚由缅甸、泰国、越南等大陆地区,和马来西亚、印度尼西亚、菲律宾等海岛地区构成。东南亚的大陆和海岛在地形上的轮廓构成,在图1地质图中可一目了然。

图1为东南亚地质情况简图。东南亚大陆地区的北部为山地,这是从喜马拉雅山脉向东南延伸出来的一个部分。包括喜马拉雅山脉在内,该地区因受地球内部挤压上升而形成,因此被称为隆起地带。

东南亚海岛地区的山脉多为火山,与大陆地区非火山的隆起山地相比,这可谓东南亚地质的显著特征。从苏门答腊到爪哇、再到小巽

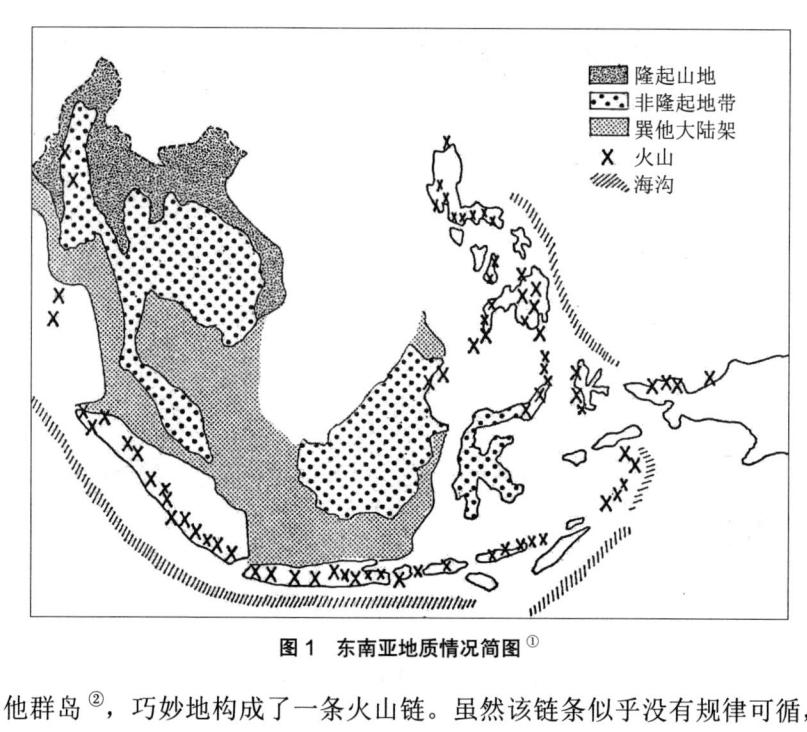

图 1　东南亚地质情况简图①

他群岛②，巧妙地构成了一条火山链。虽然该链条似乎没有规律可循，但其一直延伸到菲律宾群岛。

与海岛地区火山带相平行的外侧是海沟，海沟深度通常超过 6000 米。从整体来看，东南亚这一地区就像被巨大的环形壕沟和城墙所包围，海沟是环形壕沟，高耸的火山则是城墙。

如果仔细观察，就会发现东南亚海岛地区的火山其实仅分布在边缘地带。位于海岛地区中心的马来半岛、婆罗洲（加里曼丹岛）③没有

---

① 本书插图系原文插附地图。后同。——译者注
② 小巽他群岛（Lesser Sunda Islands），又名努沙登加拉群岛（印尼语：Nusa Tenggara），是马来群岛中的一个群岛，位于爪哇岛以东的印度洋和帝汶海之间，与爪哇岛、苏门答腊岛和加里曼丹岛等组成的大巽他群岛（Greater Sunda Islands）相对。——译者注
③ 婆罗洲一般指加里曼丹岛。加里曼丹岛（Kalimantan Island）是世界第三大岛，属于热带雨林气候，植被繁茂，该岛属于印度尼西亚、马来西亚和文莱。加里曼丹岛南临爪哇海，北临中国南海。北部有马来西亚的砂拉越和沙巴两州，两州之间为文莱，印度尼西亚的北加里曼丹省也在北部。南部为印度尼西亚的东、南、中、西加里曼丹四省。中国古籍称为"婆利""勃泥""渤泥""婆罗"等。——译者注

火山。换言之，东南亚海岛地区由中心的非火山带和边缘的火山带共同组成。

围绕非火山群岛的爪哇海和中国南海南部波澜不兴，具有内海特性，海水含盐量低、水质浑浊。这些内海的西半部分深度很浅，呈现出非海洋的特性，其深度不超过 200 米，且地势较为平坦，形成了所谓的巽他大陆架。从地质学角度来看，该地区曾是陆地的一部分。事实上，该海域的海底在 2 万年前曾是陆地，并且还明显残留有当时昭披耶河（即湄南河）和湄公河的河道痕迹。

（二）地形演变过程

东南亚大陆地区和海岛地区地形的基本框架，究竟是凭借何种力量造就的？其过程大致如下。

在距今约 1 亿年前的中生代，亚欧板块位于现在亚洲大陆所处的位置。彼时的亚欧板块十分平坦，尚未出现喜马拉雅山脉之类的高山峻岭。后来，从非洲漂移过来的小板块，即现在的南亚次大陆向东漂移，并与亚欧板块的南缘发生碰撞。因其相互冲击抬升所形成的陆地即喜马拉雅山脉，位于喜马拉雅山脉东南方向的东南亚北部山地也随之一起隆起。

关于东南亚海岛地区火山群岛和海沟的形成，板块构造论已经从科学的角度进行了解释。该理论的主要内容为：地壳主要由几大板块（即大块岩石）构成，各板块在软流层上因对流而漂移。也正因为如此，板块之间经常发生相互碰撞，有时某个板块甚至会钻入另一个板块之下。在东南亚，大陆地区及其周边的非火山群岛属于同一个板块，即亚欧板块。该板块的西南部是印度—澳洲板块（Indo-Australian Plate），[①] 主要包括现在的澳大利亚和印度洋等地区，东侧则是太平洋板

[①] 关于日语的"オーストラリア・インド・プレート"，英文通常使用"Indo-Australian Plate"的表述，故中文也照此使用"印度—澳洲板块"的说法。——译者注

块（Pacific Plate）。[①] 印度—澳洲板块向北移动，太平洋板块向西移动，由于两者都与亚欧板块（Eurasian Plate）[②] 相连，无法整体移动。于是，印度—澳洲板块和太平洋板块相继都插入亚欧板块之下，形成了今天的喜马拉雅山脉和环太平洋火山地震带。

西村进和池田隆曾在印度尼西亚东部开展田野调查，其调查结果如图2所示。图2显示出印度—澳洲板块深深插入亚欧板块之下。由于印度—澳洲板块强行插入亚欧板块之下，导致两者的碰撞部位出现巨大的断裂带，进而形成海沟。与此同时，挤入的板块在软流层融化之后，喷出地表形成火山。图2形象地描绘了这一过程。在安汶岛（Pulau Ambon）附近，印度—澳洲板块以40度—70度的角度向下挤入亚欧板块，在深约600千米的地方融化之后，喷出地表并形成火山。

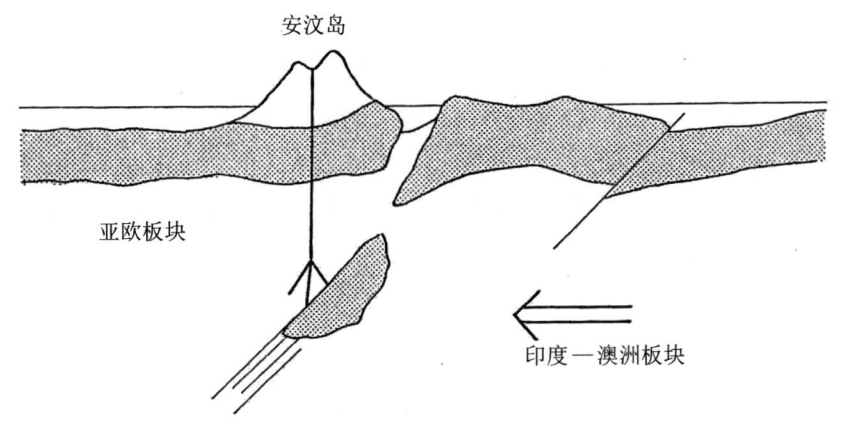

图2 印度—澳洲板块插入亚欧板块之下

资料来源：根据以下著作制作。西村进、池田隆：《关于安汶》，《京都大学教养地学报告》，1983年，第183页（西村進・池田隆：「アンボナイトについて」、『京大教養地学報告』、1983年、第183頁）。

[①] 环太平洋能源和矿物资源理事会：《环太平洋区域板块构造图》，1982年（Circum-Pacific Council for Energy and Mineral Resources, *Plate-Tectonic Map of the Circum-Pacific Region*, 1982）。

[②] 关于Eurasian Plate，中文翻译有"亚欧板块""欧亚板块"（欧亚大陆板块），但前者的使用频率略高，故采用"亚欧板块"的说法。——译者注

（三）地形和地质的分类

上文从地壳运动的角度阐述了东南亚地形的发展过程。在此基础上，如果加上地质堆积和侵蚀运动层面的分析，将有助于准确理解东南亚的地形演变。如图3所示，学者将东南亚的地形分为六种类型，即隆起山地、平原、三角洲、岛屿低湿地、非火山岛屿、火山岛屿。

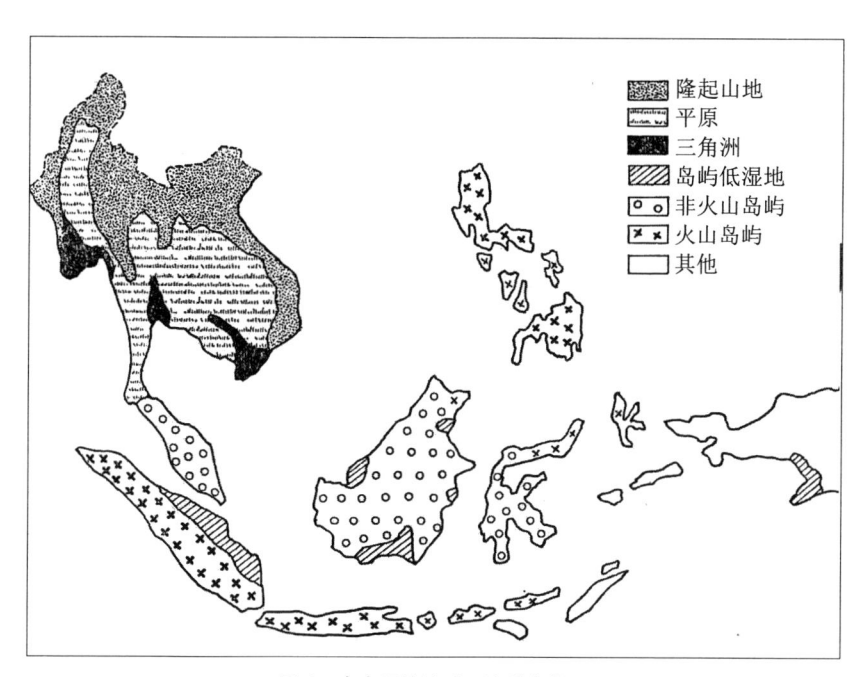

图3 东南亚的地形、地质分类图

关于各个部分的特征，可简单归纳如下：

第一，隆起山地：位于大陆地区北部，海拔约500—2000米；第二，平原：没有发生隆起运动的原始大陆，海拔大多在几百米以下，整体较为平坦；第三，三角洲：伊洛瓦底江、湄南河、湄公河等河流在入海口处形成的广阔冲积低地；第四，岛屿低湿地：为巽他大陆架露出海平面的低海拔陆地，海拔只有几米；第五，非火山岛屿：没有火山的岛屿，但不包括沿岸低湿地，如马来半岛、加里曼丹岛、苏拉威西岛等；第六，火山岛屿：在海岛地区边缘形成的活火山群。

二、气候

关于东南亚的气候，本系列丛书的其他著作将有详细论述，此处不再赘述。但为了后文行文通顺，故在此处进行最简要的说明。

（一）降雨

图4为亚洲降雨类型分布图。图中标有众多数字，其中还有带圆圈的数字。数字指干燥月份的数量，圆圈表示属于冬季降雨类型的地

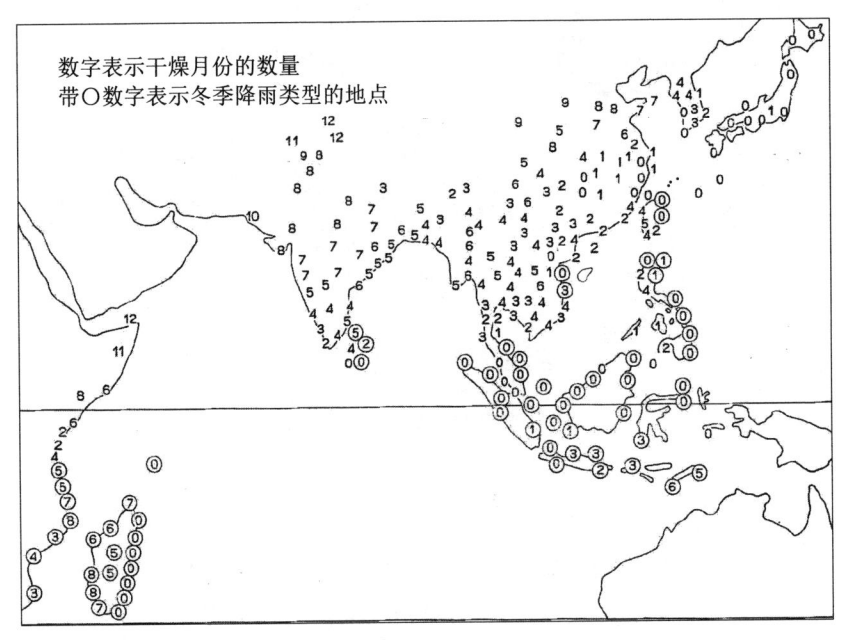

图4 亚洲降雨类型分布图

资料来源：高谷好一：《南岛的农业基础》，载渡部忠世、生田滋编：《南岛的稻作文化——以与那国岛为中心》，法政大学出版局1984年版，第11页（高谷好一：「南島の農業基盤」、渡部忠世・生田滋編：『南島の稲作文化－与那国島を中心に』、法政大学出版局1984年版、第11頁）。

区。其中，干燥月份是指月均降雨量在 40 毫米以下的月份。而在月平均降雨量低于 40 毫米的气候状况下，农作物通常难以生长。在图 4 中，"3"代表有 3 个月的月均降雨量在 40 毫米以下，通常情况下，这 3 个月是连续的。关于冬季降雨类型，一般指北半球冬季降雨量最大的 3 个月，即 11 月、12 月和 1 月所出现的现象。

根据图 4 可得出以下结论：

第一，大陆地区与海岛地区形成鲜明对比，大陆地区有时会出现干燥月份，而海岛地区通常不会出现干燥月份。

第二，海岛地区也有两个地方会出现干燥月份，一是菲律宾西海岸，二是爪哇中部到帝汶岛之间的一系列群岛。

第三，冬季降雨类型地区以赤道为中心呈带状分布，如同细长的手臂一样，一直延伸到菲律宾东海岸。

（二）气温

气温受到纬度和海拔的影响，赤道附近的平原地区终年高温。但随着距离赤道越远，该地区冬季就会出现气温越低的情况。另一方面，当海拔变高时，气温也会随之整体性下降。图 5 是东南亚四个典型地区每年的月平均气温。

在图 5 中，新加坡是最典型的位于赤道附近的低地，一年四季气温几乎没有变化。缅甸的八莫与新加坡形成鲜明对比，八莫位于北纬 24.16 度，海拔约 118 米，5—9 月气温较高，12 月—次年 1 月气温较低，四季温差较大。

曼谷位于北纬 13.44 度，据当地气象资料显示，曼谷的气温不同于新加坡的常年高温，冬季也不如八莫那么寒冷，属于两地之间的中间类型。

托萨里（Tosari）村[①]位于东爪哇，海拔 1735 米，终年温差不大，

---

① 托萨里村位于爪哇岛内地，海拔 1735 米，年平均气温 8—22℃。——译者注

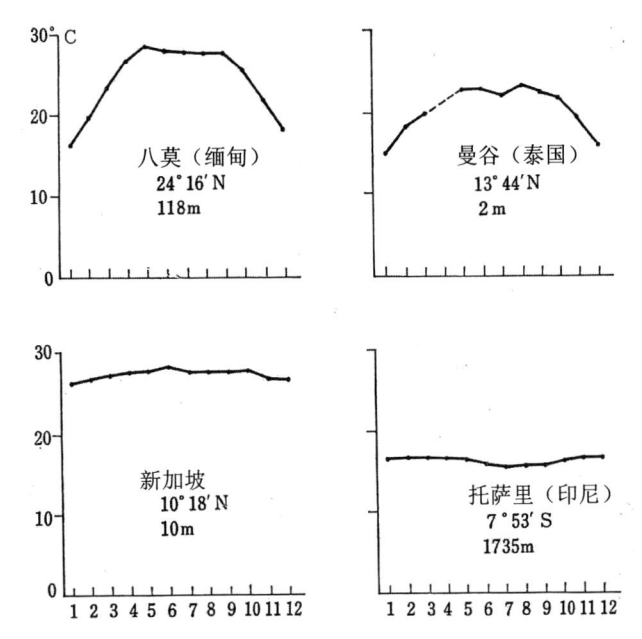

图 5　东南亚四个典型地区的月平均气温

资料来源：仓岛厚等：《亚洲的气候》（世界气候志第一卷），古今书院 1964 年版（倉嶋厚ら：『アジアの気候』（世界気候誌第一卷）、古今書院 1964 年版）。

这点与新加坡类似。但当地年平均气温比新加坡低 10 摄氏度左右。作为低纬度高海拔地区，这里四季如春。在海拔更高的地区，气温将会大幅下降，例如伊里安查亚（Irian Jaya）[①]的最高峰查亚峰（旧称苏卡诺峰），其海拔约 5000 米，山顶常年被冰川覆盖。[②]

三、土壤

从农业发展的角度来看，土壤是农业的基础。这里主要关注两个

[①] 伊里安查亚（Irian Jaya），旧名"西伊里安"，属于印度尼西亚一省，包括附近的实珍群岛、亚彭岛、卫古岛、米苏尔岛等。——译者注

[②] 查亚峰实际海拔为 4884 米，是喜马拉雅山及安第斯山之间的最高点，同时也是世界上最高的岛屿山峰。——译者注

问题，一是土壤的肥沃程度，二是土壤中是否存在有害物质。

（一）成土母质的肥沃程度

在花岗岩的上层，有以花岗岩为成土母质的土壤。其次，在火山灰的上层，也有火山灰风化后形成的土壤。因此，这些土壤的性质，主要由原来岩石的性质所决定。

从专门的地质分类方法来看，岩石可分为沉积岩、岩浆岩（火成岩）和变质岩等。但在探讨土壤成土母质的养分含量时，这种分类方法无济于事。相比之下，按颜色将其分为黑色岩石和白色岩石的分类方法更为妥当。黑色岩石指包含辉石、角闪石、云母等诸多有色矿物的岩石，富含钾、钙、镁等各种养分。相比之下，白色岩石通常由大量石英砂构成，较为贫瘠。

在东南亚，最具代表性的黑色岩石就是火山岩①。火山岩由安山岩②或玄武岩构成，富含大量养分。虽然围绕上述海岛地区边缘地带的火山带并非都由安山岩或玄武岩构成，但这些火山带大多是营养丰富的中性岩石和基性岩石。这些火山岛地带，是东南亚岩石养分含量最高的地带。

与此相比，石英砂岩的养分含量最低，广泛分布在泰国东北部至柬埔寨的平原地区。

从上述观点来看，花岗岩和页岩的养分含量介于火山岩和石英砂岩之间。此类岩石是构成大陆地区山地和非火山岛屿的主要岩石。

概言之，位于东南亚海岛地区外缘的火山带，是拥有较高养分含量岩石的地带。而平原地区的岩石养分含量极低。其他地区的岩石介于两者之间，具有中间性质。

---

① 火山岩又称喷出岩（Effusive rock），属于岩浆岩（火成岩）的一类，是岩浆经火山口喷出到地表后冷凝而成的喷出岩。——译者注
② 安山岩（Andesite）是中性的钙碱性喷出岩，与闪长岩成分相当。安山岩一词来源于南美洲西部的安第斯山名 Andes。分布于环太平洋活动大陆边缘及岛弧地区。——译者注

另外，石灰岩也值得一提。石灰岩通常呈白色，由其演变而成的土壤构成较为特殊。其主要变成热带黑色的腐殖质黏土和红色石灰土，这些土壤与页岩和花岗岩形成的土壤相比，其土质更加优良。但石灰岩只分布在局部地区，因此其形成的特殊土壤的分布范围也相对较小。由此可见，石灰岩风化形成的特殊土壤只能给局部地区带来变化。

（二）红壤化

岩石主要由石英、长石、角闪石等有色矿物构成。其中，除了石英以外，其余矿物均富含养分。但这些矿物质风化后，钾、镁、钙等养分流失，仅剩下酸化铁、酸化铝、高岭黏土和石英。高岭黏土被雨水冲刷后也会流失，最后形成仅剩酸化铁、酸化铝和石英的混合物。这些混合物一般多孔、质地坚硬，好像有很多小孔的红砖。这一过程就是红壤化，也即侵蚀风化。

一般而言，随着时间的流逝，岩石风化形成的土壤质量都会下降。例如在泰国，在地表暴露了 10 万年左右的土壤早已侵蚀风化殆尽。①

实际上，只有在土壤长期稳定的平原地区才会发生侵蚀风化现象。山区主要存在侵蚀现象，三角洲地带主要存在堆积现象，这些地区的土壤更新换代相对较快。如此一来，在上述六大地形中，只有平原地区发生侵蚀风化的可能性较大。而且在东南亚，平原地区的土壤主要是由石英砂岩形成，养分较低。这些低养分的岩石侵蚀风化之后，平原地区就会变得极度贫瘠。

（三）冲积土壤和问题土壤

土沙从山地流向三角洲的时间一般比较短。因此，在这一过程中风化不会加剧。由此可见，山地岩石在到达三角洲之后，其化学性质

---

① 高谷好一：《热带三角洲的农业发展》，创文社 1982 年版，第 140—146 页（高谷好一：『熱帯デルタの農業発展』、創文社 1982 年版、第 140—146 頁）。

也始终不变，只是在物理层面变得更加细碎。1977年，川口桂三郎和久马一刚对东南亚大三角洲冲积土壤的研究证实了这一点。①

另一方面，在很多东南亚海岛地区的低湿地，出现了与三角洲完全不同的堆积环境。例如，在苏门答腊东岸和加里曼丹岛没有像大陆地区一样漫长的河流，因此无法供给土沙。其结果是，在这种低湿土壤中出现了非常严重的土壤问题，即"问题土壤"过多。

"问题土壤"主要分为两种，一是酸性硫酸盐土，二是泥炭土。

酸性硫酸盐土是在红树林地带演变为陆地过程中所形成的强酸性土壤。其形成过程如下：海水中原本富含大量硫酸盐。而红树林和水椰林中存在很多吸食这些硫酸盐的细菌，这些细菌使硫酸盐变成硫化物离子。这些离子又很快和土壤中的铁结合，形成硫化铁（FeS），最终形成更加稳定的二硫化铁（FeS_2）并沉淀下来。在泥土表面经常有新的细菌活动，并适时产生二硫化铁，同时持续沉淀，导致泥土中的二硫化铁含量越来越高。

随着红树林地带逐渐演变成陆地，含有大量二硫化铁的土壤不断发生新的化学反应。土壤的水分流失导致土壤在空气中开始氧化反应，于是二硫化铁又分解为硫酸和名为黄钾铁矾的亚铁盐。随后黄钾铁矾又进一步氧化，继而分解为硫酸和二价铁，并最终稳定下来。如此一来，红树林和水椰林的土壤呈强硫酸性，也有很多地方的pH值在3以下。由于强酸性土壤有很强的腐蚀性，显然不适合植物生长。

另一方面，在酸性湿地中形成的泥炭土性质及其形成过程如下：在终年高温多湿的环境中，植物生长异常旺盛，低湿地常年被郁郁葱葱的树木所覆盖。即使有树木老朽枯死，在这棵树的周边也会很快长出新的树木。由于该地区气候终年湿润，因此枯死的树木也不会氧化或分解，朽木枯枝得以很好地保留下来。久而久之，在酸性湿地中会

---

① 川口桂三郎、久马一刚：《热带亚洲的水稻土壤》，夏威夷大学出版社1977年版（Keizaburo Kawaguchi & Kazutake Kyuma, *Paddy soils in Tropical Asia*, Univ. Press of Hawaii, 1977）。

形成很厚的植物遗体层,这就是泥炭土层。在苏门答腊东岸和加里曼丹岛,一些地方的泥炭土层厚度甚至达到5—6米以上。

泥炭土层的性质较为特殊。首先,其养分极度匮乏;其次,由于植物遗体吸收大量水分,一旦脱水,其体积将大幅收缩。当脱水达到一定程度便会诱发氧化反应,泥炭土层会变成碳酸气体直至完全消失。由此可见,泥炭土层其实是一种虚构的地层、虚假的土壤。

(四)地形、地质与土壤的关系

结合上文,可将东南亚的土壤构成归纳如下:

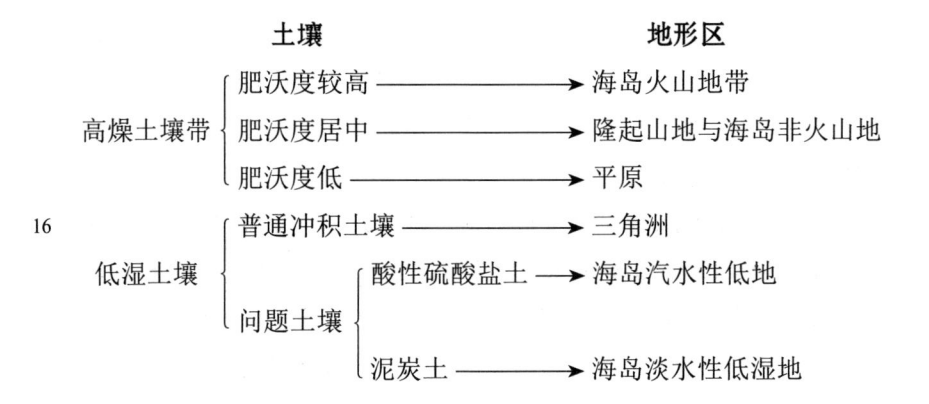

```
                  土壤                        地形区
            ┌ 肥沃度较高 ─────────→ 海岛火山地带
   高燥土壤带 ┤ 肥沃度居中 ─────────→ 隆起山地与海岛非火山地
            └ 肥沃度低 ──────────→ 平原
            ┌ 普通冲积土壤 ───────→ 三角洲
   低湿土壤  ┤           ┌ 酸性硫酸盐土 ─→ 海岛汽水性低地
            └ 问题土壤  ┤
                        └ 泥炭土 ──────→ 海岛淡水性低湿地
```

首先,土壤可分为高燥土壤和低湿土壤两种。进而根据高燥土壤的肥沃程度分为以下3种情况:肥沃的土壤无一例外都出现在海岛火山地带;贫瘠的土壤多见于平原地区;肥沃度一般的土壤分布于其他地区。

另外,低湿土壤可分为普通冲积土壤和问题土壤。普通冲积土壤一般出现在大陆地区的三角洲地带,肥沃度适中。"问题土壤"包括酸性硫酸盐土和泥炭土,多见于苏门答腊和加里曼丹岛等岛屿的低湿地。

由此可见,土壤的性质及其分布与地形、地质等条件密切相关。

四、森林

东南亚的森林分布主要由气候条件决定，同时在局部地区也会受到土壤条件的影响。

（一）气候条件

赤道及其周边地区广泛分布着热带雨林，森林茂密，且拥有多层结构。最高的树木超过 60 米。往下是 15 米到 30 米的大乔木层，在这一高度形成了一个密闭的空间。再往下是 5 到 10 米左右的小乔木层。然而在森林底部，几乎没有植被，可以说是畅通无阻。

根据保罗·理查兹（P. W. Richards）的研究，在热带雨林中，树冠层形成的密闭程度相当高。[①] 首先，森林内密不透风，连降雨也被上层的树冠所遮挡，导致雨水无法落下。但雨林内的相对湿度极高。由于太阳光无法射入，无论外部有无云彩遮挡，雨林内部的光线都非常昏暗，其亮度不到雨林外部的 1%。由此可见，热带雨林内部的黑暗程度，几乎可与深海海底相提并论。

热带雨林的树木种类也丰富多样，林内几乎没有两棵完全相同的树。表面看上去，每棵树都属于常绿阔叶林，但实际上其种类却各不相同。仅仅是加里曼丹岛的热带雨林，树木种类就多达 1 万种以上。

理查兹认为，树种繁多的热带雨林几乎是完美的森林模式。但雨林也会因为一些原因退化，并陷入贫瘠。在低纬度地区，温度通常比较适宜，而旱季的出现则是热带雨林退化的主要原因。当旱季到来时，森林里的树木种类减少，树木高度降低，乔木层逐渐单一化，落叶树会渐次混入其中。特别值得注意的是，落叶树会由上到下慢慢侵占整

[①] 保罗·理查兹：《热带雨林的生态学研究》，剑桥出版社 1952 年版（P. W. Richards, *The Tropical Rainforest: An Ecological Study*, Cambridge Univ. Press, 1952. 植松真一、吉良龙夫译：《热带雨林的生态学研究》，共立出版 1978 年版 [植松真一・吉良竜夫訳：『熱帯多雨林—生態学の研究』、共立出版 1978 年版]）。

个雨林。随着旱季的延长,热带雨林会逐步向季雨林和热带稀树草原林转变。①

季雨林又被称为常绿雨林,分布在年降水量1000—2000毫米的地方。虽然树冠紧闭,但仍有很多落叶树混杂其中。穿过常绿的中乔木层,耸立着一棵棵柚木树,这是季雨林的典型景观之一。这种景观在泰国北部等地十分常见,有时偶尔还能看到树林中落叶满地的景象。

热带稀树草原林树木的密度较小,树冠没有连接在一起。由于树木种类较少,所以给人以单调之感。地表非常干燥,草本植物较多,这种热带稀树草原林大多分布在泰国东北部。

如上所述,干燥程度导致气候条件发生变化。山地林即是气候条件变化的一种表现。海拔越高,气温越低,水分蒸发量减少,山地性的降水量则增多。概言之,随着海拔升高,平原上的季雨林也会变成普通的常绿林。以泰国北部为例,海拔大约1000米以下的地区就是热带稀树草原和季雨林。相反,海拔1000米以上的地区主要就是常绿林,形成橡树、锥栗之类的密闭式常绿树冠,森林的整体形状恰好与日本的照叶林非常相似。②在季雨林到常绿山地林的过渡地带,即海拔1000米左右的地方,经常能看到松树。

(二)土壤条件

当然,除气候以外,其他压力也会影响森林的类型。例如,如果土壤养分不均或土壤水分出现异常,原本郁郁葱葱的森林也会出现异常情况。由土壤应力导致大规模异常情况出现的,当属红树林和湿地林。

---

① 稀树草原是炎热、季节性干旱气候条件下长成的植被类型,其特点是底层连续高大禾草之上有开放的树冠层,即稀疏的乔木。世界最大片的稀树草原见于非洲、南美洲、澳大利亚、印度、缅甸、泰国和马达加斯加。——译者注
② 照叶林(laurilignosa)又称副热带常绿阔叶林或月桂林,是副热带湿润气候条件下的典型植被。照叶林地区是世界人口比较稠密的地方,也是主要农业地区。——译者注

红树林生长在含盐量均衡的土壤环境中，大约有60多种。虽然各种类之间的生存环境有微妙差异，但特定的树种都能适应当地自然环境。在河流运来淡水和泥土混杂的浅滩附近，这些树木的生长最为旺盛，并形成广袤的红树林群体。在潮涨潮落的河流边缘，则生长着大量的水椰林，其背后往往分布着红树林。

　　湿地林主要可分为三类。一是大陆三角洲的湿地林，二是岛屿低湿地的泥炭湿地林，三是岛屿低湿地的淡水湿地林。如下所述，三角洲的水环境十分独特，一年中有数月完全被河水淹没，其余月份则处于完全干涸的状态。这对植被来说，是一个很重要的影响因素。迄今，学界通常认为三角洲地区的植被主要是禾本科和具芒碎米莎草科的高茎草，以及少量的耐水性树木，但尚无确切证据。可以肯定的是，目前这种地区已全部变成水田。

　　泥炭湿地和三角洲完全相反，地势低洼，没有洪水流入。唯一的水源就是雨水，因此无法得到外部的泥土和养分供给，造成土壤极度贫瘠。其次，受腐烂植物的影响，低湿土壤的积水酸性极高。这种养分极度贫乏和强酸性，极大地影响了植被生长。此外，厚达数米的泥炭层结构疏松，缺乏支撑力，也不利于植被生长。

　　淡水湿地有时会有外部河水流入。但海岛地区的河水与三角洲不同，没有很强的季节性，不会对植被产生太大影响。土壤养分含量也相对适中，与三角洲和泥炭湿地相比，可谓非常适合植被生长。

　　重视热带低湿地农业发展的人们，非常关注泥炭湿地林和淡水湿地林的差异及其识别。前者由于缺乏泥土，几乎不可能从事农业生产。后者只要加强水利设施建设，就能够开发成良田，发展潜力巨大。

　　图6是东南亚的森林分布图。其中有热带雨林、季雨林和热带稀树草原林、热带山地林、亚热带山地林四种森林植被类型，以及红树林和泥炭湿地林两种植被类型。此外，热带雨林广泛分布在大陆地区，但与海岛地区的热带雨林性质差异较大。相比之下，大陆地区的热带雨林高度较低，树木种类的构成较为单一。这是由于大陆地区容易受

到旱季的影响。从图6中不难看出，大陆地区季雨林分布广泛，而海岛地区则广泛分布着典型的热带雨林。还有一点值得注意，在爪哇中部以东的小巽他群岛上，也存在季雨林。

图6中也标出了耕地，但在耕地以外的其他地区，很多地方的森林遭到严重破坏，次生林和草地分布广泛。其中，茅草原蔓延的问题最为严重，这也算是一种影响森林植被生长的不利因素。事实上，如果准确描绘当前的植被分布图，东南亚的绝大多数地区都被茅草或草原所覆盖。此外，目前次生林的面积也在持续增加。

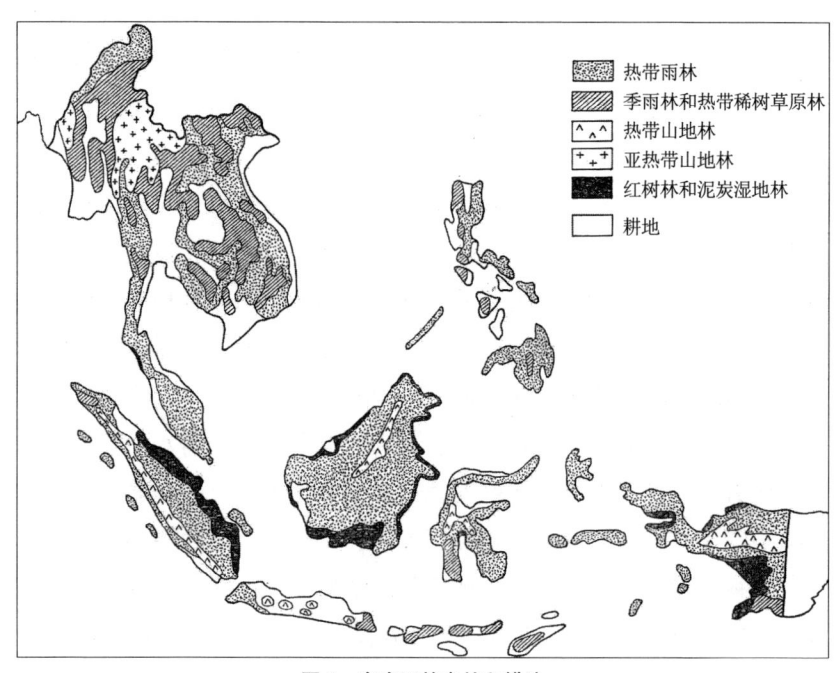

图6　东南亚的森林和耕地

图例：
- 热带雨林
- 季雨林和热带稀树草原林
- 热带山地林
- 亚热带山地林
- 红树林和泥炭湿地林
- 耕地

第二节　生态圈及土地利用区的划分

本节的生态圈及土地利用区，是在上述自然环境和农业土地利用的组合设定之后提出的综合性地理范畴。在后续各章中，作为一个整理归纳各种讨论的地理框架，本书专门设定生态和土地利用区。概言之，东南亚可划分为九大生态圈及土地利用区。

一、种植的现状

（一）农作物的组合

在东南亚很多地区，稻谷是最重要的农作物，但有部分地区以玉米为最重要的农作物，还有部分地区以薯类作物和西米作为主要农作物。在东南亚北部地区，也有生产荞麦和小麦等温带作物的地方。因此，东南亚的农作物构成可谓多种多样。水稻、旱稻、玉米类杂粮、薯类作物、西米、温带作物可视为东南亚的六大代表性粮食作物，下文中将讨论各地区如何对这些农作物进行组合式的生产和利用。

迄今，已有多部著作对该问题进行了详细论述，值得参考，例如《东南亚大陆地区族群》[1]、《东南亚海岛地区族群》（第1卷）[2]以及《东南亚海岛地区族群》（第2卷）[3]。笔者在这3部著作的基础上，整合其他相关文献资料，并结合自身的田野调查，对东南亚各民族所种植的农作物进行了如下梳理，详情如表1所示。

表1各农作物栏里的数字是指该作物在主要农作物中的占比（单位：10%）。例如水稻栏为4，则指水稻占该民族所生产的主要农作物产量的40%。当然，这些数值都是笔者推测得出的大概数值。此外，

---

[1] 弗兰克·莱巴等编：《东南亚大陆地区族群》，纽黑文：人类关系区域档案出版社1954年版（Frank M. Labar, et al., (ed.), *Ethnic Group of Mainland Southeast Asia*, New Haven: HRAF Press, 1954）。

[2] 弗兰克·莱巴等编：《东南亚海岛地区族群》（第1卷），纽黑文：人类关系区域档案出版社1972年版（Frank M. Labar, et al., (ed.), *Ethnic Group of Insular Southeast Asia*, Vol. I, New Haven: HRAF Press, 1972）。

[3] 弗兰克·莱巴等编：《东南亚海岛地区族群》（第2卷），纽黑文：人类关系区域档案出版社1975年版（Frank M. Labar, et al., (ed.), *Ethnic Group of Insular Southeast Asia*, Vol. II, New Haven: HRAF Press, 1975）。

该表类型栏中拉丁字母的含义如下所示:

A:水稻占比 50% 以上,其他农作物占比不大。

B:薯类作物占比 80% 以上。

C:西米占比 10% 以上,其他农作物占比不大。①

D:薯类作物占比 30% 以上、70% 以下。

E:荞麦、小麦等温带作物占比 10% 以上。

F:不属于以上任何一类,旱稻与玉米产量相同或者稍多。

G:旱稻与玉米等五谷杂粮相比,后者占比较大。

表 1　东南亚各民族种植的农作物(单位:10%)②

民族编号	民族名称	水稻	旱稻	杂粮	薯类	西米	温带作物	类型
1	潞子(Lutzu)		1	5	1		3	E
2	纳西(Nakhi)	3		3			4	E
3	民家(Minchiae)	7					3	A
4	克钦(Kachine)	1	5	2	1		1	F
5	诺苏(Nosu)	2		3	1		4	E
6	倮倮(Lolo)	2	4	3			1	E
7	傈僳(Lisu)	2	3	3			2	E
8	拉祜(Lahu)¹	2	2	4	1		1	E
9	阿卡(Akha)	1	3	3	1		2	E

① 西米又叫西谷米,提取自西谷椰子树,是东南亚的特产之一。——译者注
② 表 1 中所涉及东南亚各地的族称包括国族(nation,如 Vietnam),由语言宗教等划分的族群(ethnic group,如克伦,克钦),以及一些殖民知识体系中的"部落"(tribe,如 lutzu)。此外,还涉及今称/旧称,自称/他称的混杂。如果统一以"族"指代,按汉语的理解,恐怕很多项均难达意(如被认为是彝族一支的诺苏,中国国内多称"诺苏人");且表中许多群体存在分类上的从属关系(如按缅甸本土分法,掸、克伦、克钦等属于 lumyosu,但对汉语读者而言,"族"似乎并非可以再细分的范畴。简单称之为"人",也并非正确。为减少歧义,表 1 中的民族名称均不使用"族"或"人"等。详情参见李毅夫、王恩庆等编:《世界民族译名手册(英汉对照)》,商务印书馆 1982 年版;新华通讯社译名室主编:《世界人名翻译大辞典》,对外翻译出版公司 2007 年版。——译者注

续表

民族编号	民族名称	水稻	旱稻	杂粮	薯类	西米	温带作物	类型
10	缅族（Burman）	6		3	1			A
11	那加（Naga）	1	3	4	1		1	E
12	钦族（Chin）	4	2	3	1			G
13	克伦（Karen）	3	4	2	1			F
14	赫蒙/苗族（Miao，居住在越老柬三国的苗人）[2]	1	2	5			2	E
15	苗族（Miao，居住在泰国的苗人）	1	2	5			2	E
16	孟族（Mon）	7	1	1	1			A
17	高棉（Khmer）	7	1	1	1			A
18	克木（Khmu）[3]	1	5	3	1			F
19	拉莫特（Lamot）		6	3	1			F
20	拉瓦（Lawa）	5	2	2	1			A
21	布朗（Palaung）	2	5	3				F
22	廷（T'in）[4]		6	4				F
23	佤（Wa）		3	4	1		2	E
24	巴拿（Bahnar）		5	3	2			F
25	卡图（Katu）[5]		5	3	2			F
26	洛文（Loven）		5	3	2			F
27	色当（Sedang）	1	4	3	2			F
28	嗦（So）[6]	3	3	3	1			F
29	麻（Ma）	5		?				A
30	墨侬（Mnong）	2	4	3	1			F
31	斯黎（Sre）	6		?				A
32	比尔（Pear）[7]		5	3	2			F
33	越南（Vietnam）	8		1	1			A
34	芒（Muong）	5	2	2	1			A
35	塞诺（Senoi）		3	4	3			D
36	塞芒（Semang）		3	4	3			D

续表

民族编号	民族名称	水稻	旱稻	杂粮	薯类	西米	温带作物	类型
37	掸（Shan）	7	1	1	1			A
38	泰（Tai）	8	1	1				A
39	傣仂（Lü）	7	1	1	1			A
40	傣沅（Yuan）	8		1	1			A
41	佬（Lao）	6	2	1	1			A
42	黑泰（黑 Tai）	7			?			A
43	白泰（白 Tai）	6			?			A
44	红泰（赤 Tai）	6	1	2	1			A
45	仲家（Chung-Chia）[8]	8			?			A
46	东家（Tang-Chia）	8			?			A
47	土（Tho）	7			?			A
48	侬（Nung）	2		5	1		2	E
49	黎（Li）	3	3	3	1			F
50	占（Cham）	5	2	2	1			A
51	嘉莱（Jarai）	2	5	2	1			F
52	埃地（Rhadé）	2	6	2				F
53	马来（Malay）	4	3	2	1			F
54	贾昆（Jakun）		3	4	3			D
55	亚齐（Atjeh）	5	2	2	1			A
56	加约（Gayo）	3	3	3	1			F
57	巴塔克（Batak）[9]	2	4	3	1			F
58	米南加保（Minangkabau）	5	2	2	1			A
59	克林吉（Kerintji）	3	3	3	1			F
60	勒姜（Redjang）	2	4	3	1			F
61	帕塞马（Pasema）	5	2	2	1			A
62	阿朋（Abung）		5	3	2			F
63	尼亚斯（Nias）		2	3	5			D

续表

民族编号	民族名称	水稻	旱稻	杂粮	薯类	西米	温带作物	类型
64	门塔韦（Mentawei）		1	3	5	1		C
65	恩加（Enga）[10]			1	4	5		D
66	库布（Kubu）		3	3	4			D
67	爪哇（Java）	6	1	2	1			A
68	马都拉（Madura）	3	3	3	1			F
69	巽他（Sunda）	6	1	2	1			A
70	滕格尔（Tengger）			8	2			G
71	巴兑（Badui）	1	5	3	1			F
72	巴韦安（Bawean）	1	4	4	1			F
73	巴厘（Bali）	6	1	2	2			A
74	萨萨克（Sasak）	3	3	2	2			F
75	松巴哇（Sumbawa）	1	3	4	2			G
76	杜敦戈（Dou-Donggo）[11]		5	3	2			F
77	松巴（Sumba）			3	5	2		G
78	萨武（Savu）	1	2	2	2	3		C
79	芒加赖（Manggarai）			2	6	2		G
80	雅达（Ngada）			3	5	2		G
81	英德（Ende）			2	6	2		G
82	西卡（Sika）			3	5	2		G
83	索洛尔（Soler）[12]			2	6	2		G
84	阿洛尔·潘塔尔（Alor-Pantar）			2	6	2		G
85	德顿（Tetum）			3	5	2		G
86	阿托尼（Atoni）			3	5	2		G
87	和龙（Helong）			3	5	2		G
88	罗地（Roti）	2	3	3	2			F
89	南摩鹿加（南 Molucca）			2	4	2	2	C
90	塔宁巴尔（Tanimbar）			1	4	3	2	C

续表

民族编号	民族名称	水稻	旱稻	杂粮	薯类	西米	温带作物	类型
91	凯伊（Kei）		1	3	4	2		C
92	阿鲁（Aru）			2	4	4		C
93	安汶（Ambon）		1	2	3	4		C
94	特尔纳特（Ternata）[13]		1	2	3	4		C
95	托贝洛（Tobelore）		3	4	3			D
96	米纳哈萨（Minahasa）	3	3	2	1	1		C
97	博朗（Bolaang）	4	1	2	2	1		C
98	戈龙塔洛（Gorontalo）		3	4	1	2		C
99	托米尼（Tomini）		2	4	1	3		C
100	西托拉查（西 Toraja）	3	3	3	1			F
101	东托拉查（东 Toraja）	2	3	2	1	2		C
102	南托拉查（南 Toraja）	4	2	3	1			G
103	洛伊南（Loinang）		3	4	2	1		C
104	巴兰塔克（Bolantal）[14]		4	3	3			D
105	邦盖（Banggai）		2	3	4	1		C
106	莫里（Mori）		5	3	2			F
107	拉基（Laki）		3	3	1	3		C
108	朋库（Bungku）		4	2	2	2		C
109	望加锡（Macassar）	5	1	3	1			A
110	布吉（Bugis）	6	1	2	1			A
111	卢伍（Luwu）		2	1	2	5		C
112	穆纳（Muna）		2	5	3			D
113	布通（Buton）		3	5	2			G
114	萨拉亚尔（Salajar）		1	7	2			G
115	杜松（Dusun）	3	3	2	2			F
116	龙古·杜松（Rungus Dusum）		5	3	2			F
117	伊达安·穆鲁特（Idahan Murut）	1	5	2	1	1		C

续表

民族编号	民族名称	水稻	旱稻	杂粮	薯类	西米	温带作物	类型
118	克拉比特·穆鲁特（Kelabik M.）[15]	3	2	2	2	1		C
119	比萨扬（Bisaya）	2	4	3	1			F
120	蒂东（Tidong）	2	3	2	2	1		C
121	克尼亚·卡扬（Kenyah-Kayan）		4	3	2	1		C
122	梅拉诺（Melanau）		3	2	1	4		C
123	本南（Penan）			?		3		C
124	伊班（I ban）		7	2	1			F
125	雅朱（Ngadju）		6	2	2			F
126	马尼安·达雅克（Maanyan Dayak）		7	2	1			F
127	奥特达农·达雅克（Ot Danum D.）		6	2	2			F
128	陆地·达雅克（Land D.）[16]	1	5	2	2			F
129	陶苏格（Tausug）	1	4	3	2			F
130	巴兰金吉（Balangingi）		3	4	3			D
131	桑义尔（Sangir）		2	3	3	2		C
132	桑巴尔·尼格利陀（Zambales Negrito）		?		3			D
133	马马努亚（Mamanua）		?		4			D
134	苏巴农（Subanun）		3	5	2			G
135	马拉瑙诺（Maranao）	5	1	2	2			A
136	蒂鲁赖（Tiruray）		3	5	2			G
137	科塔巴托·马诺博（Cotabato Manobo）[17]		3	5	2			G
138	高地巴戈博（高地 Bagobo）		3	4	3			D
139	曼达亚（Mandaya）		5	1	4			D
140	阿古桑·马诺博（Agusan Manobo）		2	2	5	1		C
141	海岸巴戈博（海岸 Bagobo）		5	2	2	1		C
142	比兰（Bilann）		3	5	2			G
143	阿塔（Ata）		?		3			D
144	塔格班瓦（Tagbanuwa）		5	4	1			F

续表

民族编号	民族名称	水稻	旱稻	杂粮	薯类	西米	温带作物	类型
145	巴塔克（Batak）[18]	2	3	3	2			F
146	苏洛德（Sulod）		5	3	2			F
147	哈努努（Hanunoo）		3	5	2			G
148	伊富高（Ifugao）	4		2	4			D
149	邦都（Bontok）	3	1	3	3			D
150	莱潘托（Lepanto）	3	1	3	3			D
151	伊巴洛伊（Ibaloi）	2	2	3	3			D
152	卡林加（Kalinga）	1	4	2	3			D
153	廷吉安（Tinggian）	3	3	1	3			D
154	阿帕耀（Apayao）		4	3	3			D
155	加当（Gadang）		5	3	2			F
156	伊隆戈特（Ilongot）[19]		5	3	2			F
157	宿务（Cebu）	3	2	3	2			G
158	他加禄（Tagal）	7	1	1	1			A
159	伊洛卡诺（Ilokano）	7	1	1	1			A
160	希利盖农（Panayan）[20]	6	1	2	1			A
161	比科尔（Bikol）	5	2	2	1			A
162	萨马尔（Saman）	3	2	3	2			G
163	巴坦·巴布延（Batan-Babuyan）	1	1	2	6			D
164	西部达尼（西部 Dani）				10			B
165	中央谷地达尼（中央谷地 Dani）				10			B
166	约斯·苏达索（Frederik-Hendrik）[21]				9	1		B
167	马老奇（Merauke）				9	1		B

1　疑由日语"ラフ"转译，"ラフ"为拉祜的惯译，对应英文 Lahu。——译者注
2　越南的赫蒙族（Hmông），旧称苗族（Mèo）。——译者注
3　越南的克木族（Khơ Mú），主要居住在清化省和义安省的山区。——译者注
4　系 Lua/Lawa（表1第20项）人分支 Mal 人的别称。——译者注

5　庄孔韶译作"卡图",而语言学汉语学界多译作"卡都""卡多"。——译者注
6　在网络上可以检索到缅甸阿休钦人的一个部落,或老挝境内一个族群的名称可被转写为"So"。结合表1后图7所示,此处指代应为后者,语言学界多译作"梭"。——译者注
7　该民族所用语言惯译"比尔语"。——译者注
8　亦称"独家(苗)",现多归入布依。——译者注
9　与表1第145项重名。此处系苏门达腊中部山区巴塔克人。——译者注
10　此处原文的 Engga 有误,英语原文为 Enga,径改。参见李毅夫、王恩庆等编:《世界民族译名手册(英汉对照)》,商务印书馆1982年版,第151页。——译者注
11　应为杜敦戈(Dou-Donggo),原文 Donggo 似有错漏。参见李毅夫、王恩庆等编:《世界民族译名手册(英汉对照)》,商务印书馆1982年版,第143页。——译者注
12　应为索洛尔(Solor)。参见李毅夫、王恩庆等编:《世界民族译名手册(英汉对照)》,商务印书馆1982年版,第429页。——译者注
13　原文似有错漏。可能指马鲁古的特尔纳塔内人(Ternatane),也可能指巴布亚地区的特尔纳特人(Ternate)。参见李毅夫、王恩庆等编:《世界民族译名手册(英汉对照)》,商务印书馆1982年版,第452页。——译者注
14　原文应有误,参考表后的图7,苏拉威西地区检索结果皆指向巴兰塔克人(Balantak)。参见李毅夫、王恩庆等编:《世界民族译名手册(英汉对照)》,商务印书馆1982年版,第59页。——译者注
15　参考表1第126—128项的缩写做法,推测此处应为 Kelabik Murut 的缩写。——译者注
16　根据表1第126、127项推测知此处 D.,应指 Dayak,其居住地与表1之后的图7标示亦一致。——译者注
17　原文错误,应为 Manobo,而非 Manabo。表1第140项也做了相应的修改。——译者注
18　与表1第57项重名。与表后的图7比对后可知,此处系菲律宾巴塔克人。——译者注
19　另因 Ilongot Headhunting 一书汉译本书名定为"伊隆戈人的猎头","伊隆戈人"一词在人类学界也广为人知。——译者注
20　Panayan 应为菲律宾希利盖农人(Hiligaynon)的别称。参见李毅夫、王恩庆等编:《世界民族译名手册(英汉对照)》,商务印书馆1982年版,第187页。——译者注
21　结合表1之后的图7,应指约斯·苏达索岛。此地1963年以前旧称"弗雷德里克·亨德里克岛"。——译者注

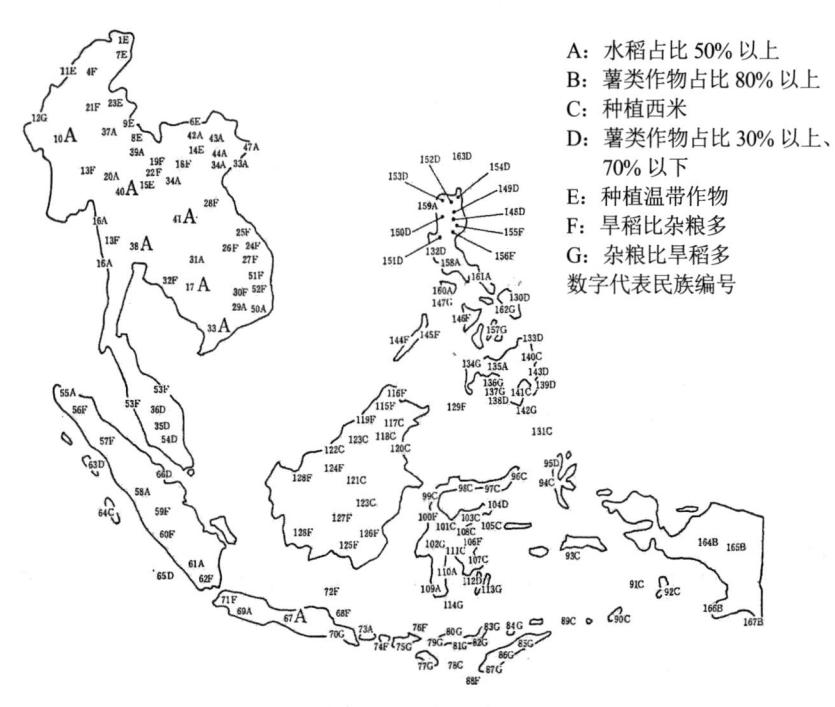

```
                                            A：水稻占比 50% 以上
                                            B：薯类作物占比 80% 以上
                                            C：种植西米
                                            D：薯类作物占比 30% 以上、
                                              70% 以下
                                            E：种植温带作物
                                            F：旱稻比杂粮多
                                            G：杂粮比旱稻多
                                            数字代表民族编号
```

图 7　各民族的农作物组合（表 1 的图示）

在决定作物的类型时，A 为最优先选项，若不符合 A 则往后推，依次顺延。最先出现的适用类型即是该民族的作物组合类型。例如，某个民族的组合类型同时符合 A 和 E，那么就将其归为 A 类。

根据表 1 的数据，笔者绘制成图 7，相关信息更加清晰明了。图 7 中的数字和字母与表 1 相对应。

（二）耕地的种类

在东南亚各地，耕地的种类有四种，分别是水田、常用耕地、短期闲置地和火耕田。如果对此进行严格区分，会非常麻烦，因此本节只按照当地基本常识来进行大致的区分。即常年不间断种植的是常用耕地，数年种植与数年休耕循环往复的是短期闲置地，种植 1—2 年之后就放弃的是火耕田。

对耕地做了上述四种分类之后，火耕田和短期闲置地的区别就显而易见。就火耕田而言，个人对该耕地没有所有权，也无需进行翻地作业，而短期闲置地则恰好相反。因此，可以以此为基准来加以区别。例如，即便在开垦耕地的过程中出现砍伐、放火，并将作物连根拔除的情况，即便种植期只有短短的2—3年，也算是短期闲置地。另外，此类短期闲置地即便荒废，个人的种植权在通常情况下也会存续。因此，短期闲置地和火耕田较易区分，难点是如何区分短期闲置地和常用耕地，二者非常相似，但通常可以将连续种植10年左右的土地视为常用耕地。

按照上述判断标准，可将整个东南亚的耕地进行大致的地理划分。在东南亚大陆地区，绝大部分都是水田。而山地部分多为火耕田，其中最为典型的就是区分越南和老挝边界线的长山山脉[①]。

在东南亚海岛地区，苏门答腊、马来半岛、加里曼丹岛等非火山地带都是典型的火耕田地带。此外，从爪哇岛中部往东，直至小巽他群岛、帝汶岛到伊里安查亚的中央高地，分布着众多短期闲置地。其中，爪哇岛和巴厘岛还有很多常用耕地，也有很多高密度的水田。

在菲律宾，火耕田和短期闲置地相互混杂，但吕宋岛西部则多为水田。

（三）种植区

按照农作物种植类型和耕地种类的不同，可将东南亚划分为九类种植区，具体如图8所示。

[①] 长山山脉位于中南半岛，是湄公河与南海水系的分水岭，与海岸并行，大致呈西北—东南走向的缓和弧形，斜贯越南全境，是越南、老挝、柬埔寨的天然边界。旧称"安南山脉"（Annamese Cordillera），越南称"长山山脉"（Dãy Trường Sơn），老挝称"富良山脉"。——译者注

1. 水稻区

水稻区与大陆地区的平原和三角洲地形基本一致，在这一面积广袤的区域内，绝大部分地区属于单一种植水稻地区。

2. 薯类作物区

主要分布在伊里安查亚。在该地区，薯类作物占主食的 80% 以上，几乎接近 100%。只有极少部分地区种植西谷椰子树。

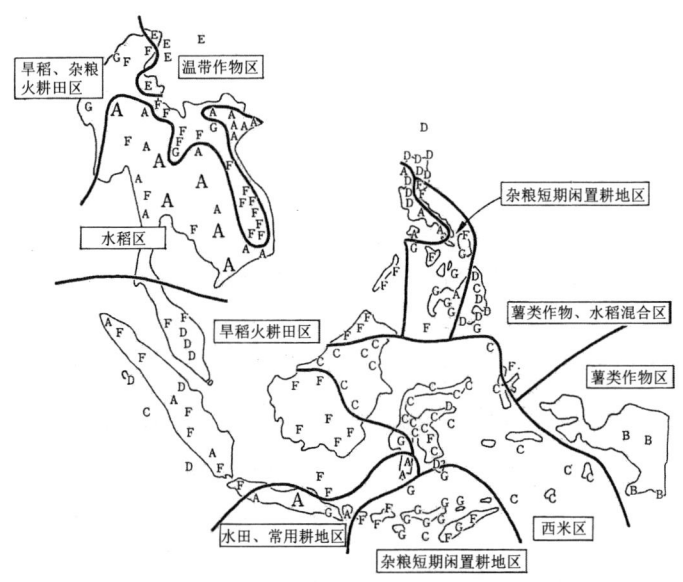

图 8　根据东南亚传统农业形态划分的九类种植区

（关于 A、B、C、D、E、F、G 详见表 1）

3. 西米区

从加里曼丹岛东部一直向东延伸，包括苏拉威西岛大部分地区，直到摩鹿加群岛①。当地居民的主食虽然是西米淀粉，但其食用程度并非想象的那么高。在多数情况下，西米与薯类作物、杂粮和大米混合

---

① 摩鹿加群岛一般指马鲁古群岛，是印度尼西亚东北部岛屿的一组群岛。——译者注

食用。

4．薯类作物、水稻混合区

薯类作物虽是该区域的主食，但所占比例依然没有薯类作物区高，且经常与旱稻和杂粮混合食用，菲律宾东部就属于此类典型地区。

5．温带作物区

该区域主要分布在大陆地区山地北部边缘的常用耕地和短期闲置耕地，一般种植夏季作物，例如旱稻、玉米等，在其前后还种植荞麦、小麦、马铃薯、萝卜、芜菁等温带作物。此外，该区域也种植鸦片。

6．旱稻、杂粮火耕田区

该区域虽然也种植水稻，但主要利用火耕田种植旱稻和杂粮。一般而言，旱稻和杂粮的比例相当，或前者稍多一些。该区域多为大陆地区山地海拔相对较低的高地。

7．旱稻火耕田区

该区域主要位于苏门答腊、马来半岛和加里曼丹岛西部，主要是利用火耕田种植旱稻。此处所说的旱稻，也包括玉米。

8．杂粮短期闲置耕地区

该区域主要有两处，一是龙目岛到帝汶岛一带，二是菲律宾中部。耕地的基本形态主要是短期闲置耕地。以前曾经大量种植过粟米等杂粮，现在主要种植玉米。

9．水田、常用耕地区

该区域主要位于爪哇岛中部到巴厘岛。水田非常多，同时常用耕地也占有十分重要的地位。常用耕地主要种植玉米、木薯等。

二、九大生态圈及土地利用区

上一部分已经提到，按照种植形态，可将东南亚划分为九大区域。本节在综合考虑种植形态和自然环境的基础上，将东南亚进一步划分为九大生态圈及土地利用区。具体分布情况如图9所示。

1. 大陆山区

从地形、地质来看，该地区与大陆山地基本一致。种植区接近于温带作物区和旱稻、杂粮火耕田区二者相混合的地区。温带作物区和旱稻、杂粮火耕田区非常接近，前者海拔高，后者海拔低，但二者在地图上难以区分。因此，本文暂且将两者合并为同一个生态圈及土地利用区。其中也有一小部分地区盛产水稻，例如清迈盆地等地。

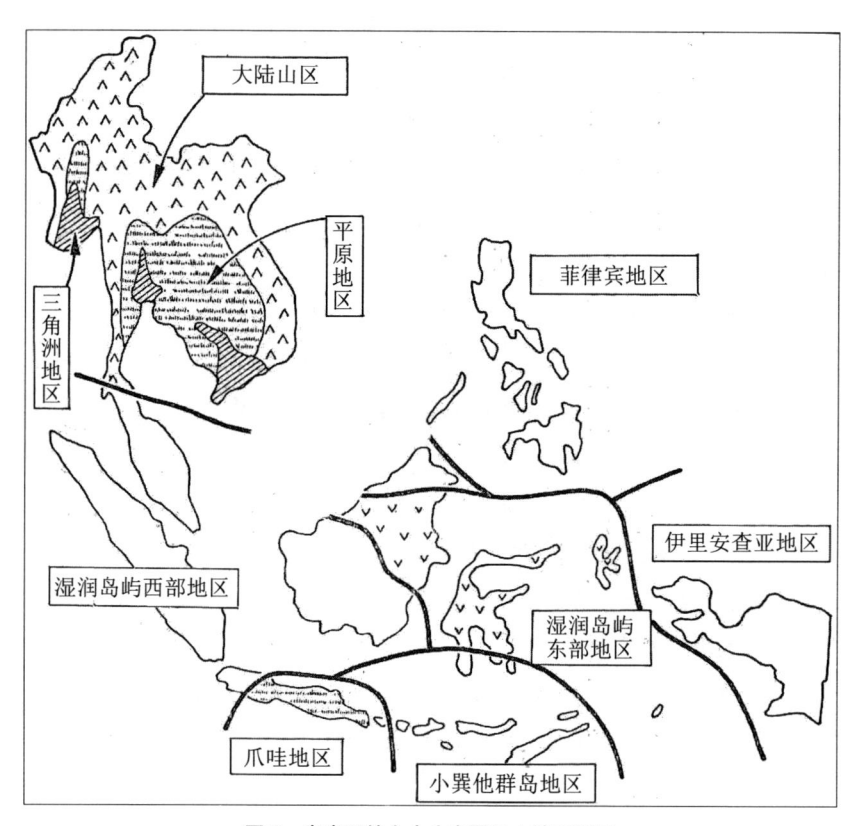

图9　东南亚的九大生态圈及土地利用区

2. 平原地区

从地形和地质来看，该地区与平原基本一致。整个区域盛产水稻。作为该地区典型的景观，少部分区域会有疏林和降雨低地。

3．三角洲地区

该地区在地形和地质上具有三角洲的典型特征。这一区域是一望无际的水田单一种植区。

4．湿润岛屿西部地区

即种植区中的旱稻火耕田区。

5．湿润岛屿东部地区

与种植区中的西米区基本一致。

6．伊里安查亚地区

只有伊里安查亚这一个单独地区。

7．小巽他群岛地区

在种植区中，除菲律宾以外的其他杂粮短期闲置耕地区。

8．爪哇地区

包括爪哇中东部、马都拉岛（Madura）和巴厘岛。与种植区中的水田、常用耕地区基本一致。

9．菲律宾地区

菲律宾西北海岸地带是水稻区，西南海岸地带是杂粮短期闲置耕地区，东海岸地带是薯类作物、水稻混合区，由于其土地利用形式多样，所以统称为菲律宾地区。

后续章节的所有论述，全部都是建立在上述生态圈及土地利用区的基础之上。对此，请各位读者有清楚的认知。

第二章　各类生态圈及土地利用区

第一章划分了九个生态圈及土地利用区，本章将分别介绍这九大区域的种植和生活实际状况。

第一节　大陆山区

大陆地区包含多种不同的生态环境及其相关的人类生产生活方式，例如生产小麦的高地、依靠引入河水种植双季稻的支流山谷谷底、半山腰上广泛分布的火耕田。根据大陆山区的实际状况，本文将其划分为四类区域。

一、盆地、斜坡、支流山谷谷底

首先，笔者将对大陆山区的盆地、斜坡、支流山谷①谷底3种地形的土地利用状况进行论述。笔者根据皮特·昆斯塔特（Peter Kunstadter）的原图②，稍微更改后制成图10。图10是贯穿清迈盆地

---

① 日语中的"支谷"，意为支流流经的山谷，是与主要山谷相对而言的小山谷、次要山谷；或者是与主要峡谷相对而言的次要峡谷或者是小峡谷。综合中文表达习惯，采用"支流山谷"的说法。——译者注

② 皮特·昆斯塔特：《泰国西北部美沙里昂地区：山区拉瓦族和克伦族农民的自给农业经济》，

的东西横截面,下文将根据该图进行探讨。

贯穿清迈盆地的湄平河(Mae Ping River)宽约 100 米,两岸村落绵延,田地里种植着大量荔枝和龙眼。湄平河形成的地势较低的冲积地带是当地最重要的水田地带,其灌溉水源由直通湄平河的大型坝堰进行引流。冬季大多种植复种蔬菜,地势较低的冲积地带后面分布着

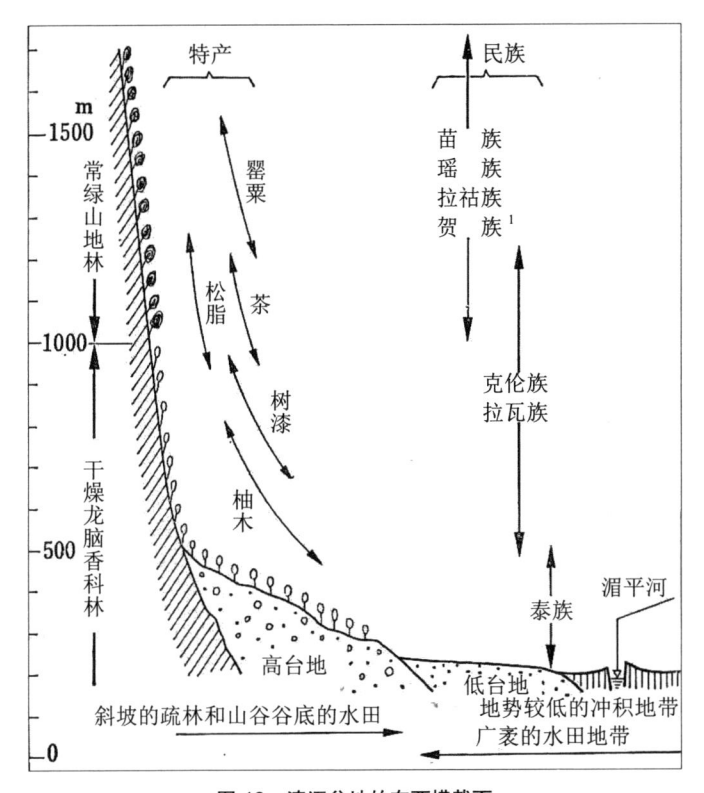

图 10　清迈盆地的东西横截面

1　关于贺族的考证,可参见何平:《移居泰国云南人的过去和现在》,《西南边疆民族研究》2003 年第 1 期,第 1—8 页。——译者注

载皮特·昆斯塔特等编:《森林中的农民:泰国北部的经济发展和边缘农业》,夏威夷大学出版社 1978 年版(Peter Kunstadter, "Subsistence-Agricultural Economies of Lua and Karen Hill Farmers, Mee Sariang District, Northwestern Thailand", in Peter Kunstadter, et al.(ed.) *Farmers in the Forest: Economic Development and Marginal Agriculture in Northern Thailand*, University of Hawaii Press, 1978)。

低台地，这里也是广袤的水田地带。由于水田密布，没有树木，如果不仔细观察的话，很难发现从地势较低的冲积地带到低台地的变化。但低台地与地势较低的冲积地带相比地势较高，湄平河的河水无法流入，其灌溉水源来自于西部山区流入湄平河的支流。

低台地后边是高台地，这里已经不是水田地带，反而广泛分布着名为干燥龙脑香科林的疏林。树林中大多是直径10—20厘米的树木，大多笔直挺立。树林中明亮干燥，也是当地村民砍伐建筑木材和燃料的绝佳场所。此处经常能看到红土。通常情况下，从地势较低的冲积地带到高台地都属于盆地的范围。

沿着盆地继续前进，在高台地的尽头有两条路可以选择。一是沿着山脊路行进，很快就能登上斜坡。二是顺着山谷小道行进，则会沿着支流山谷进入大山。

山脊路附近生长着干燥龙脑香科林的疏林，攀登上去之后就能看到笔直的树干上插入了一些竹筒。仔细观察就会发现，插入的竹筒上方10厘米左右的倒三角刻痕。这便是泰国北部有名的树漆采集，从倒三角切口分泌的树液会自动流入下边的竹筒。泰国北部的树漆不像日本那样从灌木上采集，而是从高约20—30米的乔木（Melanorrhoea urikata）上提取。

继续向海拔高的地方行进之后，在海拔为900—1000米的山地，松树和干燥龙脑香科林混杂分布，偶尔也会出现只有松树的树林。大部分松树直径约20—40厘米，树干笔直。这些松树上也有刻痕，可以从根部又大又深的切口处采集松脂。

在海拔1000米以上的山地，树林景观发生了翻天覆地的变化。从之前干燥的龙脑香科林变为湿润的常绿山地林。枝干笔直的树木逐渐消失，取而代之的是枝干弯曲、枝叶摊开、树冠沉重的树木。树林中光线暗淡，树干和树枝上偶尔长有苔藓，锥属乔木和常绿栎乔木类的树木比较多。在常绿山地林所分布的海拔范围内，偶尔还能看到草地和耕地，耕地里种植着荞麦、芥菜和小麦等。当然，在这种海拔的土地上，同样也适合种植罂粟和茶树。

从高台地的尽头走进峡谷，映入眼帘的景观迥然不同。峡谷间几乎都是混合林。树林中有干燥龙脑香科的树木，但更多的还是深绿色的常绿树木，其中芒果、黑檀、百日红居多，也有不少竹子。一些地上还生长着野梧桐和芒草。种类繁多的植物形成了许多浓密的灌木丛。也正因为如此，人们无法在这种树林中悠闲地步行。而在这片混交林中，异常醒目的反而是柚木树。

在支流山谷谷底经常可以看到水田，水田大都连在一起，形成宽度不超过50—60米的带状。这些水田的灌溉水源来自在峡谷河流中修筑的小型坝堰。

火耕田大多分布在支流山谷斜坡的混交林地带。由于混交林常常从支流山谷谷底一直向上延伸，所以火耕田也随之呈现出向上扩展的趋势。

综上所述，大陆山地主要有三类地形要素和四类生态要素。第一种是水田遍布的盆地，第二种是混交林与水田相间的支流山谷谷底，第三种是斜坡，主要由存在火耕田的较低海拔混交林带以及高海拔常绿山地林带组成。

在上述地形及生态环境中，居住着多种民族。泰语系各民族主要在盆地和支流山谷谷底从事水稻种植，居住在清迈周边盆地的主要是泰沅族（Tai Yuan），泰雅伊族（Tai Yai）等民族则主要居住在支流山谷谷底。苗族、瑶族、拉祜族、贺族主要居住在常绿山地林地带。拉瓦族（Lua）和克伦族在支流山谷谷底和常绿山地林的中央地带种植火耕田。

以下将进一步论述四大生态圈中居民的生活状况。

二、混合林斜坡的火耕田

火耕田可分为多种类型。例如，在20世纪20年代缅甸的平原克伦族，村子里的所有人都住在同一间长屋内，以前每年都把房子和耕地一起移动，流动性非常高①，后来村落逐渐固定下来，只变换耕地。如今，前一种情况已基本消失。耕种火耕田的村民几乎都居住在固定的村庄里，但耕地仍在不停变换。下文将基于昆斯塔特的著作，介绍20世纪60年代居住在清迈西部夜沙良县（Mae Sariang）的拉瓦族的生活状况。②他们在海拔约720米的地方建成了一个由51户居民组成的村落。

（一）刀耕火种

村落周围分布着广阔的人工林。由于当地已经按照火耕田的方式种植了数十年，所以丝毫没有留下原始森林的痕迹。不过这些人工林的生长仍有一定规律，例如生长周期为2—3年的小树木和10年以上的树木，二者的种植区域泾渭分明。这是由于村民严格遵守种植1年、休耕10年的火耕田循环利用规则，将村落周边的树林分成10个片区，严格按照上述规则定期转移耕地。

由于这些耕地每隔10年循环耕种一次，所以每年的耕地也基本是固定的。但即便如此，具体耕地的选定还得通过村里的占卜师来决定。种植区选定之后，村民们再在种植区内根据杀鸡占卜来选择各自的耕地。通过这种方式，大的种植区和个人种植区被确定下来，村民们开始共同砍伐作业。对于高大树木，只修理枝叶而不砍伐主干，中小树木则全部砍伐，但只砍离地面1米以上的部分。这样处理，不但易于

---

① 哈里·伊格内修斯·马歇尔:《缅甸克伦人：人类学和民族学研究》，《俄亥俄州立大学学报》第26卷第3期，1922年（Harry Ignatius Marshall, "The Karen People of Burma: A Study in Anthropology and Ethnology", *Ohio State University Bulletin*, 26-3, 1922）。
② 皮特·昆斯塔特:《泰国西北部美沙里昂地区：山区拉瓦族和克伦族农民的自给农业经济》，载皮特·昆斯塔特等编:《森林中的农民：泰国北部的经济发展和边缘农业》，夏威夷大学出版社1978年版（Peter Kunstadter, "Subsistence-Agricultural Economies of Lua and Karen Hill Farmers, Mee Sariang District, Northwestern Thailand", in Peter Kunstadter, et al.(ed.) *Farmers in the Forest: Economic Development and Marginal Agriculture in Northern Thailand*, University of Hawaii Press, 1978）。

砍伐，而且一些树木还会继续发芽生长，可以加快森林的自我修复。山脊和支流山谷谷底之间的树木不能砍伐，否则容易引起土壤侵蚀和山体滑坡等问题。一旦哪位村民违反这一规则，将会被罚款。

在砍伐树木过程中，村里的占卜师通过占卜决定放火焚烧的日子。放火焚烧这天，占卜师通常会宰杀水牛供奉神灵，以祈求种植顺利。

放火焚烧仪式一般在3月份举行。这一天，人们会清除耕地周边被砍掉的树木，设置一条5—10米的防火隔离带。点火以后，火势慢慢向下方蔓延。在放火焚烧过程中，虽然都会把火势控制在较小范围内，但如果火势一旦蔓延，尤其是遇到时速40—60千米的强风时，火焰就会升高，导致火场面积扩大。通常防止火势蔓延需要很多人手，所以要求全体村民都参加，不参加者会被罚款。

放火焚烧结束之后，会马上播种玉米、棉花和薯类作物。在燃烧后的耕地上用点种棍①开穴，然后放入种子。其后，农民使用烧剩的木头制作栅栏。之所以这样做，是因为火耕田所面临的最大问题之一就是野猪和鹿群会破坏耕地，为此必须建造非常牢固的栅栏，而建造栅栏也需要很多劳力。

火耕田的主要农作物是旱稻，播种时间一般在4月份。旱稻也采取点种棍开穴点播的方式。在同一块地中，也经常混播蔬菜、豆类等作物。3月份在地里种下玉米和棉花的种子后，有时到4月份还会点播旱稻。

关于旱稻的播种时间，并非农民各自随意决定。首先要请占卜师播种，之后村民再选择吉日播种。在播种当天，每个农民还必须向各位火耕田土地神、森林神、祖先报告播种之事，祈求众神诸灵保佑风调雨顺、五谷丰登。

各户农民会在各家耕地的边缘种植一排高高的高粱，以明确各自

---

① 关于日语中的"植付け棒"，中文语境中有"点种棍""点种棒"等多种说法，根据云南民族博物馆馆藏少数民族生产用具展品的说明，本书中统一采用"点种棍"的说法。——译者注

的界线。万一越界误割别人家的稻谷，会引起诸多麻烦，甚至引发谷神发怒，该耕地的主人和违规者都有可能面临颗粒无收的困境。所以，如果有诸如此类的事情发生，违规者要杀鸡向谷神谢罪。

到了5月，村民通常会在正式进入雨季之前，修补加固栅栏以及建造棚屋。棚屋通常建在约1.5米高的木桩之上，面积大约有1坪左右（约合3.3平方米）。进入5月末，耕地中开始出现杂草，村民也纷纷开始除草。耕种火耕田最耗时间和体力的工作，莫过于除草和驱逐鸟兽。一直到9月份，当地农民几乎每天都要进行除草作业。

到6月末至7月初的时候，3月份播种的早熟玉米便可以进行收割。

进入9月份，农民开始收割早熟旱稻。但这通常都是缺乏粮食的贫农所为。他们收割尚未成熟的稻谷，并用水煮食。即把稻谷放进土锅里沸煮，之后用石臼脱去颖壳（即砻谷），瘪平的糙米就这样被食用或再次煮食。不过，当地农民一般尽可能避免在9月收割，因为这段时间尚属于雨季，即便收割了稻谷，也很难进行晾晒。

稻谷收割的黄金时段是11月份。用镰刀收割的稻谷一般在田里晾晒2—3天就能干透。砻谷场就设在地里，选好地点之后要杀鸡，把鸡血和羽毛撒在地里。砻谷是一项集体工作，需要多人通力合作，所以通常会召集10人左右到场。其中，耕地的所有人最先拿一束稻谷拍打地面，举行砻谷开始仪式。之后，前来帮忙的人就一起开始工作。男人们在地面拍打稻谷使稻壳脱粒，妇女们则通过手动扇风筛选稻谷。当把放入笼子里的稻谷举到肩膀的高度并向下倾倒时，另一个男子在一侧用大扇子扇风。如此操作，便可以除去轻软的杂物。

经过筛选之后的稻谷暂时被放进高架谷仓里，在1—2周之内，这些稻谷会被陆续搬运回村里。富裕人家把搬回的稻谷放在木头制作的精致谷仓里，贫苦人家则放进涂泥的大竹笼里。

12月是农耕结束的月份，在过去的近10个月里，人们都忙于田间劳作，所以1月和2月一般都在村子里度过。在当地传统文化习俗中，长期以来，人们已经完全习惯了田间劳作，或许就算人们回到村庄，其灵魂仍然游荡于田间地头，甚至有可能忘了回村。为此，在农民返村的这一天，要举行让人们的灵魂回村的安魂仪式，同时还必须举行谷神进村仪式。此外，还要向村庄的守护神举行相应的认可仪式。总之，12月会举办各种相应的仪式，可谓"节日之月"。

以上便是拉瓦族在火耕田辛勤劳作的一年。其他火耕田农民如果也遵循其传统种植方式，其模式则基本类似。火耕田农耕的特征之一，就是具体的种植方法和相关仪式密不可分。本书所介绍的20世纪60年代拉瓦族的农耕生活，其传统仪式其实已经简化了不少。此外，卡尔·古斯塔夫·伊兹科维茨（Karl Gustav Izikowitz）还详细记叙了老挝北部拉棉人（Lamet）的火耕田及相关仪式①，值得参考。

（二）其他活动

火耕田里除了种植稻谷，还可种植其他作物，其中最重要的是棉花和芥菜。棉花在3月份播种，虽然播种时间比稻谷早，但需要8—9个月才能结籽，所以只能在当年12月至次年1月收获。棉花在过去不仅可制成家用布匹，也可作为重要的经济作物出售。

芥菜一般撒播在旱稻田里，当长到2—3厘米时，将其间苗并作为蔬菜食用。其后，会反复进行间苗。当芥菜彻底长大成熟后，便会对其进行干燥保存，作为干菜食用。对于拉瓦族而言，混播在旱稻田中的芥菜是非常重要的蔬菜来源。

除此之外，混种在旱稻田里的还有葫芦、南瓜、黄瓜等瓜类作物。这些作物除了果实可以食用之外，其嫩叶和花也被作为蔬菜大量食用。

---

① 卡尔·古斯塔夫·伊兹科维茨：《拉棉人：法属印度支那的山区农民》，《美国人类学家》1951年第2期，第242—243页（Karl Gustav Izikowitz, "Lamet: Hill Peasants in French Indochina", *American Anthropologist*, No.2, 1951, pp. 242-243）。
日文原著中记载为越南北部，但译者在查询相关越南语资料并咨询相关学者后发现，拉棉人主要居住在老挝北部，在越南北部是否有居住存疑，故根据通行的资料将地点更改为老挝北部。——译者注

田间地头还种植有豆类植物，与食用其豆子相比，这些植物的嫩叶更被当作蔬菜大量食用。另外还种有少量的杂粮，例如高粱、薏仁、穄子、芝麻等。

在村民的房屋周围，通常种植着菠萝蜜、芒果、石榴、柑橘、番石榴（Guava），这些都是宝贵的食物。未成熟的菠萝蜜通常也被作为蔬菜食用。房屋周围也会留出一部分园地种植甘蔗、香蕉、香茅、姜、竹子等。此外，旱季还会在河流附近容易进行灌溉的地方，开垦出一小块菜园，通常种植葱和大蒜。

拉瓦族每家每户都会养几头猪和几只鸡，而且全是放养。家畜家禽多是自由自在地在村落内随处寻找食物。因此，在那些种植葱的田地周围，为了防止这些家禽家畜随意进入，不得不围上栅栏加以防范。此外，村里每两户人家中就有一户饲养水牛，以前几乎每家每户都养水牛，它们被放养在火耕田及其周围的草地或灌木丛中。在以前，水牛并不用于农耕、产奶或食用，而是专门用于祭祀供奉。

在拉瓦族的日常生活中，还有一项重要的事情就是采集野生植物。根据昆斯塔特的调查研究，他们从火耕田长出的灌木中采集出110种野生植物，并从森林中采集出48种野生植物用于食用。在草木嫩芽生长旺盛的4—6月，这种采集活动十分频繁。妇女们到树林里大量采集蕨菜、竹笋、蘑菇，然后将其干燥保存。

由此看来，在山腰斜坡耕种火耕田的村民们，可以说过着近乎完美的自给自足生活。只要能够保持人口和森林之间的平衡，刀耕火种就是一种合理、稳定的生产生活手段。

（三）最近的变化

作为采用传统刀耕火种方式的当地居民，可以做到在不破坏森林生态系统的前提下进行种植，他们也为此积累了丰富经验。例如，拉瓦族不砍伐山脊和陡峭山谷边缘的树木。但近年来，东南亚其他国家所开展的刀耕火种行为，却常常对森林生态系统造成极大破坏。

最近几年，泰国和老挝也开始进行刀耕火种。在泰国，采用这种耕种方式的多为来自清迈盆地的移民，在老挝的则大多是从泰国东北部迁来的移民，其中偶尔还有克伦族。这些移民中的大部分，都是种植经济作物以换取现金收入。他们在交通方便的地方大面积种植玉米，完全放弃所有祭祀礼仪等保护环境的措施。他们把山谷斜坡上的树木全部砍倒，放火焚烧之后即进行大面积播种。这些人连山脊部分的树木也砍伐殆尽，把几座山围成一片，进行集中开发。当地政府的森林管理部门也试图阻止这种破坏性极大的刀耕火种种植模式，但收效甚微。

另外值得一提的是，在交通方便的道路两旁的土地里，蔬菜种植也得到快速发展，特别是卷心菜种植。种植者非常重视土质，将石灰岩质的红土地作为常用耕地使用。虽说是常用耕地，但备耕工作较简单，土壤尚未达到适宜耕种的条件即进行种植，从而导致大量土壤养分流失。栽培者在如此贫瘠的土地中施加大量肥料，试图增加作物产量。这些田地一般都位于道路两旁，便于将作物从田间地头直接运送至曼谷的市场。因为供应对象是总人数达 600 万人的曼谷居民，所以种植面积自然不小，当然也并非全都是卷心菜地。

曾几何时，斜坡的火耕田均位于远离城市且非常闭塞的空间。但时过境迁，现在道路两旁都在进行大规模的刀耕火种，其主要目的是种植经济作物。其中，玉米主要作为饲料出口，卷心菜则主要供应曼谷市场。

三、利用常绿山地林海拔的优势

（一）贺族和拉祜族村

在清迈北部约 100 千米的泰缅交界处，有一个名为克诺伊的村落。该村周围被海拔 1500—1600 米的群山环绕。在克诺伊村居住着 1100 名贺族和 900 名拉祜族，构成了 12 个小村落。这个村庄和相同海拔的其他村庄一样，历史并不悠久。1969 年，拉祜族首先从西边的派村移居此地。次年，贺族也从北边迁入，贺族人口至今仍在持续增长。如果追根溯源，据说贺族和拉祜族都是从中国西南地区南下迁移过来的。

该村庄坐落在一个石灰岩的天坑里，周围都是海拔 1500 米左右的山脉，但该村庄的海拔只有 900 米，像在一个磨盘的底部。这一石灰岩天坑由特殊的红土构成，耕地面积广阔。耕地沿着周围的斜坡向上延伸，到了一定海拔以上，就是常绿山地林。1979 年，这个石灰岩天坑内的耕地使用情况大致如下表所示。

表 2　泰国北部克诺伊村耕地使用情况[①]

耕地项目	面积（莱）
水田	1350
常用耕地（旱稻）	700
常用耕地（玉米）	1350
火耕田	720
休耕地	1330

可见，水田和常用耕地面积辽阔，火耕田面积相对较小，这和前文所述拉瓦族村落的情况正好相反。笔者在克诺伊村开展田野调查时，甚至有一种置身尼泊尔的错觉。当地的景色与其说是东南亚，更不如说是接近尼泊尔。

拉祜族和贺族的生活方式稍有不同。拉祜族的住宅为干栏式建筑，其田地里种植旱稻和玉米。每年 4 月份，拉祜族农民用铁锹挖地，在挖好的地里撒播种子。播种时不像拉瓦族人那样使用点种棍，而是使用一种名为"夏目"（Siam）的类似于铁铲的农具。[②] 在约 3 米长的细

---

① "莱"是泰国常用的土地计量单位，一莱等于 1600 平方米，即 0.16 公顷。该表序号和标题为译者添加。——译者注

② 有关泰国传统农具，可参见李趁有：《泰国旧式农具简介》，《农业考古》1993 年第 1 期，第 107 页。——译者注

木棍顶端，装上宽 3 厘米的铁刃。用这种工具把土掘开，在已经耕好的地上迅速开穴，由于木柄细长，加之动作较快，农具前端会发出噗噗的震动声。其后，将旱稻或玉米种子放进打好的洞穴里，即可完成点播。作物从发芽到结穗，至少需要拔两到三次杂草。在收割时，一般使用镰刀，从离地面 30—40 厘米的部位收割。砻谷的方法和拉瓦族一样，都是在地面上拍打脱粒。所种植的作物品种，有八成到九成都是粳稻。

通常情况下，一块地的面积大约是 1200 平方米（长约 40 米，宽约 30 米），地里一般种植旱稻和玉米两种作物，但并非混种，而是一半种植旱稻，另一半种植玉米。少部分也会种植芝麻，但绝大部分都是旱稻和玉米。另外，芝麻并非用于榨油，而是作为香料使用。食用油则一般使用猪油。

在拉祜族的田地里，通常只种植单季的旱稻和玉米，不会一年种植两次。在 9 月份的收割季节结束后，土地会闲置到次年 3 月份，到次年 4 月份重新耕种。普通的土地通常会连续种植 7—8 年，土质稍好的土地则连续种植 10 年以上才会成为闲置地。

村庄的水田资源较为贫乏，水田主要分布在有地下水的地方或山谷谷底。为了促进偏僻深山的稻田种植，最近，当地政府的水利局主持建造了坝堰和沟渠，使水田面积有所扩大。表 2 中统计的 1350 莱水田面积就是采取上述方法扩张之后的面积，之前的水田面积更少。① 水田中主要种植的是当地政府鼓励的作物品种。

贺族的情况与拉祜族大致相同，常用耕地里种植旱稻和玉米，其种植技术也与拉祜族基本相同。但与拉祜族相比，贺族在如何高效利用土地问题上下了不少功夫。例如，贺族在旱地和水田里都种植两季作物。在山地的旱稻或玉米收割之后，还会种植荞麦或大豆，偶尔还会种植小麦。大豆可以不经加工就食用，但更多时候是做成豆腐。水田

---

① 泰国常用的土地测量单位一般分为莱、颜、平方瓦等，1 平方瓦 =4 平方米（即 Talang Wah），1 莱等于 4 颜（即等于 400 平方瓦、1600 平方米）。——译者注

在收割完水稻后会种上大蒜，大蒜是商品价值很高的经济作物。在夏季耕种期，贺族还会利用田地的一角种植蔬菜等，因此其田地的颜色比拉祜族更加丰富多彩。有所不同的是，贺族会混种稻谷和向日葵，在开穴后，随即把向日葵和稻谷点播进同一个穴里。到了夏天，种植在旱稻田里的向日葵花遍地开放。之后，当地农民会把葵花籽炒熟食用。

贺族也会饲养很多家畜，他们与拉祜族一样，通常每户饲养5—6头猪，此外也养殖黄牛或水牛，平均一户饲养一头。还有人饲养马，也有少部分人养骡子。养猪是为了自家食用，水牛和黄牛偶尔用来犁地或者搬运，但一般只是单纯饲养而已。马可以用于长途运输。

另外，他们种植的玉米几乎都是作为家畜的饲料。虽然也会少量食用新鲜玉米，但不会作为主食食用。大米是贺族无可争议的主食，当主食不足的时候，他们会使用现金购买。虽然在高原喀斯特地区，家畜很多，常用耕地也不少，但当地居民还是倾向于使用现金从外地购买大米。

（二）罂粟种植

位于天坑的克诺伊村虽然属于森林地带，但实际上更接近干燥龙脑香科林地带的最上层。上文已经提及，在村子上边，有一片广阔的常绿山地林。只有提及这片常绿山地林，才能阐明克诺伊村自然环境和土地利用的正确情况。

从村子步入田地密布的斜缓坡，映入眼帘的便是广袤的常绿林，步行一小时左右就会看到山腰的零星草地，这里的海拔为1400—1500米。为笔者带路的拉祜族男子说这里曾经是苗族种植罂粟的地方。苗族曾经用了10多年的时间在这里大量种植罂粟，但大约在20年前放弃种植，并远走他乡，不知所踪。苗族离开后不久，拉祜族又来到这里。拉祜族将苗族使用过的罂粟田重新开垦后用于种植罂粟，据该向导所说，这些拉祜族并不是专门种植罂粟的农民。但当时如果不靠种植罂粟换取现金收入，其生活将会陷入极度贫困，所以他们也一直在寻找可以种植罂粟的地方并迁徙至此。

种植罂粟的流程大致如下：8月，用铁锹仔细翻地，之后把罂粟和芥菜的种子混播。当罂粟苗长到几厘米后开始除草，此外还要进行间苗。之后，从11月末到12月开花期之前须再次除草。混种的芥菜是拉祜族唯一的蔬菜来源。芥菜长出两片叶子的时候即开始间苗，直到成熟为止都要不停地进行间苗。在此期间，芥菜也一直作为蔬菜食用。

从12月底到次年2月初，是罂粟的收割季节。村民一大早就来到田里，用小刀在未成熟的罂粟果实上刻上刀痕。在当天下午，要刮下刀口附近沉淀下来的生胶状的罂粟膏。这是非常耗时耗力的工作，在收割季节一般都是全家总动员住到田间棚屋里，以便收割。收割下来的罂粟膏先搁置一旁，不进行任何加工处理，其间会有外地商人前来收购。当地村民由此获得现金收入。

罂粟是一种对生长环境非常挑剔的植物，并不是在哪里都能生长。首先，土地必须肥沃。其次，同一块地上有其他树木或草根也无法种植。因此，在开垦林地之后，第一年可以种植玉米，等待两年土地成熟之后，方可种植罂粟。在强风处和特别干燥处也无法种植，罂粟成长期间还需要经常下小雨、保持较高的湿度。但进入收获季节后不能下雨，下雨的话，溢出的罂粟膏会被雨水冲走。罂粟比较耐寒，就算有稍许结冰也无关紧要。由于罂粟具有上述生长特征，所以非常适合在常绿林山地种植。

如果看到贺族村民的生活状况，就能理解他们需要现金的原因。如上所述，尽管当地大米产量不足，他们仍然种植玉米作为猪的饲料，并用现金购买大米。进入贺族的村落后，能强烈地感受到他们对金钱的诉求。部分贺族居民的院子中建有漂亮的砖房，但这些砖在当地无法生产，只能从外地购买。还有一户村民，他家虽然离河流较近，但嫌下到河里打水非常麻烦，便在家里安装了水泵。另外，笔者在1984年4月拜访了三户人家，他们共同出资，在河中安装了水力发电机，打算用于照明。同时使用以柴油做燃料的碾米机，其规格足够大。而更令人叹为观止的是，这里居然还有半常设的电影院。在人口最多只有 1100 人的深山村庄，居然有如此丰富多彩的现代化生活设施，实在令人意外。

笔者和泰国朋友在访问该村庄时，贺族的态度非常冷淡。原因之一是除了小学生外，当地居民几乎完全不会说泰语。拉祜族在 15 年前移居到这里的时候，据称约有 900 人，后来其中的几百人又离开此地。据说，他们是去缅甸参加内战，但没有获得预期利益，之后又返回当地，现在其人口规模又恢复到 900 人左右。贺族的人口也在增长之中。这些新移民完全不懂泰语。但他们来到当地之后，随即加入贺族的社区，也能够过上比较安逸的日子。这些贺族之中，偶尔也会有人牵着马匹外出运输经商。

肤白秀气的贺族男人深得村子杂货店里年轻妇女的喜爱，但他们却肩上挎枪，牵着数匹骏马穿梭于山间小道，其姿态与东南亚的风景极不协调，这给笔者留下了深刻的印象。

（三）茶叶种植

为了取缔罂粟种植，泰国军队曾进入克诺伊村，摧毁罂粟田并命令当地居民改种茶树。这一计划虽然没有完全取得成功，但当时种下的茶树已经长成，这说明当地的海拔的确适合种植茶叶。

东南亚大陆山地的茶叶种植中心自然是缅甸掸邦。志村乔对掸邦茶叶种植情况记载如下：[①] 该地的茶叶种植在海拔 1300—1800 米的地方，冬季最低温度偶尔会降到摄氏零度左右。开垦茶田与火耕田差不多，即采伐、放火焚烧，然后把从森林或附近茶园摘来的茶籽播种下去。播种的密度是 1 平方米开 4 个穴，每个穴中放入 4—5 粒种子。12 月播下的种子到了第二年的 6、7 月份发芽，发芽至 5 厘米左右的时候只留下一棵，其他的进行间苗。幼苗时期不进行遮阳。到了第三年，

[①] 志村乔：《东南亚的茶》，《东南亚研究》第 1 卷第 2 期，1963 年 11 月，第 55—63 页（志村喬：「東南アジアの茶」，『東南アジア研究』1 巻 2 号，1963 年 11 月，第 55—63 頁）。

在茶树高 1 米左右时便可采摘茶叶。在采摘茶叶的第一年，一般只采一次。自第二年开始，每年可采 4—5 次。茶树太高的话就剪枝，尽量让茶树枝横向生长，这样便于采摘茶叶。

采摘下来的茶叶可以做成三种产品，分别是腌茶（食用茶）、干茶（绿茶）和碁石茶（后发酵黑茶）。① 腌茶是茶叶腌制物，即把蒸熟的茶叶干燥之后放进罐子里，在上面压上石头，如此放置一年。之后再拌进芝麻、花生、干虾、大蒜、洋葱、辣椒等，腌茶可作为零食食用。干茶和日本的煎茶类似。在缅甸掸邦东枝，笔者曾品尝过作为茶点的腌茶，饮过干茶。这与日本信州等地把腌制茶作为茶点的风俗非常相似。碁石茶是将腌茶放入石臼捣碎并压制成圆形，再经太阳晒干后形成围棋棋子状的紧压茶，即茶饼，之后用开水浸泡后便可饮用。

腌茶在缅甸人的饮食中不可或缺。这三种茶常被装进防潮湿的竹笼里，大批量向低海拔地区销售。据统计，在 20 世纪 60 年代，仅缅甸掸邦就有约 5 万公顷的茶园，所产茶叶全部作为经济作物对外销售。

据志村乔的研究，当地的茶叶种植始于 11 世纪。当时，对于没有稳定收入来源的布朗族，缅甸蒲甘王朝国王阿隆悉都赐予其茶籽②，并教给他们种植方法和制茶方法。由于国王掌握了茶叶的销售渠道，很显然他教会布朗族种植茶叶也是为了扩大销售渠道并从中获利。

---

① 湿茶是缅甸等东南亚国家最古老而流行的一种茶叶，嚼食或充当菜类，并非饮用茶叶。湿茶的种类依据加工方法不同，大致可分为"腌茶"与"浸茶"两种。本文此处的湿茶指"腌茶"。干茶中主要是绿茶，缅甸所产绿茶，依其毛茶特征与加工方法不同，可分为"果敢茶""粗绿茶""竹茶"三种。参见郭元超：《缅甸茶叶与茶树品种资料（连载）》，《茶叶科学简报》1982 年第 3 期，第 22 页。碁石茶相当于中国紧压茶中的沱茶或砖茶。亦可参见以下文献。桥本实、松下智：《缅甸的茶及制茶方法》，《茶叶研究报告》1965 年第 23 期，第 105—108 页（橋本実、松下智：「ビルマの茶および製茶方について」，『茶葉研究報告』1965 年第 23 号，第 105—108 頁）。——译者注

② 阿隆悉都（Alungsithu）是缅甸蒲甘王朝国王，有孟族血统。幼年时被外祖父江喜陀册立为王，江喜陀死后继位。即位后，先后平定各地叛乱。制定全国统一的度量衡制度。颁布名为"阿隆悉都判卷"的法典。宣扬佛教，访问过的国家和地区有印度、波帝迦耶、锡兰（今斯里兰卡）、马来亚等。转引自：姚楠、周南京主编：《东南亚历史词典》，上海辞书出版社 1995 年版，第 238 页。——译者注

由此可知，自古代以来，由于常绿山地林独一无二的海拔和地理环境，企业家和商人大多将其作为经济作物的生产基地。这与基本保持自给自足的混交林海拔地带相比，无疑是一个截然不同的生产和生活空间。

四、支流山谷和盆地的灌溉稻作

（一）支流山谷的稻作

支流山谷是种植水稻的绝佳场所。村落的每户人家周围都是阴凉浓密的荔枝树，这里的稻作方式和日本非常相似。岩田庆治对泰雅伊族的水稻种植情况做了如下记述。[①]

首先将稻种放入竹笼等农具中，泡水3天3夜，捞起后继续在背阴处放置1天1夜。各户在水田中稍高的地方建秧田，并在已经挖好沟、分成块状的苗床上撒入发芽的种子。

接下来，用一头黄牛或水牛牵引的犁在稻田[②]里进行翻地。当用犁把水田里的泥土平整松软之后，妇女们随即进行插秧作业。原则上，插秧都是团队作业，邻居间相互帮助，轮流作业。当地农民种植的稻谷品种几乎都是糯稻。渡部忠世曾表示，在泰国北部的盆地及其河谷地带，基本上都是种植糯稻。[③]

在稻田移栽秧苗后，引入适量的水进行灌溉，一个月之后开始除草。快到稻谷成熟期的时候，还需要驱鸟。稻谷收割时间在11月下旬到12月之间进行，用镰刀在离地面30—40厘米的高度割下稻秆。稻

[①] 岩田庆治：《泰国北部的稻作技术》，《东南亚研究》第1卷第2期，1963年11月，第22—38页（岩田慶治：「北部タイにおける稲作技術」、『東南アジア研究』1巻2号、1963年11月、第22—38頁）。

[②] 日语中的"本田"是与"秧田"相区别的稻谷种植田。综合中文表达习惯，采用"稻田"的说法。——译者注

[③] 渡部忠世：《泰国糯稻》，京都大学出版社1967年版（Watabe, T., *Glutinous Rice in Thailand*, Kyoto Univ., 1967）。

谷割下来之后，连着稻秆晒 4—5 天，然后集中到田里的砻谷场进行脱粒。和拉瓦族的脱粒方法一样，拿着稻秆在地面拍打脱粒。之后，扇风筛选稻谷的方法也和拉瓦族一样。完成脱粒之后的稻谷则用牛车从田里运回粮仓。

根据田边繁治的记载，农帕曼（Nong Paman）坝堰是连接湄林河（Mae Rim）的灌溉坝堰之一。[①] 湄林河是湄平河的支流，宽约数十米。该坝堰由农帕曼村 60 户和邻村 30 户农户负责共同维护和管理。入水口的构造与二战前日本中小河流坝堰的入水口别无二致，都是在河流上拦腰建坝，通过水渠引水灌溉。坝堰的主体是木桩。每年修建坝堰都需要使用将近 1000 根直径 10 厘米、长 1.5 米的大木桩以及数万根直径 7.5 厘米、长 1 米的小木桩。这些木桩被插进河底，组成两排使其固定，在加固坝基的同时也建好了坝堰。河流中部还有一条宽度约 5 米的溢流堰。

这些地方的灌溉设施修建事宜与政府无关，均由当地居民自己选出堰长，并在堰长的指导下，完成从坝堰集体施工到用水分配等所有事务。施工一般在 5 月份举行。建筑材料及费用根据工程量和户数，按一定比率摊到每户农家。修筑工程所需劳动力也是各户平均分派。工程需要耗费数日，所有工序都在堰长的指导下进行。

坝堰的打桩作业完成后，需要在一周之内开沟挖渠。第一天全体人员挖通主引水渠，第二天则由相关人员清理引水渠支渠。

引水渠疏通后就进入引水阶段，由堰守举行供奉堰神的仪式。堰守和堰长由不同的人担任。在坝堰旁的祠堂里供上食物供品和香火，猪头和猪脚是不可或缺的供品。待堰神及其四位属下神灵用完供品之后，堰守带着撤下来的食物到河对岸，与堰长以及堰组的所有人一同食用。供奉仪式结束之后，引水才正式开始。

---

① 田边繁治：《农帕曼的灌溉系统》，《民博研究报告》1976 年第 1 卷第 4 期，第 671—777 页（田辺繁治：「ノーンパーマンの灌漑体系」、『民博研究報告』1976 年 1 卷 4 号、第 671—777 頁）。

用水分配属于堰长的权限，他必须认真负责、公平公正地指导灌溉用水的分配。真正需要坝堰的时候是栽种期前后。进入7月中下旬后，水田里雨水充足，就不需要灌溉水了。这时，增加的水不仅会漫出溢流堰，甚至还会漫过整个坝堰。每年9月到10月，坝堰难免会遭到洪水的破坏。如此一来，次年必须再次进行同样的修缮工作。

在农帕曼，农民就这样自行建立起了水利灌溉的惯例，长期以此来支撑当地的水稻种植。这一模式还与被称为堰神的土地神紧密联系在一起。据说在泰国北部，仅在清迈盆地周围，像这样的坝堰就有2000余处。其中绝大多数坝堰的规模与农帕曼相比要小得多，大部分都是连接宽10米左右的河流，由10余户农户共同管理。但其在水稻种植中所发挥的核心作用，与农帕曼是一样的。在山区的支流山谷地带甚至在人口极少的村落，通过村民共同出工出力修建这样的公共水利设施，形成了一种具有独特人脉关系的地缘群体。

在东南亚的多数地方，稻谷是主要农作物，基本不需要进行灌溉。但在东南亚大陆山地的支流山谷地带，以水利设施为轴心，建立起了地缘关系紧密的社会结构，这种现象值得深入研究。

（二）盆地的灌溉

如上所述，居住在盆地的农民在干流设置坝堰直接取水，所以其灌溉规模远远大于支流山谷。较之支流山谷只有几百莱的灌溉面积，干流坝堰的灌溉面积多达数千莱，有时甚至超过1万莱。这样的干流坝堰在清迈盆地大概有30处。

1984年4月，笔者偶然有机会近距离参观了清迈盆地塔萨拉（Tha Sala）坝堰的修建工程。塔萨拉坝堰位于清迈市区，堤长约100米，坝高约2米，灌溉面积达1.6万莱。由于溢流堰在7年前从木结构改成由石头堆砌而成，现在不再需要每年打桩。笔者开展田野调查之际，正好是时隔7年的整修期，所以相关农户都到坝堰上参加维修活动。

但在调研过程中，笔者总感到这项整修工程有悖常理。工程使用的碎石和沙袋由清迈市政府无偿提供。最令人诧异的是，指挥工程的堰长身穿西服领带，脚上穿着皮鞋。在持续 4 天的施工过程中，这里的镇长也是片刻不离，一直在现场进行监督。工程整体的氛围感觉像是镇长负责让全员打起精神、堰长单纯出席露面，农户们虽然接受市政府提供的物资，但却有气无力地干活。从习惯法来说，塔萨拉坝堰也和支流山谷的坝堰一样，理应由当地农户负责维护和管理。而在笔者看来，现场的氛围与支流山谷的打桩工程有天壤之别。

从清迈盆地的发展历程来看，笔者在塔萨拉坝堰的所见所闻似乎并不罕见。

清迈盆地的种植园，最初是贵族为种植水稻而开垦并建成种植园的。在 19 世纪末 20 世纪初国际米价大幅攀升时，贵族们大量开凿坝堰和引水渠，并雇佣农民在种植园里进行种植。贵族们作为投资人，通常负责引水渠的修建、维护和管理，农民则作为佃农从事实际的种植工作。

直至 20 世纪 20 年代中叶，国际市场上的米价一直居高不下。这一时期清迈盆地的开发得以加快，大部分土地在贵族的主导下被用来种植水稻。但 20 世纪 30 年代爆发的世界经济危机使水稻种植遭受巨大冲击。事实上，贵族们因此放弃了水稻种植园，大多数灌溉设施也从这时候开始，转为由佃农们负责维护和管理。

正好在这一时期前后，泰国政府将国营灌溉工程也扩展到了泰国北部。1928 年，泰国北部最早的国营灌溉工程——湄珐（Mae Faek）系统正式开工，其灌溉面积达 7 万莱。紧接着，湄滨（Mae Ping，灌溉面积 4.5 万莱）、湄关（Mae Kuang，灌溉面积 6 万莱）、湄登（Mae Taeng，灌溉面积 15 万莱）等国营灌溉工程相继开工。如此一来，在清迈盆地，从 19 世纪末持续到世界经济危机时期的水稻种植园水渠逐渐被国营灌溉工程所取代，其承前启后的桥梁作用十分明显。其中几个干流坝堰转变为如今的农民坝堰。但若追根溯源的话，最初它们是由贵族所修建和经营的坝堰，之后由当地政府的灌溉局负责维护和管理。因此，现在的干流坝堰和支流坝堰的性质大相径庭，这也是让笔者深感诧异的地方。①

然而，清迈盆地修建大规模农田灌溉设施的传统并非始于19世纪末期。泰国政府1928年最初修建的国营灌溉工程——湄玞系统，其实只是针对13世纪修建的灌溉设施进行修缮而已。相传当时统治此地的孟族国王为了稳定稻谷产量，大胆修建了这一工程。但这一超级工程却也耗尽了其国力。之后，泰族首领——孟莱王（Phraya Meng Rai）②率军攻占该地并驱逐了孟族势力，继而奠定了日后兰纳王国（Lan Na Thai）③的根基。

由此看来，清迈盆地的灌溉系统经常是由强权势力主导修建并维护的，这与盆地的生态条件息息相关。只要盆地获得水源灌溉，就可以发挥巨大的农业生产力。然而，单靠农民的力量，很难从巨大的干流引来水源。只有投入大量资本和劳动力，才能满足如此大规模开垦耕地的要求。

支流山谷是农民可以依靠自身力量加以控制的空间，即自给自足的空间，属于地缘群体所组成的社会。与此相比，盆地大为不同。盆地一般面积广阔，需要巨额投资才能维持大规模耕种。而后续的稻作经营和管理也需要依赖强权势力。因此笔者的直观印象就是，在盆地这种空间里，存在一种较为发达的"管理型"社会。

---

① 关于泰国水稻种植灌溉系统，可参见联合国粮食及农业组织编：《东南亚大型稻作灌溉系统的未来》，中国农业出版社2009年版，第114—117页。元木靖：《全球化背景下的糯稻种植圈——泰国北部的实证研究》，《立正大学经济学季报》第58卷第3期，2009年，第57—95页（元木靖：「グローバリゼーション下の「モチ稲栽培圏」—タイ北部における実証研究」，『立正大学経済学季報』第58巻3号、2009年、第57—95頁）。——译者注
② 孟莱王（或Phraya Meng Rai）于1262年建清莱城，1292年征服哈里奔猜王国。1296年兴建清迈城，并以清迈为国都。转引自：姚楠、周南京主编：《东南亚历史词典》，上海辞书出版社1995年版，第294页。——译者注
③ 兰纳（即"百万稻田"之意）或称"兰纳泰"，是泰国历史上的一个曾经控制泰北地区的王国。中国元代史籍称之为"八百媳妇"，得名于"部长有妻八百，各领一寨"的传闻。明代又称"八百大甸"。15世纪末，中国史籍《明实录》出现了"揽那（兰纳）"一词。——译者注

上述四种生态区，即常绿山地林所在的斜坡地带、混交林所在的斜坡地带、支流山谷以及盆地，并不是相互之间孤立存在的个体。

混交林所在的斜坡地带实际上是和支流山谷相互连接在一起。众多案例表明，居住在长屋、每年变换耕地和住处的火耕田农民，与依赖水利灌溉及其地缘社会的农民，可谓同根异枝。拉瓦族就是一个典型案例。由于篇幅有限，本书没有详细叙述拉瓦族的水稻种植情况，实际上他们从20世纪40年代左右就开始引入灌溉水源种植水稻。换言之，当时到处都能看到火耕田农民转而从事水稻栽种的景象。上文提及的泰雅伊族、傣仍族，虽然现在是支流山谷的水稻种植者，但原来也通过刀耕火种种植稻谷。这两大族群，即混交林所在的火耕田农民和在支流山谷种植水稻的农民，与外部的接触相对较少，因此至今依然完好地保留着本民族的文化传统。

由此可知，清迈盆地对贸易也十分依赖，这主要得益于该盆地特有的交通优势。就清迈盆地而言，沿着峡谷向西可到达孟加拉湾，沿着河流往南可通向泰国湾，往北可至中国云南。因此，对孟加拉湾至中国云南的贸易或泰国湾至中国云南的贸易而言，清迈盆地都是极其重要的交通枢纽。此外，由于清迈盆地有能力生产多余的粮食，因而具有支撑一定人口规模的能力，即供应商人和维持贸易秩序的军队之需。本书仅关注农业灌溉，而对于盆地真实的功能，希望未来可以从贸易枢纽的视角出发进行深入研究。

与上述拥有贸易功能的盆地直接相连的，是常绿山地林所在的斜坡地带。退一步说，常绿山地林所在的斜坡地带的生活，就是从盆地输入粮食，同时自身种植经济作物。早在11世纪，这里已经开始种植茶叶，19世纪以后又开始种植鸦片。

关于自给自足的混交林所在的斜坡地带和支流山谷，其实也并非完全意义上的自给自足空间。这里长期以来种植作为经济作物的棉花，虽然产量不大，但时常作为经济作物通过盆地出口到中国。

在笔者看来，大陆山地的四个生态区虽各有不同，但作为一个完整的生态系统，已经历了漫长的岁月。

第二节　平原地区

平原地区经常遭遇旱灾，自身水资源不足，只能依靠雨水耕种，大多属于雨养水田，这是平原不可避免的共同属性。但是，由于不同地区拥有各自的历史文化，这种差异所带来的平原稻作景观也各不相同。本部分首先探讨平原生态圈的共性，之后再就地区差异进行论述。

一、平原的水文环境

如前所述，平原地区的土壤通常较为贫瘠且水资源严重不足。平原的农业水利条件之所以如此恶劣，主要有以下两个原因：一是降雨量少且降水不稳定；二是平原缺乏足够大的集水面积。例如，山地可以常年利用高山流水用于农田灌溉。但平原地区没有大山，也没有经年不息的河流。一般而言，平原上河流的密度很小，而且河流大多较短，只有降水时才暂时有活水流淌，这些河流无法作为农田的灌溉水源。

此外，平原地区的砂质土壤恶化了其农业水利条件。石英砂岩是平原砂质土壤①的主要成分，这导致雨水会快速渗入地下，无法长时间留在地表。这种土壤不但没有存水能力，而且还没有黏土成分，因此无法保持水分，土壤中的水分会很快消失殆尽。

但如果提到地下水，情况则又另当别论。平原地区的地下水一般积存在离地表较浅的地方。就通常的平原地层而言，地表层一般是厚度达数十厘米的砂质土壤，下面则是厚度达5—6米的风化且空隙较多

---

① 砂质土壤是指含沙量多、颗粒粗糙、渗水速度快、保水性能差、通气性能良好的土壤。——译者注

的砂岩层,再往下就是全新的裂缝很少的不透水层。由于这样的地质条件,水向下渗透到5—6米深的地层之后就不会再继续往下渗透,而是作为浅层地下水积存在那里。

随着平原的起伏,浅层地下水缓慢地流向凹地。凹地中积存着从四周流来的地下水,一旦地下水的水位变高,就会逐渐在地表形成储水池。这样一来,平原上的水就以地下水和池塘水两种形态存在。

比较原始的平原典型景观就是由蜿蜒起伏的干燥灌木丛,以及点缀其间的低湿地和沼泽共同组成。

二、难以稳定的雨养稻作

造成平原地区干旱的主要原因,就在于降雨不稳定,在此有必要详细探讨一下这一因素。

宫川修一就泰国东北部钝岭村的降雨模式、水田位置与农作物种植的关系开展了研究,其研究结果如表3所示(该研究成果未公开发表)。

据说在钝岭村,降雨大约可分成5次。第一次降雨(Ⅰ)在5月底到6月初,第二次降雨(Ⅱ)在7月,第三次降雨(Ⅲ)在8月上半月,第四次降雨(Ⅳ)在8月末到9月初,第五次降雨(Ⅴ)在9月末到10月中旬。每次降雨持续4—5天,一般不超过10天,每两次降雨之间存在一定的间隔期。

表3 泰国钝岭村的降雨模式、水田位置与农作物种植的关系

月份	1	2	3	4	5	6	7	8	9	10	11	12
降水					Ⅰ		Ⅱ	Ⅲ Ⅳ		Ⅴ		
地势较低水田						⊢				⊣		
地势中等水田							⊢			⊣		
地势较高水田								⊢		⊣		
秧田					⊢⊣							

钝岭村的稻作作业已经充分适应了这种降水模式。首先是准备秧田，必须得是地势中等或较高而且有水的地方，在5月第一场集中降雨（I）时翻地，之后迅速进行稻田备耕工作，稻田备耕工作在地势较低的水田进行。在第二次集中降水（II）的7月份再次对地势较低的水田进行耙田，随后马上插秧。大约在8月第三次降雨（III）来临之时，在地势中等的水田进行稻田备耕工作，之后直接插秧。地势较高水田的稻田备耕工作和插秧是在8月末到9月，利用第四次降雨（IV）来完成。从9月末到10月的降雨（V），对于刚插秧的地势较高水田的水稻而言不可或缺。但收割稻谷的顺序正好相反，先是从地势较高水田开始，之后到地势中等水田，最后是地势较低水田。

　　但在大多数时候，雨水并非按部就班地遵循从（I）到（V）的顺序降下，这导致泰国东北部的水稻产量极不稳定。在钝岭村，1981年有（I）到（IV），但是没有（V），导致地势较高水田颗粒无收。1982年有（I）、（II）、（IV），但是没有（III）、（V），再加之10月份爆发洪水，导致当年唯一能插秧的水田只有地势较低水田，但也由于当年10月的洪水而颗粒无收。其结果，这一年所有的水田一无所获。1983年，（I）虽然来得较晚，但（I）到（V）都有，于是当年迎来了前所未有的大丰收。以上都是参照宫川修一的资料进行的分析。

　　在平原地区，就算是雨季也不可能连续不停地降雨。相比之下，几周一次的强降雨更为常见。趁此时机，当地农民动员所有劳动力，一气呵成完成水田的翻地、耙田和插秧。但由于平原地区土壤的性质，决定了耙田和插秧这两步不能相隔太久。之所以做如此安排，是由于存在以下风险，即耙田之后2—3天，好不容易积存在水田里的雨水就会渗透到地下，水田就很容易变成坚硬的沙地。因此，在每次降雨来临之际，必须根据降雨所能覆盖的范围精确计算，并从地势较低水田开始向地势较高水田逐级实施种植。如此难以变通的农业生产方式，在坝堰灌溉地区是绝对不存在的。以上便是平原雨养水田种植区的特征，也可以说是一大不利条件。

插秧完成之后，后续的水源补给工作也非常辛苦。笔者在泰国中部开展田野调查时，曾看到过以下抽水方式。首先在田里挖一口浅水井，然后用水桶打水。水井大多是边长3米的正方形，深1.5—3米左右。水井之间的间隔为一公顷到数公顷，水井四周有很多宽约20—30厘米的水沟。农民将从浅水井里打上来的水倒入这些水沟，之后再利用水沟进行水田灌溉。由于没有吊桶杆，只能2—3个人相互传递水桶来回打水。当浅水井里的水少时，用水桶持续打半个小时，井里的水即见底告罄。在休息半个小时后井底又会积存一些水，随即又开始打水灌溉，如此周而复始。以上是笔者在泰国乌泰他尼府西部地区目睹过的情形。

另外，还可以用手动的水车抽水。一般而言，水车又大又重，靠人工脚踏或靠发动机运转，但此处使用的是可以单人搬运的手动水车。通常将水车放置在引水渠里，这里的引水渠不如泰国北部的灌溉引水渠那么完备。引水渠经常是干涸的，只有在降雨过后才有水流经过，有些地势较低的地方能积水并形成小水坑。每逢下雨，当地农民就迅速搬运手动水车到有积水的地方，从这里往田里抽水。笔者曾询问一位深夜在积水处设置水车的男性农民，为什么连夜赶着安装水车。他回答到，第二天积水就会渗入地下，而且如果自己现在不抽水的话，对面水田的主人也肯定会在当天晚上把水抽干。

在这样小的水坑或浅水井里抽水，除了上述工具之外，还需要一种工具，即小型木船，以支点为中心像跷跷板一样上下摇动来抽水。此外，还有吊三角的大匙状和构状的工具，以及两人一组左右摆动来抽水的吊桶杆。这些工具的共同之处在于，都是用来抽水或提水的。由于平原地区无法实现引水灌溉，只好通过人工抽水的方式来进行灌溉。

在正常情况下，根本不需要这种耗费精力的抽水作业，笔者在泰国中部地区的见闻只是个案。绝大多数平原地区还是依靠雨水灌溉，因此田地的收成几乎取决于田地的相对高度。有雨水从周围高地流入的凹地将有可能成为良田。在地势较低、水利条件好的良田中，稻谷有时能长到人那么高，稻秆直径能达到15厘米左右。与此相比，地势较高水田的稻谷经常只能长到齐腰高，一株上只能结3—4个穗，并且这3—4个穗还未必都能顺利结籽。地势较高水田里的稻谷经常长到一半就枯死，或者成为空壳。由于极度缺水，有的年份从一开始就选择不耕种这些地势较高水田。这些田地在三到五年之间，仅在雨水多的年份栽种一次。虽然笔者所掌握的资料未必准确，但在笔者看来，在泰国东北部，像这样数年只耕种一次的田地的面积大约占水田总面积的20%。此处的水田总面积是指被明确划分为水田的地方，但这些地方是否全部登记在册则不得而知。

平原地区并非完全没有像样的灌溉设施，例如上缅甸地区的农田灌溉系统就非常发达。但从整个东南亚平原的规模来看，超过95%的地区是雨养水田。平原地区经常面临着持续不断的干旱天气，属于典型的雨养水田，基于前述内容得出这样一种结论，大致无误。

三、各地稻作的实际情况

如上所述，由于不同的文化背景，导致雨养水田在东南亚各地有所差异。以下就泰国东北部、柬埔寨、泰国中部、上缅甸这四个地方进行简单论述。

（一）泰国东北部

泰国东北部由三个地区组成，从北向南分别为老族居住区、孟族居住区和高棉族居住区，这三个地区的稻作景观略有差别。

老族居住区位于齐河（Chi River）沿岸北部地区。历史上，从老挝移居过来的老族长期居住于此。如前所述，老族是东南亚大陆山区的主要民族之一，他们从事的稻作也就是山地稻作。但进入平原地区之后，由于缺乏灌溉水源，老族的种植方式也随之发生了变化。水野浩一记述了该地典型的老族村落，即钝岭村的情况。①

5月份，当地农民开始准备秧田。在使用一头牛牵引的犁进行两次翻地和耙田之后，他们在秧田里撒入已经发芽的谷种。对于稻田，他们也是使用一头牛牵引的犁进行两次翻地和耙田。第一次是在水不满的状态下犁，第二次是在田里水满的时候进行，随后马上插秧。宫川修一在上文中提到，由于第二次的种植和整地时间有限，插秧之后几乎不除草。收割时，使用镰刀在离地面较高的位置收割稻谷，收割后放田里晾晒2—3天，晒干后搬运到高架谷仓附近的脱粒场，在脱粒场摔打稻穗，进行拍打脱粒。之后扇风筛选稻谷，再用牛车运回村里，放进谷仓储存。

当地农民种植的稻谷品种几乎都是糯米，既有生长期为6个月的晚稻品种，也有3个月的早稻品种，但4个月左右的中稻品种最多。

如上所述，老族居住区的水稻从种植方法到品种的选择，几乎都和前文大陆山地的支流山谷和盆地的情况相符合。可以说，老族居住区是移民到平原的糯稻种植者所控制的地区。

中部的孟族居住区夹在齐河和蒙河（Mun River）之间，但如今孟族并没有住在该地。此处发现了几百处被认为是孟族遗址的环濠部落遗址，所以这里就暂时被命名为孟族居住区。② 该地区是泰国东北部的低地，因此水资源相对充足。其中最典型的地区是被称为古拉隆亥平原③的低地，这一地区有许多环濠遗址。古拉隆亥平原的稻谷种植情况如下。

到了5月，在土地稍稍湿润之际就开始犁耕，之后马上播撒干燥

---

① 水野浩一：《泰国农村的社会组织》，创文社1981年版，第44—46页（水野浩一：『泰国農村の社会組織』、創文社、1981年、第44—46頁）。

② 蒂瓦·苏帕扬亚、斯萨功·哇利珀东：《论为泰国东北部人类学研究编制古遗址目录的必要性》，《东南亚研究》第10卷第2期，1972年9月，第284—297页（Thiva Supajanya & Srisakra Vallibhotama, "The Need for an Inventory of Ancient Sites for Anthropological Research in Northeastern Thailand", The Southeast Asian Studies, Vol. 10, No. 2, September, 1972, pp. 284-297）。

③ 古拉隆亥平原是位于泰国东北部一大平原，面积有200万莱，覆盖泰国5个府。——译者注

的谷种。干燥的谷种即无需泡水发芽，从谷仓里直接拿出来使用。播种后又一次架犁整地，后面几乎放任不管。接下来在 7 月份到 9 月份之间，稻谷在被洪水多次冲袭之后茁壮成长。到了 11 月份，用镰刀收割成熟的稻谷，其后采用牛蹄脱粒的方式进行脱粒。即在田里夯实整理好一块直径 10 米左右的场地，然后用水牛粪涂抹建成脱粒场，在脱粒场上铺好收割下来的稻谷，让水牛来回踩踏，进行牛蹄脱粒。这里的稻谷基本上都是粳稻。

由此可见，古拉隆亥平原采用直播粳稻、牛蹄脱粒的方法，与老族移栽糯稻、打谷脱粒的种植方式迥然不同。近年来，古拉隆亥平原地区越来越多地采取移栽水稻的方式。把自己的田地用土埂围起来防止洪水入侵，并往田里种植移栽稻。如果不考虑最近的这种变化，孟族居住区和老族居住区都是相对独立的水稻种植区。

蒙河以南是高棉族居住区，也是粳稻种植圈。柬埔寨模式的稻作方法曾扩展到这一地区，详情后述。

老族的移栽田与孟族居住区和老族居住区的直播田虽然有一定差距，但都属于泰国东北部分布广泛的雨养水田地区。

（二）柬埔寨

柬埔寨中央有一个名为洞里萨湖的大型湖泊，整个国家呈磨盘状。这里曾是吴哥文化的繁荣之地，现在柬埔寨被称为遗址、森林和湖泊王国。从 1954 年的航空摄影照片来看，柬埔寨 50% 的国土都是被森林所覆盖，其余 30% 是疏林和草地，10% 是洞里萨湖，剩下的 10% 是水田。这一比率至今也没有发生太大变化。柬埔寨全国地势平坦，大多为不受地形制约的平原，但农业用地只占 10%。这些数据表明，柬埔寨这个国家的农业并不发达，实际处于停滞状态。

这 10% 的农业用地主要包括地势较高地区的移栽水田和洞里萨湖北部低地的直播田、还有连接洞里萨湖和湄公河的洞里萨河沿岸的旱季稻田。其中，与平原稻谷相比，这里的旱季稻更接近泛滥平原稻谷。

海老原（Ebihara）对柬埔寨地势较高的移栽水田实施了田野调查，他调查的斯维（Svay）村位于柬埔寨茶胶省（Takeo）西南部。[①] 当地位于疏林和雨养水田混合的狭长地带，该村落居住着33户人家。村子里非常干燥，房屋周围树林稀少。不过，当地棕榈树很多，据称村子里有400多棵棕榈树。村民在村落周围挖掘了两个水池，以获取饮用水和生活用水。

斯维村通常在5月份开始准备秧田。利用两头牛牵引的犁进行翻地、整地。在秧田里播种发芽的谷种，村里种的全是粳稻。稻田也是依靠两头牛牵引的犁进行翻地和整地。7月份是移栽的最好时期，移栽之后几乎不除草。从11月到次年1月是收割季节。收割稻谷时使用的是r形状的镰刀，并在离地面较高的位置进行收割，而脱粒则是在木板上拍打，也即拍打脱粒。r形镰刀的刀刃反面呈弯曲手腕状，可以很方便地把稻秆一把提起并顺利割下。这个村子的脱粒法是拍打脱粒，而在其他稻谷种植面积更大的村子，则使用牛蹄脱粒的方式。

对于斯维村而言，其稻作面临的最大问题在于水资源不足。由于水田完全是雨养水田，该村农民的喜怒哀乐完全取决于降雨的多少。这便是地势较高地区水稻耕种的大致情况。

马德望省周边地势较低，这里没有高大树木，都是平坦而又广阔的水田。到了雨季，洞里萨湖湖水猛涨溢出后流到这里的水田中。从4月末到5月，当地农民使用两头黄牛或水牛牵引的犁进行翻地，之后在简单耙过的田地里播撒干燥的谷种。其后再犁一次，进行整地，用土把谷种盖上。这种方法与古拉隆亥平原的方法基本类似。

一般而言，翻土盖好之后就一直保持原样，直到收割季节之前都无需整地除草等劳作，但一部分田地需要使用犁或耙来除草。在稻谷

---

① 梅·梅科·海老原：《斯维：柬埔寨的一个高棉村庄》，哥伦比亚大学博士学位论文，1968年（May Mayko Ebihara, *Svay, A Khmer Village in Cambodia*, Ph.D. dissertation, Columbia University, 1968）。

长到 10 厘米左右时，需要使用犁或耙再次除草。虽然大部分好不容易长出来的稻谷秧苗会被连带拔出，但剩余的稻谷会呈现出整齐的一列，稻田也会呈现出条播那样整齐的效果。① 这在日本学者看来，确实是一种非常奇妙的耕种方法。但以前在印度及其周边地区，这也是非常普遍的耕种方法。笔者暂时将这种耕种方法称之为撒播中耕法。②

马德望省周边的低洼地区基本都是雨养水田。由于当地缺乏灌溉水源，甚至没有水源来整地和插秧。因此，当地农民只能在旱田状态下进行耕犁、播种干燥的谷种。在这种状态下进行耕种，过一段时间一定会长出大量杂草。为了处理这些杂草，需要特殊的除草方法。撒播中耕法就是在这种背景下出现的特殊稻作技术。在播种时，通过撒种大量谷种来抑制杂草的生长，等稻谷长到一定高度时，再择机把这些长的过于密集的秧苗用犁或耙分隔开来，同时也进行除草作业。在当地的雨养水田中，为了克服直播种植的弊端而采取的撒播中耕法，堪称一种非常合理的方法。

如此一来，除去杂草之后，剩下的稻谷成熟即可用镰刀收割，并采用牛蹄脱粒的方式脱粒。这里的稻谷品种大多属于籼稻系列的粳稻。

（三）泰国中部

湄南河流域也分布有数百万公顷的平原水田。在该平原水田区，散布在三角洲和泛滥平原周围的地势较高的干燥土地，就是构成这些水田区的平原。这里和柬埔寨的地势较高地区一样，广泛分布着雨养移栽田。

此处除了雨养移栽田以外，还有许多直播的旱田，这是泰国中部平原水田的一大特色。一般而言，这里的水利条件比雨养移栽田还差。

---

① 吉恩·德尔沃特：《柬埔寨农民》，巴黎·海牙，1961 年，第 324—332 页（Jean Delvert, Le paysan cambodgien, Paris and The Hague, 1961, pp. 324-332）。
② 高谷好一：《水田景观学的分类方案》，《农耕技术》1978 年第 1 期，第 26—28 页（高谷好一：「水田景観学の分類方案」、『農耕の技術』1978 年 1 号、第 26—28 页）。

直播的旱田从4月末开始耕犁翻地2—3次，5月末到6月撒播干燥稻种。由于当地没有水源，田里无法灌溉，有时会异常干燥。田里播下去的种子在降雨过后才会发芽。顺利的话禾苗会茁壮成长，但如果后期一直不下雨，则好不容易发芽的禾苗也会因干枯而死。如果遇到此类情况，只得马上重新翻地，再次播种。这样的播种重复一次之后即不再进行。如果第二次播种依然失败，就只有放弃当年度的耕种。

对于这种地势较高的干燥土地，到了5、6月份，农民非常关注降雨情况。如果农民预测会有足够的雨水，就会采用移栽的方式，这样可以省去后续除草的许多麻烦。如果预测雨水较少，则会赶紧准备并采用直播的方式。在泰国中部平原地区的田地，经常会发生一年移栽而另一年直播的情况。此外，在上述田地中，也有些田地不用于耕种，而是将其作为牧场使用。

（四）上缅甸

在上缅甸，严格意义上的平原只有伊洛瓦底江和锡唐河（Sittaung River）之间的中央地带。敏建（Myingyan）、密铁拉、马圭、央米丁（Yamethin）、德耶谬（Thayetmyo）、卑谬（原称Prome，现称Pyay）都在这一范围之内。伊洛瓦底江以西、锡唐河以东地势平坦，是一望无际的平原，但从水利条件来考虑的话，本书不将其列为平原。这是由于该地临近高山，河流众多，周边土地能够得到河水的滋润。

从结果来看，上缅甸的平原利用情况与泰国、柬埔寨大为不同。为了阐明其中的差异，笔者引用了较为陈旧的马圭省拓殖报告（Magwe District Settlement Report），根据其中的资料来介绍当地19世纪末的耕种情况。[①]

---

① 《德耶谬县拓殖报告（1900—1901年季报）》，仰光，第6—7页（*Thayetmyo District Settlement Report, season 1900~1901*, Rangoon, pp.6-7）。《马圭省拓殖报告（1897—1903年季报）》，仰光，第11页（*Magwe District Settlement Report, season 1897~1903*, Rangoon, p.11）。

一进入雨季，人们就匆忙准备秧田和稻田。缅甸农民几乎不使用犁，而是用耙平整田地。这种稻作方式，即便在20世纪80年代也依然没有发生太大变化。之所以不用犁而用耙，是因为当地的土质太硬且石头多，不能进行深耕，索性只用耙平整田地表层。在当地而言，采用这种种植方式已经足够。黄牛、水牛经常放养在田中，起到了很好的翻地作用，其粪便等也散落在泥土中，一定程度上改善了土壤条件。

耙田结束后，当地农民最重要的工作就是预测降雨中断的时期，即旱季何时到来。只有尽可能避开旱季，才能让稻谷顺利成活下来。因此，必须时刻注意天气状况，挑选最合适的时间移栽早稻。

为了应对干旱，农民们有时候把稻谷和高粱混种在水田里，种植方法自然是撒播。在雨水较少的年份，这种混种的方法被广泛采用。这样一来，雨水多的话可以收获水稻，雨水少的话可以收获高粱。同样，也有水稻和芝麻混种的情况。还有一部分人会在预测少雨的年份改为全部播种高粱。①

种下的稻谷一般在10月或11月收割，最早可以在9月末收割，脱粒采用牛蹄脱粒或拍打脱粒的方式，稻谷品种多为粳稻。

在伊洛瓦底江和锡唐河之间，还有很多水库。当地居民修筑了横跨低谷的低矮堤坝，堤坝里面便形成了水库。山谷虽然较浅但十分宽阔，因此就算只修建2—3米高的堤坝，其长度也必须达到2—3千米。堤坝后面形成深2米左右、宽2—3千米、长3—4千米的浅水库。水库中的水可以作为下游水田的灌溉水源，据说这样的水库从11世纪开始迅速增加。但由于淤泥堆积，一些水库里的水变得越来越浅，甚至可以看到在水库中栽种有水稻的情况。

综上所述，绝大多数的平原地区只有雨养水田。为了克服雨养水田的恶劣条件，各地农民因地制宜，采取了很多措施，其中最简单有

---

① 《马圭省拓殖报告（1897—1903年季报）》，仰光，第11页（*Magwe District Settlement Report, season 1897~1903*, Rangoon, p. 11）。

效的方法就是直播法。如果采用直播法，整地和播种都不需要水，但必须引入除杂草的撒播中耕法。此外，播种早稻的方法也很常见，如此可有效缓解干旱的影响。同理，现在还提倡实施多种作物混种，如雨水少稻谷无法成活，至少还有高粱可以保底，这也是一种分担风险的思维。

要想解决平原恶劣的水利条件，除了建造水库或抽取地下水之外，别无他法。在东南亚，迄今为止，挑战上述恶劣自然条件并取得成功的案例只有上缅甸。该地区从11世纪开始就有计划地推进水利设施建设，并取得了成功。二战后，泰国东北部虽然也曾尝试挑战这一难题，但遗憾的是尚未成功。

四、高燥土地的利用

此处的高燥土地是指地势较高且干燥的土地，即非水田地区，其中大部分地区分布着疏林、灌木丛。但在上缅甸，也有作为旱地使用的地区。下文将简要论述疏林、灌木以及旱地的情况。

（一）疏林的利用

作为饲养水牛和黄牛的牧场，疏林堪称完美。因此在疏林较多的平原，很早以前就有人开始从事以营利为目的的水牛或黄牛养殖业。泰国东北部就饲养过很多黄牛和水牛，并贩卖往三角洲地区。

拥有广阔稻田的三角洲地区，需要大量水牛进行翻地和整地等耕种作业。但三角洲本身并不适合饲养家畜，当地一年中的水量分布极不均衡，雨季一片泽国，而旱季则是寸草不生，甚至连饮用水也无法保证。因此，三角洲的水牛几乎都是从平原和山区购入。于是在泰国东北部就有了如下景象：满4岁的水牛在当年的旱季大举出村；几百头水牛和黄牛被组成若干个组，开始了前往三角洲的漫长旅途。二战前，耕牛几乎都是用于出口。二战后，专门饲养用来制革或食用的牛越来越多。现在已经很少看到在旱季后期将水牛和黄牛大规模输送到三角洲的景象。但在 20 世纪 60 年代，这种现象非常普遍。

在雨季，当地农民一般在疏林里放养水牛和黄牛。到了旱季，当地农民有时也会在收割后的稻田里放养。稻田附近有沼泽和湿地，一到旱季，沼泽和湿地变得干涸，其间生长的嫩草就成了牛最好的饲料。虽说是放养，但并非完全不管不顾。白天由孩子们看牛，晚上则牵回家并关在干栏式房屋的下层。一些村落非常重视水牛和黄牛的养殖，当地农民会在村子中央专门建一个牛棚，晚上把牛赶进去圈养起来。①

在泰国东北部农民的总收入中，出售水牛和黄牛的收入占比非常高。以 1953 年为例，在泰国北部的大陆山地，销售水牛和黄牛的收入占当地农民当年总收入的 8.9%；在被划入湿润岛屿西部地区的泰国半岛西海岸，占比为 1.7%。与之相比，在泰国东北部的平原地区，占比高达 27.8%。根据同年统计数据，当时泰国每户农民所拥有的水牛和黄牛的数量，全国平均拥有量为 3.6 头，而泰国东北部人均拥有量为 4.8 头。② 由此可见，在平原地区，水牛和黄牛在经济中占有非常重要的地位。

除了饲养水牛和黄牛之外，采集森林物产也很重要。其中，采集虫胶（Lac）是一项重要工作。虫胶是增加家具光泽度的亮光漆（varnish）的原材料。而分泌虫胶的，就是寄生在灌木上的紫胶虫（cocus lacca）。将寄生在树枝上的紫胶虫剥落下来保存好，会有来自曼谷或乌汶（Ubon）的中间商到当地进行收购。由于非常赚钱，有一段时间农民甚至集中饲养胶虫，即把森林里紫胶虫所寄生的树枝折断带回家，绑到住宅附近的四角风车子（combretum quadrangulare）③树上，

---

① 罗伯特·拉里莫尔·彭德尔顿：《泰国：景观生活面面观》，纽约：迪尔，斯隆和皮尔斯出版社 1962 年版，第 207—208 页（Robert Larimore Pendleton, *Thailand: Aspects of Landscape and Life*, Duell, Sloan and Pearce, NewYork, 1962, pp.207-208）。

② 同上书，第 210 页（opcit, p.210）。

③ 四角风车子为风车子属 / 使君子科，是泰国传统药用植物。——译者注

紫胶虫会不断繁衍，待其成熟之后将其采集下来。①

虫胶也被称为紫矿，自古以来大量出口到中国等地。作为泰国传统的出口商品，其在二战后仍然在出口中占有很大比例。1954年，在泰国森林产品出口商品中，虫胶和柚木都名列前茅。当时，柚木的出口总额达到1100万美元，虫胶是800万美元。但到了1957年，虫胶的出口额下跌到400万美元。但在此后，虫胶很快丧失了其作为商品的价值。

疏林的物产不仅仅有水牛、黄牛、虫胶。实际上，疏林的利用方式多种多样，包括采集自用食材，收集可作为商品出售的蜂蜜、小豆蔻、各种树脂等，其种类不胜枚举。由此可知，早期居住在平原的人们虽然种植水稻，但更多的还是依靠疏林为生。

（二）上缅甸的旱地耕种

上缅甸的农民十分擅长开垦平原高燥土地，自古以来都从事旱地耕种。根据前述马圭省拓殖报告，其对19世纪末的旱地种植情况做了如下描述。②

旱地里种植最多的农作物是芝麻。5月到6月初需进行耙田，在这之前先进行施肥。施肥分为从家里运过去的堆肥、厩肥和圈肥（Penning）三种。圈肥就是在耕种的前几天，将家畜围在旱地里，让它们在里面排泄粪便。然后用耙将肥料和土壤充分混合之后再撒播芝麻。播种之后，过20—25天再次进行耙田。耙田之后，在排列整齐的芝麻地里除草。这就是典型的撒播、中耕、除草三个步骤。芝麻在9月成熟收获，可用来榨取食用油，榨油之后所剩残渣是牛的重要饲料。

---

① 罗伯特·拉里莫尔·彭德尔顿：《泰国：景观生活面面观》，纽约：迪尔，斯隆和皮尔斯出版社1962年版，第221—222页（Robert Larimore Pendleton, *Thailand: Aspects of Landscape and Life*, Duell, Sloan and Pearce, NewYork, 1962, pp.221-222）。
② 《马圭省拓殖报告（1897—1903年季报）》，仰光，第11—13页（*Magwe District Settlement Report, season 1897~1903*, Rangoon, pp.11-13）。

仅次于芝麻的重要农作物是高粱。7月末到8月底，在耙田过后的土地进行播种，但不施肥。播种一个月后，和芝麻一样进行耙田、间苗、中耕、除草。次年1月到2月是收获期。在根部位置进行收割，并把高粱穗和高粱秆割开，只把高粱穗运到脱谷场，进行牛蹄脱粒。同时，把高粱秆捆起来带回家中，搭建一个干栏式棚屋，将高粱秆放在上面储存，或者用两根树杈架起来存放。高粱秆和稻秆一样，都是牛的重要饲料。

芝麻和玉米是上缅甸的主要农作物。除此之外，该地区还种植黍子、玉米、粟米、豆类等作物，芝麻和棉花、玉米和豆等组合混种的情况也不在少数。

旱地不能持续耕种，要根据土地的肥沃程度给予相应的休耕期。土质肥沃的话，连续耕种4到5年，休耕1年。土质贫瘠的话，在耕种2年后，也有休耕4到5年的情况。

到20世纪80年代，高粱已经完全被玉米所取代，种植花生的比例也增加了不少。虽然农作物发生了许多变化，但旱地耕种的方法与19世纪末相比，基本未变。由此可见，上缅甸的旱地种植已经形成了一整套相对固定的体系，即家畜饲养和旱地种植的组合体系。其中，混种和休耕方法也包含在内，撒播、中耕技术也得到了充分利用。正是由于这些复杂技术的存在，旱地种植的持续性才成为可能。

无论是水库，还是复杂的旱地种植体系，只有缅甸与其他平原不同，拥有独特的农耕文化。这或许可以称为印度式农耕文化。另一方面，泰国和柬埔寨的平原利用，更具东南亚特色，一直维持着疏林和雨养水田的基本组合模式。

20世纪60年代之后，泰国东北部出现了极为异常的现象，当地农民开始大规模开垦疏林，并将其变为木薯种植地。但泰国并没有像缅甸那样的旱地耕种传统，因此这样的耕种方式极不明智。关于这一点，将在第三章第五节第二目中进行详细论述。

第三节　三角洲地区

　　三角洲和平原都是水稻的最佳产地。与平原的最大不同在于，三角洲是一望无际的单一种植水稻地区。那么，以泰国的湄南河三角洲为中心，湄公河三角洲、伊洛瓦底江三角洲都是建立在何种生态环境之上？又是运用何种稻作技术开展单一种植水稻农业的？以下将对此进行论述。

一、湄南河三角洲的水文

　　湄南河三角洲的水文结构单一，举世罕见，也容易理解。下文以湄南河三角洲为例，阐述三角洲水文的基本特征。

（一）三角洲的水文情况与水稻高度的分布

　　一般情况下，大河就像是一棵大树，由一根树干支撑着许多树枝，又由无数树根为树干提供养分。同样，大河也是由无数支流汇聚成干流，在临近大海时又分散成若干支流。支流众多的部分被称为上游，汇聚成的一条主流被称为中游，再次分散的延展支流被称为下游，三角洲就位于下游地区。

　　三角洲自身又可进一步细分成三个部分。第一个部分是三角洲的顶部，离中游很近；第二个部分是靠近海岸的带状部分；第三个部分就是其中间部分。试想进入雨季洪水期的景象，就能明白这三个部分的不同。进入雨季之后，聚集在上游的洪水一下子涌向中游，中游开始泛滥，洪水沿着干流及其周边地区倾泻而下。受此影响，干流沿岸形成了泛滥平原。三角洲的顶部，就是靠这种洪水冲积形成。洪水中夹杂着大量泥沙，奔涌而下。这充分体现了三角洲具有鲜明的泛滥平原特征。

　　离开泛滥平原的出口之后，因为扩散面增大，洪水的势头急速减弱。在接近海岸时，更出现了奇怪的现象，受潮汐的影响，以半天为周期，河道和潮汐通道里的水流呈现出潮涨潮落的上下运动，周而复始。

上述三角洲的三个部分具有水力学的性质。按照从上到下的顺序，本书将这三个部分分别命名为泛滥平原地带、中央地带和海岸带。

在三角洲，除了上述三个部分外，还紧连着被称为古三角洲的部分。该部分通常比上述三个部分高出数米以上，自湄南河干流蜂拥而下的洪水无法直接冲袭古三角洲部分。不过，古三角洲地势低平广阔，从外面看很明显是三角洲；诞生于5万年前，现在则成为隆起的古三角洲[①]。上述三角洲的基本构造如图11所示。

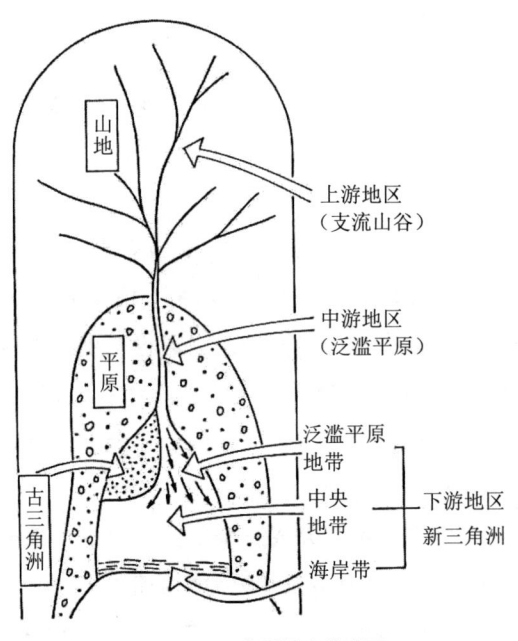

图 11　三角洲基本构造图

---

① 高谷好一：《泰国中部平原的第四纪露头》，载泷本清等编：《泰国和马来亚的地质和矿产资源》，京都：京都大学东南亚研究中心1969年版（Yoshikazu Takaya, "Quaternary Outcrops in the Central Plain of Thailand", in Kioshi Takimoto ed., *Geology and Mineral Resources in Thailand and Malaya*, Kyoto: The Center for Southeast Asian Studies, Kyoto University, 1969）。高谷好一：《湄南河沿岸的咸水粘土河床》，《东南亚研究》第9卷第1期，1971年6月，第46—57页（Yoshikazu Takaya, "Two Brackish Clay Beds along the Chao Phraya River of Thailand", *The Southeast Asian Studies*, Vol. 9, No. 1, June, 1971, pp. 46-57）。

上述三角洲的三个部分以及古三角洲水文环境的差异，也反映在三角洲种植水稻高度的不同上。关于 1972 年湄南河三角洲雨季种植的水稻高度的分布情况，如图 12 所示。该图基于三角洲内 2000 个测量点的水稻高度制成。根据图 12 可知以下情况。

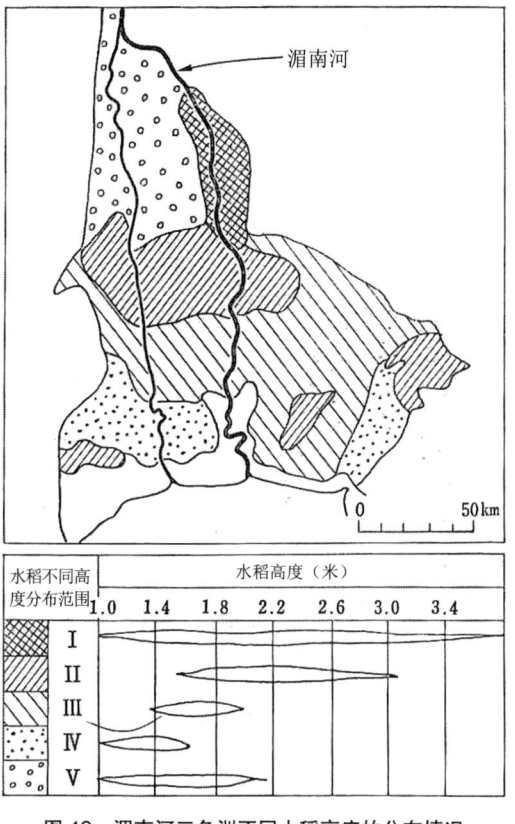

图 12　湄南河三角洲不同水稻高度的分布情况

备注：空白部分是指三角洲以外和海岸带未种植水稻的地区。
资料来源：根据以下著作简化而成。高谷好一：《热带三角洲的农业发展》，创文社 1982 年版，第 246—250 页（高谷好一：『熱帯三角洲の農業発展』、創文社 1982 年版、第 246—250 頁）。

（1）I 区，这里混种着高度 1.0—3.8 米的水稻。这是由于该地凹凸不平，低洼的地方积水超过 3 米，这种地方容易长出较高的水稻。

相反，高的地方积水较浅，稻谷就长得比较矮。这显示出泛滥平原的水稻高度分布情况。

（2）Ⅱ区，水稻的高度是1.6—3.0米。表明该部分雨季的积水相当深。这是新三角洲泛滥平原地带。

（3）Ⅳ区，连接着海岸带中没有种植水稻的地带。这里的水稻高度在1.0—1.6米左右，整体偏矮，表明此处积水不是很深。

（4）Ⅳ区背后是水稻高度在1.4—2.0米的Ⅲ区，这是新三角洲的中央地带。

（5）扇形顶部附近的Ⅴ区，水稻高度是1.0—2.0米，被称为古三角洲。

与水稻基本相同，从杂草的高度也可略知一二。在Ⅰ区和Ⅱ区，最为常见的杂草是被当地人称为三角莎草的具芒碎米莎草（Cyperus Microiria）。这种杂草在洪水期生长繁茂，高度经常超过3米。但进入旱季以后，具芒碎米莎草的长势大幅减弱，要么枯萎，要么部分枯死。另一方面，如果来到接近海岸的Ⅳ区，或是前方没有种植水稻的地方，就没有这种长得很高的杂草。取而代之的是生长繁茂的、类似灯芯草（Juncus Decipiens）的一种被称为膜稃草（Hymenachne Pseudointerrupta）的杂草。它是黑荸荠的同类，高度只有40—50厘米，如同地毯似地铺满整个地块。

因此，三角洲的内陆部分和沿海部分对应，形成两种地带，分别是洪水期长到3米、洪水过后土地干涸进而干枯的三角莎草地带；以及长得不高、但整体生长茂盛的膜稃草地带。三角洲的泛滥平原地带受季节性洪水的支配，海岸带则是受潮汐影响的常湿地带。这样的水文环境，从该地杂草的生长状态亦可见微知著。

二、湄南河三角洲的土地利用

本部分将简要论述湄南河三角洲四个部分的土地利用状况，即新三角洲的泛滥平原地带、中央地带、海岸带以及古三角洲。此处主要论述 20 世纪 60 年代后期的情况，因为进入 20 世纪 70 年代以后，在现代化建设和发展的影响下，该地区发生了翻天覆地的变化。至于 20 世纪 70 年代以后的情况，将在本书第三章第五节第一目中进行论述。

（一）新三角洲的泛滥平原地带

这里河流众多，其中较大的河流宽度超过 50 米，大部分河流宽度在 20—40 米之间。这些河流两岸有很多天然形成的堤坝，堤坝后面是天然堤后漫滩沼泽，二者之间有 2—3 米的高度差。

进入雨季之后，洪水虽然完全淹没了天然堤后漫滩沼泽，但洪水溢过天然堤坝顶上的情况少之又少。因此，天然堤坝成为绝佳的居住场所，人们在这里修建干栏式房屋。房屋周围种植茂密的经济树木，包括芒果、菠萝蜜、椰子、竹子等，有时还会开垦小菜园。从飞机上往下看，天然堤坝上布满了一排排深绿色的树木。

天然堤后漫滩沼泽由于每年都遭受洪水侵袭，所以这一带没有树木生长，堪称无树林地带，但这里可以种植浮稻。到了 4 月末，当地农民开始驱使水牛翻地，然后直接撒播干燥的谷种。这个时候，土壤还是半干状态。翻地之后通常不进行耙田碎土，于是很多较大的土块在田里十分突兀，播种之后的田地看上去极其粗放。之后，稻谷发芽，杂草也一块长了出来。当稻子和草长到高约 20 厘米的时候，农民们会在田里放牛，但水牛吃草，也会吃稻谷。这是 6、7 月份的时候，还没有积水。到了 8 月中旬，开始有积水。一旦开始积水，水深迅速增加，到了 9 月中旬会深至 1 米左右。此时已经不能放牧。另外，之前生长旺盛的杂草也会被淹死，只剩下生命力顽强的浮稻，随着水深的增加而越长越高。到 11、12 月份的时候，浮稻在积水中全力吸收泥水中的营养。到了 12 月份，积水慢慢退去，稻谷开始开花结穗。12 月末到次年 1 月份是主要收割季节。当地农民将完全倒伏的稻谷扶起来并进行收割。收割完毕之后，再把水牛赶进田里放牧，直到次年 4 月份这里都是牧场。

在新三角洲的泛滥平原地带，尽管有汹涌的洪水来袭，但当地农民巧妙地组合利用了天然堤坝及天然堤后漫滩沼泽的空间和自然条件，过着非常稳定的生活。在某种意义上，对于种植浮稻的农民而言，这是一个非常理想的生活空间。以阿瑜陀耶（Ayutthaya）为中心，湄南河三角洲的古老村镇几乎都位于这一地区。

（二）新三角洲的中央地带

汹涌澎湃的洪水流入新三角洲的中央地带便销声匿迹。洪水在极为平坦的中央地带分散流走，变成灌溉工程专家所说的漫流（sheet flow）。

没有河流和天然堤坝的中央地带完全不适合人类居住。因为一到雨季，所有地面都会被水淹没，没有地势较高的地方能够建造房屋。相反，到了旱季，甚至连饮用水都无法确保。如果想要居住在这样的地方，就必须进行人工填土，使其达到雨季洪水无法将其淹没的高度，还要挖掘很深的池子，以确保旱季的水源。实际上，在19世纪后半期，对中央地带的这种改造开始有组织地进行，泰国政府还试图将该地区打造成人类宜居的空间。

由于是人工改造过的空间，中央地带的景观极其特殊。首先，直线型的运河阡陌纵横。仅仅是宽20米以上的干流水路，其总长度就达到了1000千米以上。而且农民的房子呈一列式并排建在堤坝上，各家房屋之间间隔数十米，所有房屋排列在一起绵延数十千米。但这里终究还是人工堤坝，所以不能像天然堤坝一样在住宅周围种植树木，房屋周围的树木十分稀少且土地贫瘠。在草木萧疏的堤坝上，突兀地出现一些房屋的景象，不时映入眼帘。因此，中央地带的景观显得毫无生机、蛮烟瘴雨。

在运河之间，有大面积的地势平坦的土地，其在洪水期间的积水可以深至60—70厘米。这里是进行稻作的理想地点，种植方法和新三角洲泛滥平原地带基本一样。在中央地带进行稻作的最大烦恼是水源不足,虽然泛滥平原地带也存在这一问题,但中央地带相比之下显得更为严重。在自然状态下,8月份开始有洪水积留,但一进入11月份就没有积水了,这种短期泛滥的洪水无法种植出高品质的晚稻。另外,由于7月份没有水源,所以移栽水稻的方法也毫无用处。20世纪初以来,泰国灌溉局致力于保存雨季初期的水资源,直到现在仍在为实现这个目标而努力。

在12月份收割结束后,田地里到处都是光秃秃的稻秆。次年1月到4月间,这块平坦的土地一望无际、几无树木遮掩,只有水牛在四处吃草。

(三) 海岸带

在海岸带中,离海最近的地方被红树林所覆盖。曾几何时,这里的红树林面积更为广阔,宽度甚至达10千米,但现在大多变成盐田和虾养殖场。

海岸带的小村落通常沿潮汐河道而建,由几间到十多间房屋构成。在满潮的时候,潮汐河河岸和红树林会沉到潮水以下,道路完全消失。对于当地居民而言,呈网眼状发散的潮汐河就是其进出村落的交通要道。在红树林中最不费功夫且可赖以生存的职业是薪炭生产和采伐木桩,也有人以捕鱼和捉蟹为生。这些都是红树林最为传统的利用方法。20世纪60年代以后,当地开始盛行围建虾养殖场,即开辟1公顷左右的地方,围建土堤。涨潮时涌进池子里的虾经过三四个月即可捕捞,随后会被卖往曼谷的市场。

现在,红树林的利用方法之一就是开垦盐田。红树林被连根拔起后,该地带被分成数块盐田和数条水路。湄南河三角洲的盐田主要用风车抽水,几百台大风车从水路往盐田里抽灌海水。在湄南河口以西,这种类型的盐田随处可见。

在这些虾养殖场和盐田的背后,分布着许多椰子种植园和菜园。此处作为常湿地,建造有一些田垄和水沟,将其用更大的土堤围起来后即可种植农作物，当地种植的经济作物主要供应曼谷市场。二战后，以广东潮州出身的华人为代表的群体，跟随曼谷的发展，不断扩大这些种植园的面积。

在和菜园相同的位置，也会种植稻谷，但这里的稻作与新三角洲中央地带的情况完全不同。第一，不是直播而是移栽。由于种植期能够获得水源，因此可以进行移栽。第二，没有明确的种植季节。一年到头随时有水，任何时候都可以种植稻谷。第三，不使用犁而使用另一种原始的旋转耕地机。将上文提到的生长旺盛的膜稃草插入泥中就完成了稻田备耕工作，随后再种上已经长大的秧苗。笔者据此推测，海岸带原本就不需要翻地这一工序，只要割除杂草就可以种稻谷。① 在湿润的岛屿西海岸和泛滥平原地带，目前也是采取这种种植方法，这一点请参考第二章第四节。

海岸带这一空间原本不适合栽种稻谷，而且此处的稻作方式与三角洲其他地方相比极其特殊。在这片常湿地，让人能够感受到强烈的马来西亚色彩。

（四）古三角洲

古三角洲原本是湄南河干流泛滥的河水无法到达的高地，于是形成了三角洲中的高燥土地。由于这里地势起伏，因此可以种植多种类型的稻谷。某些地区可以种植深水稻，也可以种植浮稻。周围高地的水源流入该地，形成很深的积水。但大部分地方还是水资源不足，当地农民只得在干旱的威胁下种植稻谷。

传统的稻谷种植方法是等待降雨开设秧田，然后进行移栽。只有到8月份，田里才能通过降雨灌满水，如果翻地时间明显推迟，那就只能种植早稻。这种情况和平原相似。20世纪60年代以后，随着灌溉设施的不断推广，中稻的种植也开始得到普及。上述三角洲内的地区

---

① 高谷好一：《热带三角洲的农业发展》，创文社1982年版，第246—250页（高谷好一：『熱帯三角洲の農業発展』、創文社1982年版、第246—250頁）。

差异可归纳为表4。三角洲的土地利用情况非常符合当地的地形和水文环境。

表4 三角洲地形、水文条件和土地种植的关系

地区		水文	居住地	土地种植
新三角洲	泛滥平原地带	汹涌的洪水	天然堤坝	浮稻
	中央地带	缓慢的洪水	人工运河周边	深水直播稻
	海岸带	常年湿润	潮汐河道周边	虾养殖场、盐田、菜园、四季水稻
古三角洲		高度干燥	所有地方都可以	移栽水稻

三、伊洛瓦底江三角洲的水文和土地利用

（一）巨大的洪水和围垦地

与湄南河三角洲相比，伊洛瓦底江三角洲的洪水极其汹涌，具体如图13所示。从干流的最大水量来看，伊洛瓦底江的洪水量是湄南河的10倍以上。表5显示了伊洛瓦底江、湄公河、湄南河三条河流干流每年的输沙量，据此可知，伊洛瓦底江的输沙量是湄南河的近30倍。

伊洛瓦底江和湄南河不一样，其流域面积非常广阔，因此流量巨大。而伊洛瓦底江之所以拥有异常巨大的推移质输沙量[①]，是因为这条河流经上缅甸的干旱地区。概言之，携带大量泥沙的巨大洪水定期泛滥，是伊洛瓦底江三角洲的基本特征。

能容纳大流量洪水的伊洛瓦底江三角洲还具有另外三个特征。第一，为排泄流量巨大的洪水，其支流数量众多且很发达。湄南河的新三角洲中央地带几乎没有河流，但是伊洛瓦底江三角洲的中央地带有很多宽广的河流。第二，这些宽广的河流会在旱季涨潮。与湄南河相比，伊洛瓦底江三角洲的潮汐带一直延伸至内陆深处。第三，由于洪水中富含大量沙土，各条河流沿岸的沙洲极其发达，在海岸边形成了

---

① 推移质输沙量是指单位时间内通过河流断面的推移质沙量，常以泥沙质量表示。——译者注

雄伟的沙丘。

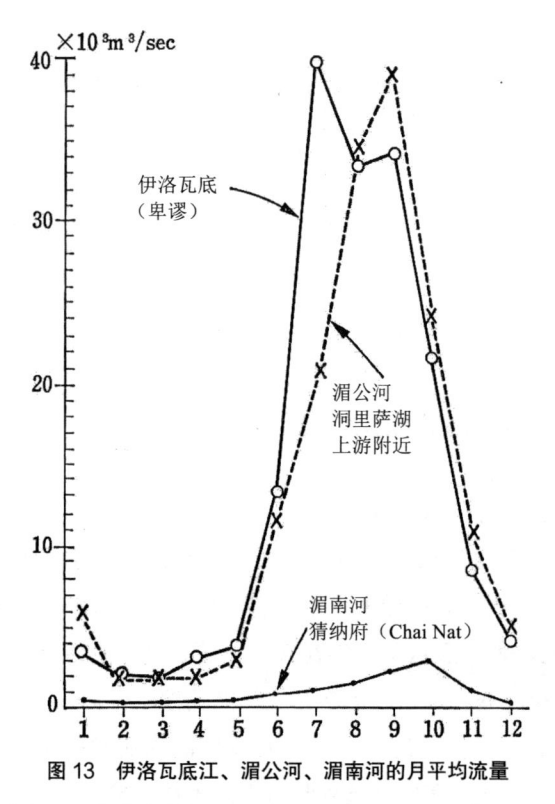

图 13 伊洛瓦底江、湄公河、湄南河的月平均流量

资料来源：笔者根据缅甸政府、NEDECO、Boonchob 的数据制成。具体如下：缅甸政府 1968 年 1—12 月的实际检测值（ビルマ政府、1968 年 1 月～12 月の実測値）。荷兰派驻国外工程师协会：《关于湄公河三角洲改进水管理、发展农业的建议》，工作文件（四），1974，图 IV-10（NEDECO, *Recommendation Concerning Agricultural Development with Improved Water Control in The Mekong Delta*, Working Paper IV, 1974, Fig.IV-10）。文乔布·坎查纳拉克：《湄南河的径流估算》，亚洲和远东经济委员会/世界卫生组织（ECAFE/WHO）水文网络和设计方法研讨会，曼谷，1959 年 7 月（Boonchob Kan-channalak, *Runoff Estimation for the Chao Phraya River*, Thailand, 1959, ECAFE/WHO Seminor on Hydrologic Networks and Design Methods, Bangkok, July 1959）。

由于伊洛瓦底江三角洲的上述特征，其开发模式有别于湄南河三角洲。之所以不用像湄南河三角洲那样挖掘运河，是因为这里本身就有无数的自然河流，完全没有必要挖掘新运河。伊洛瓦底江三角洲所需要的，是建设能抵御巨大洪水的围垦地堤坝，用高大的堤坝将农地和居住地包围起来，以防洪水突然来袭。图 14 显示了截至 1966 年所建设的 7 处围垦地堤坝。

表 5　大型河流的推移质输沙量

河流名称	年平均推移质输沙量（千万吨）
伊洛瓦底江（卑谬）	33.1
湄南河（那空沙旺）	1.25
湄公河（穆达汉）	18.7

资料来源：约翰·霍尔曼：《世界主要河流产沙量》，《水资源研究》第 4 卷第 4 期，1968 年 8 月，第 744 页（John N. Holeman, "The Sediment Yield of Major Rivers of the World", *Water Resources Research*, Vol. 4, Issue 4, August 1968, p.744）。

（二）土地利用

伊洛瓦底江三角洲的地形和水文条件虽然与湄南河三角洲差异较大，但三角洲的基本结构与湄南河三角洲如出一辙。换言之，伊洛瓦底江三角洲也包括新三角洲的泛滥平原地带、中央地带、海岸带以及古三角洲。只是伊洛瓦底江三角洲各部分的性质和湄南河三角洲各部分有些许差异，下文将简要论述各部分的差异。

1. 泛滥平原地带

拥有巨大泛滥能量的伊洛瓦底江三角洲泛滥平原可分为两部分，即泛滥非常严重的上游地区和泛滥不太严重的下游地区，这样能更好地理解当地的地形。泛滥非常严重的上游地区如图 14 所示，由缅昂（Myanaung）围垦地堤坝（1）、伊洛瓦底东岸围垦地堤坝（3），良东岛（Nyaun-don）围垦地堤坝（4）组成。堤坝之间有几座高大的沙洲，栽种着黄麻（Jute）。当地的黄麻属于前季风黄麻，在 5 月份播种，9 月份收割。在同一时期，有些地方也栽种有玉米和花生。由于这些地方的洪水非常汹涌，所以无法种植雨季稻。在洪水退去后，通常会在天然堤后漫滩沼泽种植名为玛茵（M-yin）的旱季稻。

泛滥不太严重的下游地区包括马乌彬（Maubin）围垦地堤坝（5）、

东卦（Thon-gwa）围垦地堤坝（6）、瑞郎围垦地堤坝（7）等地。如上所述，由于伊洛瓦底江三角洲的上述特点，其泛滥平原地带的部分河流也是潮汐河。在4月份的枯水期，河水出现0.5—1米的潮位落差。从这些潮汐河中引水，可以灌溉种植面积较少的黄麻和双季稻。黄麻是在2月中旬播种，7月收割。由于播种时正值旱季，所以要从潮汐河中抽水灌溉。稻谷在7—8月栽种，12月到次年1月收割。下游地区有大量的淡水，再加上潮汐作用，此处的农业水利条件十分优越，堪称伊洛瓦底江三角洲最具农业发展潜力的地方。

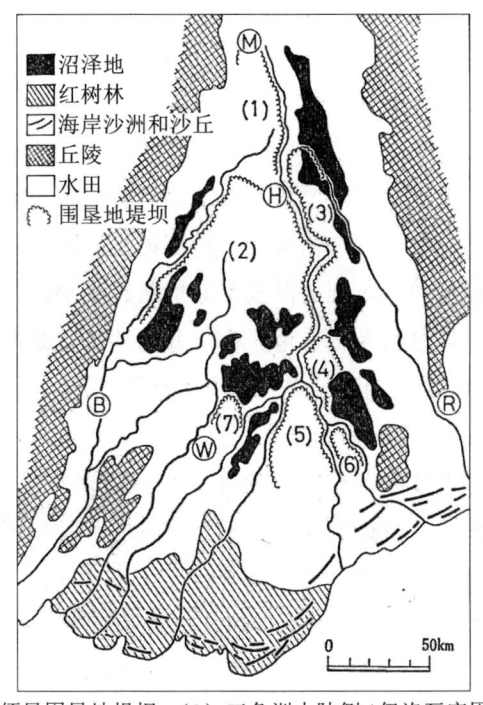

（1）缅昂围垦地堤坝 （2）三角洲内陆侧/伊洛瓦底围垦地堤坝 （3）伊洛瓦底东岸围垦地堤坝 （4）良东岛围垦地堤坝 （5）马乌彬围垦地堤坝 （6）东卦围垦地堤坝 （7）瑞郎围垦地堤坝 Ⓜ 缅昂 Ⓗ 兴实达（现称Hinthada，旧称Henzada） Ⓑ 勃生 Ⓦ 瓦溪码 Ⓡ 仰光

图14 伊洛瓦底江三角洲的围垦地堤坝

资料来源：20世纪30年代的地形图（1966年之前修建完成的围垦地堤坝）。

2. 新三角洲的中央地带

图 14 右边是位于泛滥平原地带下游的广阔的平原地区。包括连接勃生（Bassein）、瓦溪码（Wakema）、仰光这一线以南的空白部分。由于 2—5 月期间海水入侵，这里不能种植双季稻。关于该地的土地利用，通常情况下是直播单季稻。虽说是直播，但和湄南河三角洲的情况不大相同，此处多用已经发芽的种子。这得益于大量的潮汐河，可以利用潮水上涨时往苗圃里引水，一般在 7—8 月播种，11—12 月收割。

由于潮汐河数量众多、土地经常保持湿润的环境，因此比起中央地带的固有特征，该地区更接近海岸带的特征。此处地形平坦，虽然被列入中央地带，但其水文环境更加接近海岸带。与伊洛瓦底江三角洲一样，实际上在很多潮汐河高度发达的三角洲地区，中央地带已基本消失。如果将其作为海岸带的延伸部分来理解，则会更加合理。

3. 海岸带

这里是海岸沙洲分布较多的部分，即沿海岸宽约 30 千米的部分。利用红树林生产薪炭是当地居民最重要的生计。沙洲上生长着许多酸角、芒果、菠萝蜜、竹子等。有些地方还栽种着木薯等薯类作物以及玉米等农作物。在沙洲之间的低地，雨季期间也会栽种少量的稻谷。

4. 古三角洲

如图 14 所示，三角洲内陆侧 / 伊洛瓦底围垦地堤坝（2）与古三角洲几乎重叠。当地最为普遍的土地利用方式，是在雨季移栽水稻，即 6 月播种秧苗，7 月末到 8 月进行移栽，10 月末到 11 月进行收割。在部分低地，还会栽种少量的浮稻和旱季稻。这与湄南河古三角洲的土地利用方式基本相同。不过也存在一些不同的地方，最大的不同点在于伊洛瓦底江干流的河水会不断漫溢出来，隔三差五出现洪水危害稻作的问题。

如上所述，与湄南河的土地利用情况相比，伊洛瓦底江三角洲虽然比较随意，但其土地利用方式要更加多样，且更能体现土地的活力。当然，这也得益于巨大的河水流量和潮水高度差，才使得伊洛瓦底江三角洲上述多种多样的土地利用方式成为可能。

四、湄公河三角洲的水文和土地利用

（一）洞里萨湖的功能

湄公河在流入三角洲之前，还流经洞里萨湖。洞里萨湖宽约20—30千米，长约100千米，比日本的琵琶湖[①]还要大一圈。但洞里萨湖[②]平均水深只有数米，或许说它是一个巨大的沼泽更为合适。这个沼泽地极大地影响了湄公河三角洲的水文环境。

洞里萨湖在旱季时几乎没有水，水深仅为1.3米。但一旦进入雨季，洪水涌入湄公河，再进入洞里萨湖，其水深会飙升至10米以上。洞里萨湖的洪水调节能力高达580亿吨，是日本最大的奥只见大坝[③]的100倍以上。

如图13、表5所示，湄公河拥有可以与伊洛瓦底江匹敌的巨大洪水流量和推移质输沙量。但由于洞里萨湖的巨大调节能力，在洞里萨湖的湄公河下游，洪水的水势减弱。抽象来说，洞里萨湖上游的湄公河与伊洛瓦底江一样狂暴汹涌，但下游却像湄南河一样平静温柔。当然，并不能说洞里萨湖下游和湄南河完全一致。进入枯水期，洞里萨湖的水又慢慢回流到湄公河三角洲。

（二）土地利用

图15是湄公河三角洲的地形和水文条件图，各个地带的特征如下。

---

① 琵琶湖（Lake Biwa）位于日本滋贺县，是日本中西部山区的淡水湖，面积约674平方千米，湖岸长241千米，邻近京都、奈良、大阪和名古屋。——译者注
② 洞里萨湖（Tonlé Sap）位于柬埔寨境内西部，呈长形，位于柬埔寨的心脏地带，是东南亚最大的淡水湖泊。——译者注
③ 奥只见大坝（Okutadami Dam）位于日本福岛县与新潟县交界地、阿贺野川水系的只见川上，主要用于水力发电。——译者注

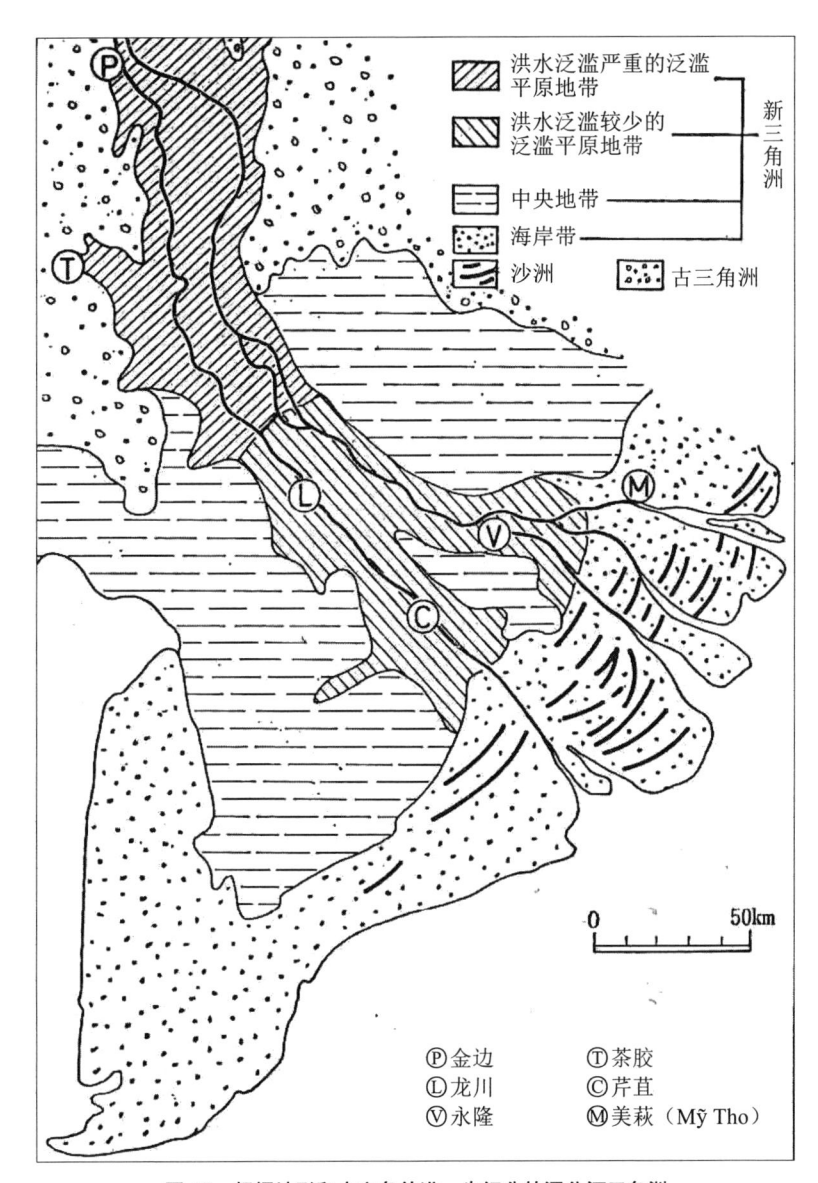

图 15　根据地形和水文条件进一步细分的湄公河三角洲

资料来源：根据高谷好一的论文部分改编而成。详情参见以下文献。高谷好一：《湄公河三角洲稻田的地理分类》，《东南亚研究》第 12 卷第 2 期，1974 年 9 月，第 141 页（Yoshikazu Takaya, "A Physiographic Classification of Rice Land in The Mekong Delta", Southeast Asian Studies, Vol. 12, No. 2, September 1974, p. 141）。

1. 泛滥平原地带

这里和伊洛瓦底江三角洲的情况基本相同，可分为洪水泛滥严重的上游地区和洪水泛滥较少的下游地区。洪水泛滥严重的上游地区一直延伸到越南的龙川（Long Xuyên）附近，此处的沙洲和天然堤坝高大雄伟，天然堤后漫滩沼泽的面积也很大，沙洲和天然堤坝上农田广布。季风前的5月中旬到8月中旬大面积种植玉米，季风后的11月到次年3月种植绿豆、玉米、烟叶。湿地的大部分为沼泽地，无法种植，但也有一部分在旱季种植旱季稻。旱季稻11月栽种秧苗，12月移栽，然后在次年4月收割。

湄公河泛滥平原的特征之一是拥有淤灌系统（Colmatage System），即人为开掘天然堤坝的一部分，让湄公河的泥水从缺口流出，并用泥沙填埋天然堤后漫滩沼泽，从而将其作为农田使用。该项工程由当地农民分工协作，共同实施。在1952—1954年期间，柬埔寨境内共开挖了57处淤灌系统，据称受益土地面积高达16640公顷。[①]

下游的洪水泛滥较少的泛滥平原地带，包括龙川、永隆（Vĩnh Long）、芹苴（Cần Thơ）及其周边地区，其上下游长约80—90千米。此处涵盖湄公河和巴塞河（Bassac），也属于潮汐带。由于该地有适当的地形起伏、大量的淡水，加上潮汐的作用，使其拥有得天独厚的农业生产条件。人们在海拔较高处种植柑橘等果树，在中等海拔地区种植蔬菜类、在低海拔地区进行高密度的水田种植。

在潮汐地带，其特有的水稻种植法是二次移栽法。5月份在有灌溉水源的河岸进行水稻育苗。方法是点播秧苗。具体而言，是在地上挖开直径5—7厘米的穴，在里面撒入灰，放上数十粒种子后即用篙叶盖上。在2个月后的7月份，将秧苗分为每捆10棵左右，分开种植。种植地点仅限于当时有适当积水的地方。到了8月或9月，积水范围扩

---

① 田中义朗：《柬埔寨的灌溉排水设施》，《东南亚研究》第3卷第4期，1966年3月，第138页（田中義朗：「カンボジアのかんがい排水設施」，『東南アジア研究』、3巻4号、1966年3月、第138頁）。

大，把7月份种下的稻谷全部拔起，按每2—3棵的比例重新分开种植。这种种植方法，巧妙地利用很小的地势起伏来克服雨季初期水资源不足的问题，其后在移栽田里进行大范围移栽，可以说是高度成熟的种植技术。①

受潮汐影响的泛滥平原地带，是湄公河三角洲人类最早定居的地方。大概人们在最初来到这里时，就已经注意到该地具备有利的地形和水文环境了。

2. 海岸带

这里由两部分组成，分别是三角洲的南部边缘地带和西部边缘地带。前者从湄公河和巴塞河的河口向东西两个方向延伸，由多个沙洲和夹在其间的低地组成。其土地利用情况与伊洛瓦底江三角洲海岸带如出一辙。另一方面，由于没有泥沙供给，三角洲西部边缘地带则为绵延不绝的红树林。该区域大多数地方尚未被开发利用。

3. 中央地带

这里的土地条件和湄南河三角洲的中央地带非常相似。当地居民为了确保居住场所和外出通道，不断挖掘纵横交错的运河，使周围形成了深水直播稻地带。种植方法也和湄南河三角洲类似，即在翻地、耙田碎土之后，撒播干燥的稻种。但湄公河北岸的同塔梅平原（Plaine des Joncs）② 开发较晚，其原因是当地的土壤多为强酸性的盐酸土壤。

4. 古三角洲

古三角洲属于雨季移栽稻地带，残留有很多疏林。此处与二战前的湄南河古三角洲一样，经常面临水资源不足的难题。

---

① 海田能宏：《湄公河三角洲越南部分的稻田水文学》，《东南亚研究》第12卷第2期，1974年9月，第146—148页（Yoshihiro Kaida, "Hydrography of Rice Land in the Vietnamese Part of the Mekong Delt", *Southeast Asian Studies*, Vol. 12, No. 2, September 1974, pp.146-148）。这种二次移栽法很好地利用了水文环境，可以视为火耕田耕作技术的进化，应该与第二章第四节第三目的内容进行对比。

② 亦译作塔梅平原。越南语作 Đồng Tháp Mười，法语称水草平原（Plaine de Joncs），亦称里兹平原（Plain of Reeds）。——译者注

前文以20世纪60年代三个三角洲的土地利用区为中心，进行了论述。由此可知，三角洲表面上看起来低矮、平缓、单调，实际上必须细分为几个不同的区域来加以研究。

此处，笔者还想强调一点，这些三角洲的大部分地区，尤其是三角洲中心的中央地带，其水资源严重不足。因此，我们不能被三角洲的浮稻等表面现象所迷惑。以湄南河三角洲为例，从1831年到1948年，在这117年期间，当地农作物的实际生产状况如下：①

其一，仅有4年稻谷遭受洪灾。

其二，由于缺水导致的稻谷旱灾有60年。

其三，剩下的53年为正常年份。

由此可见，三角洲的水稻种植深受水资源不足的影响。虽然伊洛瓦底江三角洲与其他两个三角洲相比受洪灾的影响较大。但包括伊洛瓦底江三角洲在内的所有东南亚三角洲，实际上都深受旱灾的困扰，而非洪灾。

第四节　湿润岛屿西部地区

湿润岛屿西部地区包括苏门答腊、西爪哇、马来半岛和加里曼丹岛西部。在这些地区，橡胶等种植园的农作物较多，这一点会在第三章第四节第一目中进行详细论述，此处的论述重点在于传统的土地利用方法。本节将详细叙述苏门答腊岛，因为苏门答腊的特点与其他类似地区大致相同。

---

① 坎布·马里卡：《泰国大湄南河项目》，1949年，第9页（Kambhu, M. L. K., *The Greater Chao Phraya Project, Thailand*, 1949, p.9, 重新收录于1957年版 R. I. D. 报告）。

一、苏门答腊的横截面

苏门答腊是横贯南北的狭长岛屿。如图 16 所示，该岛下游是湿地林、中游是泛滥平原、上游是山地，整个岛屿被划分成三个细长的地带。要想知道这三个地带的大概情况，就要沿着横穿该岛的科美灵河（Komering River）从河口追溯到河流源头。

苏门答腊东海岸附近是浅海，风平浪静。漫长的海岸线被红树林覆盖得严严实实。而科美灵河就像一把刀一样，将红树林一刀斩断。在科美灵河沿线，海洋和陆地的界限若有若无。满潮的时候，河岸两侧的树木 1 米以下的位置全部被淹没。满潮时河水从河流流向树林，退潮时则从树林流向河流。

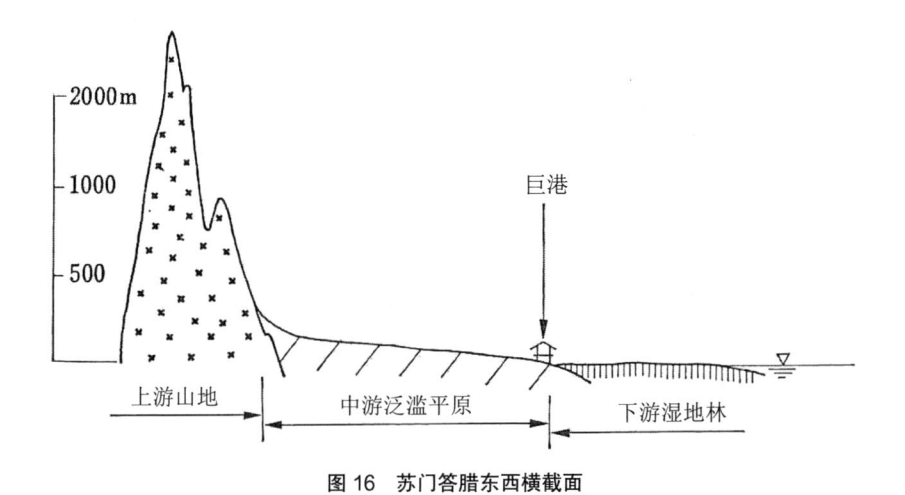

图 16　苏门答腊东西横截面

在科美灵河最下游 100 多千米的地方，只有四个村落。离海岸最近的村落位于离海 2 千米的地方，处于红树林的边缘地带，目前由几百户人家组成，是一个规模很大的村落。房屋和村内道路全部由 5—6 米高的木桩支撑，完全是一个水上村庄。穿过这个村落，紧接着又是红树林。上游地区每隔 20—30 千米的地方，偶尔会出现零星的小村落，这一带整体感觉就像是无人居住的湿地林区。

巨港（Palembang）的出现，打破了下游海岸湿地林静谧的景观。巨港距离海岸的直线距离约 100 千米，至今还保留着古城墙的遗址和热闹的市场，几百艘船只把港口挤了个水泄不通。巨港的河水水深在 1.5 米上下浮动。

从下游到上游，河岸边逐渐出现山崖，河流和陆地的界线变得清晰。河岸的树木不再是野生湿地林，反而全都是果树。村落之间的距离变短，每隔几千米就会出现房屋。以巨港为界，上游和下游的差异如此明显，人们把上游称为乌鲁（Ulu），下游称为伊利尔（Ilir），字面意思就是上游和下游，有时也代指宜居地和不宜居的湿地。在图 16 的横截面图中，前者是中游泛滥平原，后者是下游湿地林。

在乌鲁，科美灵河被低矮的山丘所环绕，形成了幅员辽阔的泛滥平原。人们居住在河边的堤坝上，在天然堤后漫滩沼泽中种植稻谷。丘陵上不时有一些橡胶种植园，但多数还是森林和草地。

从这里逆流而上 200 千米，河流突然进入山地。这样一来，小船无法继续前进。茂密树木笼罩着的斜坡十分陡峭，登上斜坡就可以看到咖啡树，偶尔还能看到种植在火耕田里的旱稻。

乌鲁的尽头海拔约 100 米，从此处向上攀登 600 米左右，即能看到一个位于山间的小盆地。盆地中央有宽约 7—8 千米的拉瑙湖（Danau Ranau），湖的周围是村落和少量水田。

该地虽然位于赤道正下方，但因为有湖，所以早晚都很凉爽，甚至一下雨就会变冷。这个火山湖的正上方是塞弥农山（Seminung），山顶海拔 1881 米，但山顶经常被浓厚的云雾所环绕，几乎从未露出过。据当地人说，云雾带是遍布苔藓植物的树林，其正下方是重要的烟田。

像这样，科美灵河流域可以非常清晰地分为三个带状地区。第一块是湿地林和潮汐河地带，那里的人口极其稀少。第二块是丘陵和泛滥平原地带，人口密度较大。第三块是寒冷的高地，也是人口较为集中的地区。

二、上游山地

（一）科美灵河最上游

拉瑙湖周围的斜坡上种有很多咖啡树，该地咖啡树的栽种情况如下。首先，当地农民从村长处获得斜坡土地的使用权，然后用刀耕火种的方法放火焚烧。9月末到10月初，用点种棍开穴，混播稻谷和玉米，同时间隔数米种植香蕉。次年3月份可以收割稻谷，之后马上在香蕉旁种上咖啡苗，同时在咖啡苗旁又栽上刺桐树。这时，香蕉树已经长得相当大，可以为咖啡树遮阳，有助于其成活。到了同年9月末，需要为香蕉地除草，除草后的地方可以点播旱稻，并在第三年的3月份收割。到了第三年的9月份，已经不能再种植旱稻了。这是由于香蕉树和咖啡树已经长大，没有空隙可种。这个时候，要把影响咖啡生长的香蕉树砍倒。就这样，从第四年开始，这里变成了咖啡种植园。

最初两年，当地农民用普通的刀耕火种方法栽种旱稻，紧接着每年重复采用上述培育咖啡园的方法，一步一步逐渐扩大咖啡园的种植范围。如此一来，六七年后当地农民已经完全变成专业的咖啡种植农户。他们一般在咖啡园中从事劳作，只有在咖啡市场非常不景气的时候才会进行纯粹的刀耕火种。在上游山地的斜坡上，这种类型的咖啡种植园至今仍在蓬勃发展。在海拔更高一点的地方，即海拔1200米左右的地方，咖啡种植又会被茶叶种植所替代。

与之相反，在湖畔的低洼地可以看到少量水田。大多从附近山上的溪流引入灌溉水源，灌溉面积基本都是2—3公顷左右。但偶尔也有稍微集中的水田，例如，拉瑙湖北部的丹戎布萨鲁①拥有数十公顷的水田，从一个坝堰中引水灌溉。该坝堰由石头堆砌而成，架在宽15米左右的河上。宽约1.5米的引水渠在岩石斜面上蜿蜒曲折，把水输送至500米以外的水田里。在每年11月，当地从这个坝堰引水的农民都会全体总

---

① 该词音译为"丹戎布萨鲁"，意为布萨鲁岬。——译者注

动员，打扫并修整坝堰和引水渠，并在 12 月到次年 4 月栽种水稻。

以上便是 1978 年作者在拉瑙湖周边地区观察到的土地利用情况。

（二）传统的稻作方法

上述咖啡种植方式，实际上是一种新的土地利用方法。在传统的土地利用方式中，稻作依然占有较大比重，下文将简要叙述当地传统稻作技术的相关情况。

在科美灵河以北占碑省（Jambi）的萨罗南贡区（Kecamatan），1930 年的时候稻田可分为 6 种。[①] 首先，按大类可分为旱田和水田。其中，旱田又可细分为拉丹和加加兰。拉丹是普通的火耕田，先砍伐斜坡上的森林并放火焚烧，然后用点种棍开穴、点播稻种。加加兰可以看作是火耕田＋水田，即在支流山谷的低地开垦的火耕田。砍伐、放火焚烧、开穴和点播，其方式与火耕田几乎完全一样。但由于是在低地，一旦雨季来临，这一带就会出现积水。稻谷在一定时间之后就会在积水里生长，这种情况和水田也完全一样。

根据水利条件的不同，水田可细分为以下四种，分别是巴约水田、托巴托水田、班达希多普水田和锦吉尔水田[②]。其中，巴约水田是沼泽地。当沼泽干涸的旱季一到，便由人工拔除藻类植物，种上较大的秧苗，这便是旱季稻的种植。托巴托水田是雨养水田，适于在水源附近种植雨季稻。班达希多普水田是使用引水渠进行灌溉的田地，与上述丹戎布萨鲁的情况类似。锦吉尔水田是旱季稻，一般用大水车引水灌溉来解决水源不足的问题。这样的分类方法清楚地展现了稻谷种植的环境和条件。

[①] 蒂德曼·杨：《占碑》，通讯第 42 卷，阿姆斯特丹：皇家学会"殖民研究所"，1938 年，第 178—180 页（Tideman, J., *Jambi*, No. XLII, Koninklijke Vereeniging "Koloniaal Instituut" Amsterdam Me-deldeeling, 1938, pp. 178-180，深见纯生译）。

[②] 班达希多普水田，意译"生活水渠田"。锦吉尔水田，意译"风车田"或者"水车田"。——译者注

继续往北便是多巴湖（Lake Toba）南部，在打巴奴里（Tapanuli）也有几种稻作技术。① 这里的火耕田面积非常广阔，姑且不论其他，该地仅是水稻都有很多种类。首先，水田分为两种，一种是位于山谷谷底的真正意义上的水田；还有一种是在斜坡上的水田，即被称为噶噶（Gaga）的旱稻田。②

山谷谷底水田的稻田备耕工作有很多种方法。其中最先进的方法是由两头牛牵引犁，耙耕碎土，最后耖田平整土地。在这种情况下，一般在架犁之前会驱赶很多水牛到田里，让它们多次来回踩踏。面积小的田地不方便犁耕就用锄头挖。另外，如果是湿田，就用尖头耙进行翻地和整地。如果草特别多不能进行长期耕种的话，就在除草后空置一段时间，然后往田里赶入多头水牛，让水牛长时间持续踩踏，使泥和草混合。这样一来，稻田备耕工作即告完成，这就是所谓的蹄耕。

噶噶的稻田备耕工作变化非常大。先用两齿耙进行整地。但也有无法用这些耙进行耕种的地方，例如休耕地和过于坚硬的土地，这时就需要用特殊的点种棍来进行翻地。点种棍大约有手腕粗，长2米左右，农民两手各持一根点种棍用力戳地面，然后往前掘，就能翻起约40厘米长的方形土块。翻起来之后再碎土，碎土结束后再打垄。首先，要堆集许多宽1.5米左右的长垄。堆起来之后再细分成各种各样的地块，也就是再次间隔1.5米，堆出比之前更窄小更低的田垄。这样一来，倾斜的耕地就划分成了无数边长1.5米的正方形小块。之后把从家里带来的水牛、黄牛、马的粪便肥料撒在整理好的土壤表层，并将其燃烧作为肥料。最后，用有6或7个分齿的耙将这些肥料和土壤混合搅拌。这样一来，种植准备工作即告完成。这里也有灌溉设施，水从最高的地方依次流入这些小块田地里，最后再流到最低处的田里。因

---

① 万·汉赛尔特：《打巴奴里州稻作笔记》，《巴塔维亚社会杂志》第36期，1893年，第504—522页（Van Hasselt, A.L.,「タバヌリ州稻作筆記」、1893年 [Tijdscript van het Bataviaansch Genootschap 36, pp.504-522]，深见纯生译）。

② 印尼语为Gaga，音译为"噶噶"，意译为"旱田"或者"旱稻地"。——译者注

此，所有田地都在田垄的适当位置设有长 10 厘米左右的开口，以便向下放水。

这种极其特殊的稻田至今在打巴奴里还随处可见。笔者曾将其视为从火耕田到水田的演化过程中出现的一种方法，并就其现状撰写过研究报告。①

在打巴奴里，还有各种移栽法和直播法。② 最常见的移栽方法就是用手栽种。但在面对土壤比较硬的沙地时，则使用被称为东约库（Tonjok）③ 的长 30 厘米左右的点种棍栽种。点种棍的前端分成两叉，用来夹住秧苗并插入沙田中。在水源不稳定的地方，会移栽两次。最初在水深合适的地方种植一次，让秧苗充分长大后再移栽到深水田中。在碎石比较多、移栽困难的地方则进行点播。这和移栽一样保持着一定间隔，点播五六粒发芽的种子。此外，在能调节水位的田中，则播撒已经发芽的稻种。

不管是移栽还是直播，除草都非常耗费精力。到了稻谷成熟期，农民不得不竭尽全力驱逐鸟兽虫害，包括竖立稻草人，准备会叫、会飞的道具，从早到晚驻守在田边的棚屋里。

收割时要摘稻穗，但好多稻谷会掉落在田里。同时还要临时搭建高 1.5 米左右的棚架，在棚架上踩稻穗，让稻谷脱落。在扇风筛选稻谷之后，将其装进袋子或笼框里，最后放入谷仓保存。

以上就是打巴奴里的水稻种植情况。如上所述，这里除了水稻以外，还有面积广阔的火耕田，另外还有一部分常用旱地种植旱稻。

由此可知，苏门答腊山地的稻作类型十分丰富。岛屿地区的大米

---

① 高谷好一、前田成文、古川久雄：《苏门答腊的小区块水田》，《农耕技术》1981 年第 4 期，第 25—48 页（高谷好一、前田成文、古川久雄：「スマトラの小区画水田」，『農耕の技術』1981 年 4 号、第 25—48 頁）。

② 万·汉赛尔特：《打巴奴里州稻作笔记》，《巴塔维亚社会杂志》第 36 期，1893 年，第 504—522 页（Van Hasselt, A.L.,「タパヌリ州稻作筆記」、1893 年［Tijdscript van het Bataviaansch Genootschap 36, pp.504-522］，深见纯生译）。

③ Tonjok 音译"东约库"，意译"拳头"。——译者注

产量并不多，种植的稻谷仅能保证当地居民自给自足，人们普遍认为这里更像是种植水稻的边缘地带。但从其稻作文化史来看，这里绝不应该被当成边缘地带看待。

湿润岛屿西部的山地的确适合开垦火耕田，但水稻种植和常用耕地稻作也高度发达。从某种意义上来说，这里已经出现了局部脱离火耕田的现象。另外，这里还出现了文化高度发展的社会，例如巴塔克（Batak）的米南加保（Minangkabau）①、巽他②等地。

三、中游泛滥平原地带

与上游山地相比，中游的开垦历史并不长久，属于新开垦的土地。根据相关文献记载，科美灵河流域的土地利用始于16世纪。

（一）目前的土地利用

如图17所示，科美灵河中游居民的生活空间由五个部分组成。村庄前面流淌着宽约100米的科美灵河。河流可以提供生产生活用水和交通通道，村庄建在被称为普马塘（Pematang，即田埂）③的天然堤坝上，天然堤坝宽约200—300米，被茂密的深绿色果树所覆盖。果树有龙贡果（Lansium Domesticum）、榴莲、红毛丹等。天然堤坝的后面是

---

① 米南加保王国，一译米囊葛卜国。印度尼西亚西苏门答腊王国。约1356年阿帝多跋摩（Adityavarma）自巨港一带迁都至帕卡尔鲁荣（Pagar Ruyung）建立该王国，故又称帕卡尔鲁荣王国。1821年同荷属东印度殖民当局签订《米南加保—荷兰条约》，把王国割让给荷兰。转引自：姚楠、周南京主编：《东南亚历史词典》，上海辞书出版社1995年版，第238页。——译者注

② 巽他王国（Sundan kingdom），是印尼西爪哇的古国。人们普遍将古代巽他王国与帕查查兰王国等同起来，称之为巽他—帕查查兰王国。中国古籍《诸蕃志》称其为新拖国，《明史》称其为孙剌，《东西洋考》称其为下港、顺塔。该王国存续时间为669—1579年。作为地区，巽他泛指西爪哇。转引自：姚楠、周南京主编：《东南亚历史词典》，上海辞书出版社1995年版，第419页。——译者注

③ Pematang 意为"田间小路"或者"田埂"。——译者注

天然堤后漫滩沼泽，可分成积水较浅的洼地（Lebak）①和积水较深的沼泽（Rawa-rawa）②。前者用于水稻种植，后者常年是沼泽所以用作渔场。再往前是被称为达朗（Talang，即靠近森林的小村庄）③的丘陵，丘陵都是红土，大多被树林和草地所覆盖，偶尔可见种植有橡胶树。

中游最重要的生计就是在洼地种植水稻。从 11 月中旬到次年 1 月，洼地的积水深度在 2 米左右，在此期间不能种植水稻。2 月至 3 月，在积水还未退尽的河流附近挖建秧田。之后在点播秧田里培垄、开穴，在每个洞里点入数十粒种子。其后马上又在洼地上进行除草，用短柄山刀（Parang）和割草镰（Tajak）④把浸在水中的具芒碎米莎草（Cyperus microiria）连根切断。一般从水浅的地方开始作业，随着水渐渐退去，依次再往水深处逐步清理，被切断的大量具芒碎米莎草暂时

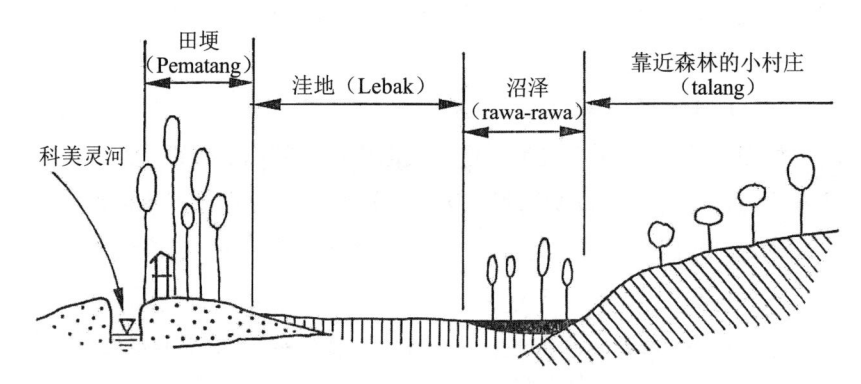

图 17　科美灵河中游农民划分的土地利用类型

① Lebak 意为"洼地"或者"深水坑"。——译者注
② Rawa 意为"沼泽"或者"洼地"。——译者注
③ Talang 意为"靠近森林的小村庄"，音译"达朗"。——译者注
④ 短柄山刀（Parang）是在短柄上装有稍向外翻的约长 50 厘米到 1 米的刀刃的山刀，使用时是用大幅度地向下挥动的方式进行割草。割草镰（Tajak）是呈长刀状的带有长柄的镰刀，使用割草镰的时候，要像打高尔夫球时挥动球棒横扫那样。把草从根部扫倒。这时，不止是割草，还要把割草镰像削去草皮那样地挥动。割下来的草任由放在田里，等到腐烂时才收集起来，堆在田中或埂上。参见田中耕司：《马来型稻作及其扩展》，《东南亚研究》第 29 卷第 3 期，1991 年 12 月，第 333 页（田中耕司：「マレー型稲作とその広がり」、『東南アジア研究』29 巻 3 号、1991 年 12 月、第 333 頁）。——译者注

先搁置在一边，直到接近半腐烂状态才把其堆积成田埂状。

在房屋附近培育好的秧苗，过 1—2 周之后，先移栽到最先割完具芒碎米莎草的水位最浅的地方，水深 2—3 厘米时是移栽的最佳时期。此时，旱秧田的秧苗按每株 10—15 棵分开，插入点种棍开出的穴内，穴与穴之间的间隔约为 10 厘米。

移栽结束后，当地农民又继续割具芒碎米莎草。这样的劳作持续一个月，就可以开垦出非常宽阔的土地。其间，其他地方的水也会渐渐退去。乘此机会，他们拔起之前二次栽种的、已经长到 50—60 厘米的稻秧进行第三次栽种。这次将稻秧分成每株 1—2 棵，重新栽种到新开垦的土地。他们用一种名为"东延"的小铲把长大的稻秧塞进泥土中。大约过一个月之后，田里的水就完全干了。随后杂草又疯狂生长，当地农民用名为"楞卡委库"的砍刀来清除杂草。

到了 11 月中旬，洼地就会被水淹没，所以收割稻谷的工作必须在此之前结束。收割方法就是摘穗，即把结满稻谷的谷穗一根一根摘下来，所以摘穗工作要分成数次，前后耗时一个多月。在洼地的最深处，即洼地深处（Lebak Dalam）①，几乎每年都是在水淹到腰部时去摘谷穗。当然每年的情况都不一样，有时洪水比往年来得早，好不容易到了收获季节但最后颗粒无收。收获的稻穗和上游山地的处理方法一样，都是采用脚踏脱粒的方式。

虽然洼地稻作是中游地区最重要的生计，但当地农民也还有其他副业，比如说出售龙贡果。科美灵河中游的龙贡果特别有名，甚至销售到雅加达。龙贡果结果后，装到竹筏上运往巨港。竹筏到达巨港需要 3—4 天，到了那里连竹筏一起出售。香蕉和红毛丹也用同样的方法发货。这些水果都是在住宅周围的果园里栽种的水果。

在橡胶市场行情见好的时候，大部分村民都在忙着开垦橡胶种植园或整理橡胶种植园，但现在已经没人这么做了。1978 年前后，村民

---

① 该词意译"洼地深处"，音译"勒巴克达朗"。——译者注

们都热衷于开垦丁香种植园和柑橘种植园。在住宅周围已经种满的情况下，有些人还在洼地和田埂等地建造种植园。村民们在这片湿地上建了许多高1米、直径2米的土堆。然后在上面种丁香和柑橘树。这反映出，当地农民对赚取现金收入非常上心。

（二）通过刀耕火种种植稻谷

在科美灵河中游地区，许多人都认为洼地稻作是新引入的稻作技术。但其实这一稻作技术从占碑省附近的穆西河干流传到巨港附近，然后又沿着科美灵河传播到其上游地区。传入巨港周边大约是在1920年前后。中游多数地方接受洼地稻作技术似乎是在1930年前后。在此之前，科美灵河中游地区完全是火耕田地带。

据当地老人回忆，当时的刀耕火种情况如下。从7月到10月，用砍刀砍倒小树和灌木，11月放火焚烧，之后马上用点种棍开穴、点播。主要农作物是稻谷，摘谷穗是在次年4月到6月。一块地开垦一次后连续种植2—3年，之后至少需要3年的休耕期。这些火耕田虽然也分布在丘陵上，但大部分是在天然堤坝上。据说火耕田有时距离住宅只有50米。另外，在一些村落，刀耕火种和水牛饲养同时进行。由于水牛完全处于放养状态，因此火耕田必须用栅栏严实地围起来，并把农作物围在栅栏内。

蒂德曼（Tideman）研究了洼地开垦不久后的情况。[①]他所研究的主要内容不是科美灵河沿岸，而是20世纪30年代临近科美灵河以北的占碑市的情况。其稻作情况大致如下。占碑市当时有两种田，一是被称为"惹当巴约"[②]的田地，分布在积水极深的洼地里；二是被称为"惹当鲁纳"的田地，分布在积水稍浅的地方。前者因为积水迟迟不

---

① 蒂德曼·杨：《占碑》，通讯第42卷，阿姆斯特丹：皇家学会"殖民研究所"，1938年，第178—180页（Tideman, J., *Jambi*, No. XLII, Koninklijke Vereeniging "Koloniaal Instituut" Amsterdam Me-deldeeling, 1938, pp.178-180, 深见纯生译）。

② Redang 意为"深的泥潭"，此处音译"惹当巴约"。——译者注

退，所以不到 6 月无法种植，但每年都可以种植。后者积水退得较早，5 月份便可以种植，但不是连年栽种，而是在耕种 3—4 年之后，休耕 2—3 年。两者都不使用犁，只用砍刀耕种。

深水洼地中常年连续种植的是旱季水稻，浅水洼地里虽然也种植着同样的旱季水稻，但由于休耕的存在，也可以将其视为来自原有刀耕火种的一种转型模式。我们还应注意到，现在被称为鲁巴库水田或巴约水田的水田在当时被称为惹当巴约。换言之，当时的洼地稻作其实就被归类为刀耕火种模式。

经过台德曼所说的渐进过渡时期，中游地区从曾经的火耕田变成了现在的洼地水田。天然堤坝上的火耕田变成果园，天然堤后漫滩沼泽从湿地林变成水田。这一变化主要发生在 20 世纪 20—30 年代。由此看来，正如本部分开头所说，当地农民的空间意识，即河流、住宅周边的果园、水田、沼泽、丘陵的组合实际上也并非古老传统的内容。现在，在 70 岁以上的老人眼中，生养他们的故乡又曾是怎样的风景呢？果园和火耕田、水田和湿地林等，可能都已经刻入他们的脑海中了吧！

四、下游湿地林地带

曾几何时，下游湿地林地带还是几乎无人居住的原始森林，但最近这里也发生了翻天覆地的变化。下文将论述以采集为主的土地利用及其变化情况。

（一）捕鱼和采集的空间

从海岸到巨港之间有四个村落，其中海岸边的巽桑是一个渔村。据传，渔业只是当地居民的副业，他们真正的主业是走私。总之，当地居民完全不进行农业生产。1700 年前后，该村首个村长被正式任命，也算一个历史悠久的村落。该村原本由爪哇人设立，但最近也有移民从巨港和科美灵河中游地区移居过来，逐渐演变成杂居的大村落。

位于巽桑村上游约20千米的穆阿拉拓朗乌（Muara-telang）[①]，是一个被大型椰子种植园包围着的小村落。椰子种植园是最近才建成的，据说在这之前原始森林中只有零星的几间房屋。长期以来，采集藤条、各种树脂等森林产品是当地村民最重要的生计。二战后的一段时间内，木材砍伐成为他们重要的谋生手段。

在穆阿拉拓朗乌上游约25千米的地方是塞巴里克（Sebalik）村，这里同样被整齐干净的椰子种植园所围绕。19世纪初，在荷兰军队攻打巨港时，前来逃难的难民建成了这个村落。之后，村民们先后凭借刀耕火种、采集森林产品、砍伐木材为生。

距离塞巴里克35千米的村落是锦达马尼斯（Cintamanis）[②]，它位于巨港20千米处的下游。该村的椰子生产也堪称一绝。与塞巴里克村一样，这个村子也是19世纪初从巨港逃难过来的难民建立的。村民以传统的刀耕火种和森林产品采集谋生。他们至今还在向巨港输送并出售大量藤条和藤条制品，这是该村村民最重要的现金收入来源。

如上所述，在下游湿地林的所有村落，以前都是以渔业或采集森林产品为生。之后，在一段时间内又全部依赖砍伐木材。但到现在，当地村民已经不依赖森林产品和木材来谋生了。

（二）穆阿拉拓朗乌的土地利用

图18是1978年穆阿拉拓朗乌的东西剖面图。此处阿伊鲁达朗①的河宽约20米。从湿地林流出来的水含有腐殖酸，水体呈黑色。河岸在落潮时可看到约2米高的崖壁，满潮时则完全被淹没。河岸附近到处是第一秧田②，这里的第一秧田和中游洼地的稻作情况一样，都是最初的秧田。③是穆阿拉拓朗乌的村落，后面有宽200米的椰子种植园④。此处建有垄和沟，潮水在沟里自由流动。从远处看上去，这一

---

① 音译"穆阿拉拓朗乌"，Muara 意为"河口"。——译者注
② "锦达马尼斯"意为"甜甜的爱"。——译者注

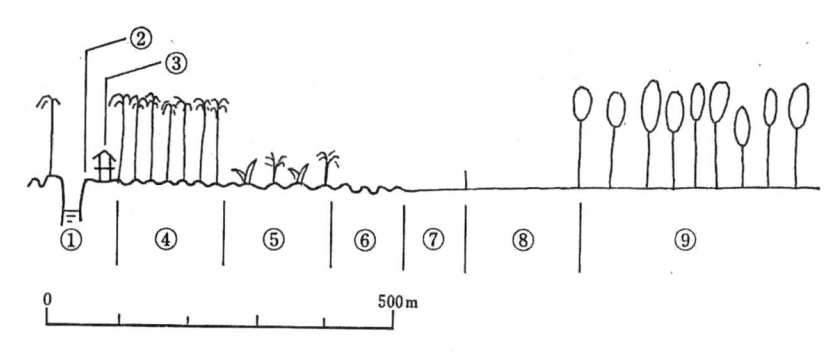

图 18 穆阿拉拓朗乌的土地利用

带全是椰子林，但实际上进入椰林内部还能看到芒果、莲雾（Jambu）、红毛丹和香蕉等果树散种在各处。紧接着是新长出来的椰子和香蕉⑤，土地宽约 150 米。与椰子树相比，香蕉树更大，整体上给人以香蕉种植园的感觉。这里也是垄和沟的巧妙组合。接下来是宽约 100 米的地段⑥，也是垄和沟的组合，但这里什么也没有栽种。没有堆垄、什么也没有的野牡丹地⑦宽约 100 米。当地向导说这里可以种植稻谷，但看上去并非如此。如果认真观察的话，发现在这片草原只占约 5% 的地方，还是能看到零星的尚未收割的稻株。这一地段和下一地段⑧之间，建有非常牢固的木栅栏。栅栏以东也有野牡丹，仔细辨认的话也能找到很多尚未收割的稻株。很明显，这个地段去年曾经种过稻谷。在这个宽 150 米左右的区域有一半都是起伏的小土包，生长着很多野牡丹。若仔细辨认，会发现这些起伏的小土包原来是倒伏下来的巨大树木。其中有大约 15 平方米（3 米×5 米）的地方被清理得很干净，并在这里建第二秧田。重新翻耕过的地表是黑乎乎的表皮层，每隔 10 厘米左右的穴内，插入 10—15 棵秧苗。第二秧田就这样完全被淹没在野牡丹中，一般情况下看不出来。据当地向导说，为了方便种植秧苗，这一地段今年将清理所有灌木。

在野牡丹田⑧里进行栽种的时候，首先要用砍刀把野牡丹全部砍光，堆在田埂上不焚烧，只在砍过的地方种植。这时把放在第一秧田中培育约 15 天、第二秧田中培育约 30 天的秧苗插下，插秧都是用点种棍开穴插入。笔者看不出这片原野每年有一半地方都在插秧，估计约有五分之一左右，未砍伐的区域依然是湿地林⑨。

以上便是穆阿拉拓朗乌的土地利用现状。从树龄来判断，这里的椰子树应该始种于 20 世纪 40 年代，椰子种植园至今仍在继续扩张。

这里的稻作和中游旱季的稻作不同，是雨季种植，即在雨季使用和火耕田相似的方法种植稻谷。但它不是典型的刀耕火种，因为是移栽，所以不需要放火焚烧。

对于为什么移栽的问题，当地村民的回答如下。第一，点播的方式，发芽率非常低；第二，如果采用点播方式的话，稻种很快就会被老鼠偷吃。在这充满酸性污水且流动性差的常湿地，播下的种子可能会窒息腐烂。另外，由于这里过于潮湿，砍倒的树木不易燃烧。于是成了极好的老鼠窝，稻种转眼间就会被老鼠刨出来吃掉。所以在最初的一周，人们把秧田建在住宅附近，在严密监视下培育秧苗。有时他们也会在河里搭建干栏式棚屋，在里面培育秧苗。这样的话，稻种就不容易被老鼠吃掉。以上便是第一秧田。但在如此严密监视之下，秧田无法大量开垦，且秧苗长大后，搬运到远处森林中的稻田也非易事。所以一般先观察一周，如果秧苗长到老鼠无法啃食的程度，就将其转移到森林里，并种植在森林里的秧田里，这便是第二秧田。秧苗在第二秧田里培育约一个月的期间，村民们会开垦森林周边土地，将其改造成可以种植的田地。

以上是靠近海岸的下游湿地林带的传统稻作概况。在稻作只是当地居民副业的时期，只需种下稻谷即可，收获多少无关紧要。因为当地人原本就主要依靠从外部进口粮食。但在 20 世纪 50 年代的穆阿拉拓朗乌，森林产品和木材日渐枯竭，这种生产生活模式无以为继。于是他们从 20 世纪 40 年代开始尝试转行改种椰子树，然而这仍然不足以支撑当地居民的基本生活。总之，必须要从根本上重新审视传统的生计方式。

（三）潮汐灌溉稻作和武吉斯人移民

印度尼西亚的廖内群岛位于新加坡对岸，当地农民自古以来就利用潮汐进行稻田灌溉。他们在深受潮汐影响的溪流周围挖出一条宽1米左右的引水渠，在周围种植稻谷。满潮时水漫进田里，退潮时水流出。廖内群岛的农民也和穆阿拉拓朗乌人一样砍伐森林，在雨季种植移栽稻，也是移动性的农耕群体。除了利用潮汐之外，两者的种植方法基本相同。但廖内群岛的这种移动式的潮汐灌溉稻作和穆阿拉拓朗乌相比具有明显的优势。因为引水渠的存在，能够排除酸性臭水，并且如果能够有效利用大潮，还可以把河水引进至更远的地方。

在此稍微转换一下话题。1967 年，在穆阿拉拓朗乌地区，一位名叫阿米努迪的苏拉威西男子建起了名为巴里特布拉延的武吉斯人①新村庄。1951 年，为躲避"伊斯兰之家"（Darul Islam）引发的动乱，阿米努迪从苏拉威西移居到廖内省的英德拉吉里（Indragiri），并在这里生活了 16 年。1967 年，为了寻求新的发展，他和 4 个朋友一起来到了巴里特布拉延。准确地说，当时这里还是一块无人居住的湿地林，后来才被称为巴里特布拉延。直至 11 年后的 1978 年，这里已经发展成为拥有 150 户人家的村落。②

在 1967 年入驻当地时，这些武吉斯人起初采用廖内群岛的移动式潮汐灌溉稻作方式。不过，他们对这一传统方法进行了改进，因为作为新主人的阿米努迪和他的朋友无法在穆阿拉拓朗乌获得大量土地。他们只能在狭窄的土地上种植，因此不能采用种植两三年后就放弃该土地的移动式种植法。他们在五六年甚至更长的时间内，不得不在同一块土地上连续种植。最终，阿米努迪和他的朋友们很好地解决了这个问题，他们开始进行定居式的水田种植。这对于武吉斯人来说或许

---

① 武吉斯人（Bugis），又译布吉人、布吉斯人。印度尼西亚民族之一，原住地在苏拉威西岛西南半岛。17 世纪以来，部分人移居南洋群岛各地，主要是加里曼丹岛东部。——译者注
② 坪内良博：《苏门答腊南部、科美灵河流域及孟河下游流域村落形成历史》，《东南亚研究》第 17 卷第 3 期，1979 年 12 月，第 500 页（坪内良博：「南スマトラ、コムリン流域およびムン川下流域集落形成史」，『東南アジア研究』17 巻 3 号、1979 年 12 月、第 500 頁）。

并不稀奇，因为他们在故乡苏拉威西从事着高度发达的定居式犁耕水稻耕种。这意味着他们拥有连续耕种水稻的丰富知识。武吉斯人获得的土地虽然狭小，但在某种意义上是幸运的，他们在这里开始了定居式潮汐灌溉稻作。就算是在低湿地，只要用心除草和施肥，也会获得意想不到的好收成。在收成好的时候，这些武吉斯人甚至可以出售余粮。

在此之前，许多人认为无论是在穆阿拉拓朗乌还是廖内群岛都不可能开展连续种植。在森林里开垦的田地，一般1—2年内都不会长杂草。但到了第三年，就会有不知从哪里来的杂草大量入侵、覆盖并侵蚀稻谷的生长空间，他们曾认为会因此导致颗粒无收。实际上，他们逐渐认识到，如果坚持五六年耕种同一块田地的话，杂草的长势就会减弱，并且土质也会逐渐变好。当时，穆阿拉拓朗乌的椰子产业正处于崩溃边缘，当地农民不得不寻找新的生计，于是大家便把希望都寄托在武吉斯人开发的定居式潮汐灌溉稻作方式上。

1978年，笔者等访问过的穆阿拉拓朗乌的35户农民以布吉式的新型稻作方式为目标，积极筹划新村建设。在名为巴里特苏克马的新村，他们已经挖掘了宽1.5米的引水干渠，有15户农民作为先遣人员已在此处建好房屋。他们打算在这里建造每一户都拥有3公顷水田的定居式村落。

在这广袤无垠、人口稀少且地势低洼的下游湿地林地带，穆阿拉拓朗乌的移动种植方式似乎早晚都会消失。新的稻作方式已经开始萌芽，即定居式潮汐灌溉稻作方式。也许在未来的某一天，从事这类水稻耕种的新农村将部分覆盖这片海岸带。

第五节　湿润岛屿东部地区

此处与湿润岛屿西部地区类似，山地和海岸的差异非常明显。山地有着和湿润岛屿西部地区相似的生活和生产状况。与此相比，海岸带主要是采集西米（sago palm）和捕鱼，至少很久以来一直都是这样。本节以南苏拉威西的鲁乌（Luwu）低地和托拉查（Toradja）高地为例，探讨这两种对立的生态区。

一、生产西米的鲁乌低地

鲁乌县位于呈 K 型的苏拉威西岛内侧，当地居民长期食用西米。鲁乌县森林繁茂，虽然现在是苏拉威西最落后的地方，但却有悠久的历史。在强大的武吉斯人王国①和戈阿王国（望加锡王国）②出现之前，13 世纪是鲁乌的鼎盛时期。事实上，鲁乌是苏拉威西最早建立王国的地方。鲁乌苏丹国王室控制着森林物产的出口，而普通民众只能食用西米。

（一）生产西米的村庄——本加约安村

西谷椰子树属于棕榈科，树干高达 20—25 米。其树干的树芯中含有大量淀粉，提取之后可作为主食食用，即通常所说的西米。据说西谷椰子树喜好生长在湿地，例如在海岸平原和近海的山脚处等分布较多。

鲁乌低地南北约 30 千米、东西约 50 千米，大部分被湿地林所覆盖。其中被西谷椰子林包围着的村庄依稀可见，下述的本加约安村就是其中之一。

从陆路进入本加约安村非常困难，需要从鲁乌县城即曾经的鲁乌苏丹国都城帕洛波（Palopo）乘坐小型机动船前往。从帕洛波出发 25 千米的沿途，一直都是沿着海岸边密集的红树林行进，且能看到很

---

① 14 世纪，在苏拉威西岛的西南半岛地区出现了一些由武吉斯人与望加锡人建立的小国，即坡尼王国。19 世纪，武吉斯人的势力在马来群岛逐渐消亡。——译者注

② 戈阿王国（Kerajaan Goa），亦称望加锡王国，是印尼苏拉威西岛南部伊斯兰教王国，首都望加锡。1669 年被荷兰—坡尼联军所灭。——译者注

多潮汐河道。若要前往本加约安，必须进入其中一条溪流。从河口进入溪流以后，仍有宽约 5 千米的红树林。很多地方还混合生长着水椰（Nypa fruticans Wurmb）。这一带溪流较为曲折，船也只能左拐右拐，曲折逆流而上。溪流宽 20—30 米，船只两侧有很长的舷外支架，穿过此地需要相当的技巧。而且不少地方还有沙堆，如果遇到沙堆挡路，船夫和乘客就一起下到水里，用绳子拽着船只前进。在红树林即将消失的地方，即湿地林和红树林的交界处就是本加约安村。

根据 1981 年的统计，该村的基本情况如表 6 所示。

表 6　本加约安村基本情况（1981 年）①

	项目	数量
土地	总面积	约 10 平方千米
	养鱼塘	700 公顷
	住房用地	119 公顷
	水田	244 公顷
树木	西谷椰子树	773 棵
	椰子树	3840 棵
	芒果树	70 棵
	榴莲树	40 棵
家畜	水牛	200 头
	黄牛	0
	山羊	50 头
	鸡	2420 只
	鸭	565 只
职业	农业	362 户
	渔业	53 户
	林业	20 户
	其他	49 户

① 表 6 的序号及标题，为译者根据上下文意思及该表内容补充。——译者注

以上只是当地政府征税用的统计数据，和实际数据有很大出入。出入最大的就是西谷椰子树，这里只记录了773棵，但笔者经调查后认为，应该有10万棵左右。目前，印度尼西亚将西谷椰子树认定为野生植物，不纳入征税对象。因此，统计中记录有773棵，已显得极为难得。

（二）生产西米

在本加约安村，拉布（Rabu）① 是以生产西米为中心的组织。一个拉布由120户人家、11个西谷采集组组成。每组大约六人，分工协作开展生产。每组在西谷椰子林里都有各自的清洗场，这些清洗场有约宽2米、深1.5米的井和粉碎机，实际操作按如下顺序进行。

首先，两个男子负责把西谷椰子树砍倒，这些树的树龄在12—15年，其树干中积蓄着大量淀粉。砍树的方法也极为简单，当遇到合适的西谷椰子树时，即用斧头将其砍倒。这些树只有约2厘米厚的树皮较为坚硬，树芯里面都很柔软，所以砍倒一棵树甚至花不了5分钟。把砍倒后的树切分成长约160厘米的圆木，从普通树木的长度来看，一棵可以分成七八根圆木，然后直接把这些圆木滚到清洗场去，如果清洗场远的话，就把圆木四等分，剥去表皮，仅仅把树芯用扁担挑过去。

滚到清洗场的圆木，剥掉树皮只留下树芯，于是就成了直径约40厘米的白色圆筒，然后将其粉碎成屑状。以前粉碎时使用的是像萝卜擦子一样的大型擦碎工具，现在变成了旋转滚筒式的圆形机器。原理和过去一样，滚筒内壁上镶嵌着很多短钉，树芯被投入这些圆筒之后即被粉碎。

圆木加工成碎屑状之后，放入水井旁边的悬空吊篮里。篮子网眼较密、开口较宽，可放入大约一满桶的碎屑，篮子正下方是旧的小木船。通常在一口井里，这样的篮子和小木船会设置三套，三个男子分

---

① "拉布"为音译，Rabu 意为"肺"或者"星期三"。——译者注

别负责一套，大家的工作就是把碎屑状的西谷椰子树芯放进篮子里，然后从井里打水浇到树芯上，并用两只手快速搓揉，且多次重复同样的动作。就这样，树芯里的淀粉就会从纤维中分离，和水一起流入下面的小木船中，最后吊篮里只剩下树芯的纤维部分。

处理好一篮树芯碎屑后，倒掉纤维，又用同样的方法清洗新的碎屑。篮子中含淀粉的水流下，淀粉在小木船中逐渐沉底，水则溢出船边并慢慢流走。这样的工作持续10天左右，约10米长的小木船里就装满了淀粉。然后，把这些淀粉装进用水椰子做成的袋子里。一袋通常装5千克左右。装袋的时候要用力、仔细地塞好，不留缝隙。淀粉并非在干透之后再塞进袋子，但如能用力塞满的话，可以保证淀粉一个月不变质。以上便是西米采集和生产工作的大概过程。

对于通过上述步骤处理好的西米，似乎有很多种分配方式，以下是笔者听说的方式。当地村民把装好的西米袋以120袋为一个分配单位，做如下分配。

表7　本加约安村的西米分配情况[①]

人员	袋数
西谷椰子树提供者	20袋
粉碎机所有者	10袋
水井所有者	3袋
篮子提供者	3袋
木船所有者	3袋
斧头提供者	3袋
劳动力提供者	78袋

六人一组工作的情况下，就是这六人平分78袋，也就是说只提供劳动力的话，每人便可分到13袋。

---

① 表7的序号及标题，为译者根据上下文意思及该表内容补充。——译者注

在当地，西米是主食。可以将其进行煎炒之后，做成煎饼、面包或透明的葛饼食用。但无论做成哪种主食，都需要副食。西米是纯粹的淀粉，所以还需要摄取其他脂肪和蛋白质。脂肪主要从食用的椰子里摄取，蛋白质通过进食鱼摄取。当地居民还以野草和野生的树叶来代替蔬菜，最常食用的是与红薯蔓藤相似的空心菜。

当地村民也食用大米，但一顿饭不能只吃大米。比如通常在一大碗葛汤中加入一勺或两勺米饭，做成像大杂烩的食物食用。三餐中不论以哪种形式总要出现西米，因此西米的消费量很大。据估计，当地居民平均每人一年要食用180千克的西米。

在1981年，本加约安村的湿西米年产量是3000吨，这个村庄的人口约3000人，推算下来年消费总量约540吨。余下的2460吨用于对外销售，即总产量的80%以上成为商品。村里的销售中间商超过10人，这些中间商把村里的西米定期销往帕洛波的农贸市场。

二、鲁乌低地的鱼和水牛

在鲁乌低地，西谷采集之外的第二项重要产业，就是渔业和水牛放养。到20世纪80年代初，养鱼也变得极其重要。

（一）渔业和养鱼

在本加约安村，正如表6统计显示，专门从事渔业的有53户。这些渔民一直从事渔业。这些专业渔民在较大的潮汐河道沿岸建立小村庄，在红树林前面的浅海滩开展渔业生产，属于典型的沿岸渔业。传统的捕鱼方法包括鱼栅栏、浮引网、浮刺网和底部延绳。最近还出现了大型的固定式四角抄网。

该地渔业的季节性很强，在波尼湾（Gulf of Bone, Gulf of Boni），如果东风肆虐大海咆哮就无法捕鱼。所以这一段时间渔民会转移到下风口的西海岸继续捕鱼。相反，如果刮西风的话，西海岸的渔民就会转移到东海岸这边来。因此，这些渔民可以说是季节性移民。他们虽说是渔民，但也并非终日都在打鱼。在夜晚不能捕鱼时，他们通常会参与西米的生产活动。

本加约安村的渔场离帕洛波很近，打捞上来的活鱼可以直接送往帕洛波的农贸市场销售。但一般情况下他们不会这样做，而是会在栅栏或固定式四角抄网上搭建晒台，在上面将活鱼加工成咸鱼或干鱼。加工过的鱼从渔场直接送往镇里的农贸市场进行销售。不过，一部分活鱼也会被卖到附近种植西谷椰子树的村落。由两个人骑着摩托车从本加约安村出发，直接送到位于山地的托拉查村。摩托车的行李架上挂着很大的笼子，里面装满了新鲜的鱼，他们就这样骑着摩托前往40—50千米开外的村庄卖鱼。

但到最近，这种沿岸渔业已经十分罕见。相反，养鱼的人家迅速增多。在前述表6的统计中，村里共有700公顷的鱼塘。在不到500户人家的村子里，居然有700公顷的鱼塘，面积广阔。养鱼工作虽然由渔民开展，但在统计表中被划分为农民的养鱼专业户也有很多。

鱼塘一般建在红树林中，一个鱼塘的面积大约为4万平方米左右（长约200米、宽约200米）。鱼塘的建造过程如下，首先把打算建成鱼塘的地方用土堤围起来。土堤的规格大概为顶宽2米，底宽3米，高1.5米。建好土堤之后，由于潮水无法涌入，红树林一个月左右即告枯萎。于是村民在退潮的时候把水抽干，晒干围堰底部之后砍伐枯木并焚烧。如果此时劳动力充足且打算修建规格更高的池塘的话，那么还会把树根拔出焚烧，更有甚者会把池子挖的很深，但一般不会做到这一步。要建好鱼塘，还需要在围堰内的一角单独搭建土堤，围出两个小水池用来养殖鱼苗。此外，土堤上至少要留一处水闸，便于利用潮水水位来调节鱼塘的水深。

鱼塘建好后，通常在鱼塘里养虱目鱼（Chanos chanos）。虱目鱼养殖堪称是高度组织化的工作。首先，在两个小池中较小的池子里放入名为遮目鱼（Nener）①的小鱼，这些小鱼长约1厘米，是武吉斯人把在苏拉威西南部或弗洛勒斯海（Flores Sea）捕到的小鱼贩卖到此处的。遮目鱼放在小池里养15天到20天之后，被转移到大一点的小池里养殖。放入这个大一点的小池里的虱目鱼被称为布龙朵甘。布龙朵甘在这个池子里生长1个月之后，才被移到大池里进行养殖。在大池里养2到3个月，小鱼最终长大成为成鱼。一般而言，每月都会放入一次遮目鱼的新鱼苗，按上述步骤不断变换养殖位置。

如果想大量打捞鱼，就需要抽干大池里的水。少量打捞的话，就在满潮时打开水闸，放入水势很大的水。如此一来，成鱼就会集中到水闸附近，然后用抄网捕捞即可。大鱼可以直接卖给来到池塘边进行收购的武吉斯人。按4条鱼重量约合1千克计算，每条鱼可以卖到175卢比（1982年汇率，1卢比约合0.3日元）的价格。在1982年，如果正常经营的话，1公顷鱼塘的销售额可达100万卢比。

本加约安村的养鱼业始于20世纪60年代，之后迅速增长，尤其是20世纪80年代之后呈现爆发式增长。原因之一就是虱目鱼价格飙升，还有一个原因是20世纪80年代之后，印度尼西亚政府面向拥有3公顷以上的鱼塘修建者发放贷款。在此背景之下，鱼塘的投机买卖也很盛行。就村落附近的鱼塘而言，其出售价格是1公顷300万卢比（1982年价格）。这里不但方便管理，而且淡水流入适当，鱼的产量也比较高。相比之下，在海岸附近的鱼塘出售价格则为1公顷约100万卢比。

不过，该村统计的700公顷鱼塘面积并非完全反映实际情况。只是说以鱼塘名义纳税的面积是700公顷，其中有很多地方实际上仍是红树林。换言之，由于养鱼赚钱，所以大家都想充分保留修建鱼塘的权利。如此看来，养鱼确实是一项极富吸引力的行业。

镇政府对于养鱼业也相当热心。镇长曾向笔者详细说明开发红树

---

① Nener 意为"遮目鱼"，音译"内内尔"。——译者注

林并进行养鱼的必要性和可行性。他提出了具体的改造方案，即现行的池塘面积过大，可以将其四等分，分成四个小鱼塘。四等分后，四分之三的鱼塘和现在一样养殖虱目鱼，剩下四分之一的鱼塘可以养虾。镇长表示，当地养殖的虾甚至可以出口到日本。

（二）水牛养殖

据表6统计数据显示，水牛只有200头，但实际数量要远远超出这个数字。虽然近几年水牛的数量在减少，但在二战前，当地每家农户至少养有4—5头水牛，一些人家甚至达到人均10头以上。在隔壁的马朗格（Malangke）村，甚至有每人养100多头水牛的农户。

这些水牛都是放养在湿地林或西谷椰子树林里，没有牛圈也完全不用喂养饲料。由于完全是放养，所以饲养水牛本身并不费力，但水牛却给其他领域带来很大影响。首先，处于放养状态的水牛会到处乱跑，为防止水牛闯进住宅和田地，这些地方必须用栅栏围起来。在本加约安村，几乎每家房屋周边都会挖出一圈深60—70厘米、宽1米左右的壕沟，并在壕沟内侧的土堤围上栅栏，以防止水牛闯进啃食椰子等果树的嫩芽。

此外，田地周围也必须全用栅栏围起来。实际上，最近几年放弃农耕的闲置田地很多。因为修建栅栏过于费时费力，当地很多村民认为与其在修建栅栏上浪费力气，不如开挖鱼塘更好。一直以来，村子里都没有菜地。比起建栅栏种蔬菜，大家认为每周一次前往20千米外的马拉西农贸市场，去出售西米或鱼并购买托拉查的蔬菜更为划算。

不管过去还是现在，水牛在当地居民的经济生活中都有着重要意义。在二战前，当地居民会四人组成一组，把十多头水牛赶到托拉查的政府所在地兰特包去进行销售，每年销售两次。沿着龙贡河走，往返耗时约一周。当时，水牛运到兰特包后一头能卖15卢比。而当时只需花费0.5卢比就能买到武吉斯人生产的一条撒笼，因此水牛已经算是出奇的高价了。

对当地村民来说，出售西米就足以维持其日常生活。但问题在于，繁文缛节的宴会，尤其是红白喜事让人非常头疼，必须连续多日宴请众多宾客。如此一来，仅靠出售西米存下的钱就显得捉襟见肘，需要出售水牛才能填补亏空。此外，据说水牛在当地是主人社会地位的象征，拥有多头水牛确实是件很有面子的事。但只是这样仍显不够，紧要关头把水牛卖出，用这些现金大宴宾客方能保全主人的名声。不管是富裕人家还是普通人家，对所有人的要求都如出一辙。水牛相当于是以备上述临时开支的储备金，也是当地村民在村子里保全体面的必要条件。

即使在今天，也有出于上述目的而出售水牛的案例。在本加约安村，每年大概能卖出150头左右的水牛。最近，还有商人从兰特包专程前来大量收购水牛。就算在村子里卖给他们，1头水牛也能卖到20万卢比。即便用船将西米运到帕洛波去贩卖，5千克1袋也就值350卢比。相比之下，养殖水牛的意义之重大也就不言而喻。

三、托拉查高地的农业

本加约安村民经常挂在嘴边的一个词就是托拉查，卖水牛和卖鱼都要去托拉查，日常食用的蔬菜也是从托拉查购入的。托拉查距离海边的本加约安村约50—60千米，是一个高地，这两个地方之间的关系非常紧密。为了便于各位了解托拉查高地的实际情况，以下将以加南德德为例进行论述。

（一）加南德德的现状

加南德德是鲁乌县里汶区的区政府所在地。虽然是区政府所在地，但只有100户人家，是位于山谷间的一个小村落。要想到达这里，必须从鲁乌低地的西北端往西走30千米左右。由于汽车无法进入，只能骑摩托车，沿着龙贡河向其上游行进。村子的海拔大约在700—800米左右，但由于没有地图，因此无法确定这一数据是否准确。道路两旁坐落着100户人家，形成了以道路为中心的村子。如果要想再往前走，甚至连摩托车都无法继续骑行，只能改为骑马，有几户人家的楼下拴着马匹。

村子南侧是又大又长的斜坡，有一块被围了很大面积的山地。村子北侧宽20米左右的龙贡河流速很快，河水不停地冲刷着河床，河岸边有少量集中的水田。河对岸的斜坡被大树和灌木所覆盖，据说这个斜坡上有少量的火耕田，但笔者当时无法看到。据相关资料显示，在加南德德的耕地中，水田有250公顷，旱地有45公顷，火耕田有29公顷。但水田的实际耕种面积似乎最多也就100公顷左右。

进入8月下旬到9月初时，当地农民便开始耕种作业，首先进行的是森林砍伐。到了11月份，就在森林里点火焚烧，随后点播旱稻。旱稻在5月份摘穗收割。11月份火耕田的点播结束后，当地农民就马上开始水田的秧田准备工作。迅速建好秧田后，接着就是旱地的翻地和整地。需要用锄头或点种棍进行松土，之后在旱地里撒上玉米种。这些工作完成之后，时间已进入12月。玉米点播结束后，马上又要进行水田的稻田备耕工作，这里主要采用踏耕的方式。次年1月到2月是插秧季节。这时候田里已经杂草丛生，因此插秧一结束就必须尽快除草。旱地的玉米在5月份成熟，水稻在6、7月份摘穗。7月水稻收割完成后，一年的农活也告基本结束。但一部分人在这之后，还会再次在火耕田里种植玉米，即7月播种，次年3月收获。因此从8月下旬到次年7月，从火耕田、旱地到水田，当地农民不断为各种农活而忙碌。

通常情况下，当地农民会挖深60—70厘米的空壕沟，并在其中开垦旱地，还要在壕沟内侧土堤上修建栅栏。这是为了防止野猪进入田地里损毁农作物。当地主要的农作物是玉米和木薯。如上所述，玉米12月播种，次年5月收获，持续栽种2年。之后，田里接着种植木薯，什么时候种都可以。一旦种植木薯，就会连续种植3年。在此期间，适量挖出粗的木薯，然后在坑里插上新的木薯茎条，必须时刻兼顾木薯地的方方面面。连续种植约5年之后,以前会将其转为休耕地,但现在则将其转作种植咖啡和香蕉的土地。

对于山谷谷底面积较大的水田,为方便种植农作物,一般要用水牛进行蹄耕,并进行稻田备耕工作。具体而言,就是将8到20头水牛赶进地里,将其中一头套上笼头,由一位男性牵引。于是,所有水牛就会排成一列在田里来回打转。第一次蹄耕结束后,隔2—3天再进行一次蹄耕。如此这般,插秧的准备工作即告完成。

对于斜坡上的小面积水田,最重要的就是整修田埂。整修时,要使用铁制的点种棍,两根一组插进地里然后向前撬起,形成40厘米左右的方形土块,然后像堆砌石墙一样建起田埂。由于斜坡的倾斜角度相当大,所以与其说是田埂,不如说是小悬崖更为恰当。建好田埂之后,要对水田进行平整,此时使用形状像船桨的铲子作为平整工具。

水田移栽之后完全不用除草,也不进行施肥,这与旱地有些不同。稻谷成熟之后摘穗,然后连谷穗一起储存在谷仓。以上就是20世纪80年代加南德德的农业生产情况。

(二)加南德德的往昔

在1919年之前,当时的加南德德村坐落在河对面树林覆盖的斜坡上方,位于比现在位置高300—400米左右的山脊上。当时,村子里有7间古老的托拉查传统长屋"东阁南"(Tongkonan),每一间长屋里约有7—10户人家居住。在20世纪20年代,荷兰殖民当局命令他们搬到现在的地方。当时为了维护治安,荷兰殖民当局强制让地处偏僻位置的村落搬到道路旁边,加南德德村即是搬迁对象之一。

加南德德村1919年之前的农业状况如下:村落附近有宽阔的旱地,主要农作物是玉米和木薯,与现在的旱地种植完全一样。由于时常遭受寒流的侵袭,所以不种植旱稻。实际上,仅旱地每年就能生产足够多的粮食,因而不需要进行刀耕火种。水田的面积与现在相比没有发生变化,这里只种植举行祭祀仪式所需要的水稻。但这些水田并非每年都种植水稻，通常是几年种一次，并且只在雨量多的年份种植。水田没有田埂，采用蹄耕的方法让土和杂草混合，然后在田里撒播稻种。

1920年前后，加南德德的农业生产方式开始发生变化。当时，在谷脊处找到合适的旱地极不容易，因此村民开始了刀耕火种。经荷兰人的允许，在其手下劳动的一位村民将旱稻种子带了回来，就此拉开了通过刀耕火种种植稻谷的序幕。在当时，水田耕种也变得重要起来。

加南德德村发生的第二个变化是在1940年前后。当时，有中国商人来到当地，收购树脂（Damar）①和藤条。从那时开始，原本只是少量种植自用的阿拉伯咖啡树，也开始被大量种植。后来，一些中国商人来到村里开设商店，于是大米的售卖也变得常规化。在这一时期，水田变得更加重要。

在此后的1955年，由卡哈尔·穆萨卡尔（Kahar Muzakar）领导的民族分裂动乱波及此地。②加南德德村的房屋全部被烧毁，村民四处逃散。他们重归故里是在1966年以后的事情了。直到现在，当地居民也还没有从当年内乱的冲击中完全恢复过来。作为镇公所在地，加南德德村却只有100户人家，且由于内乱的影响，家家户户都很贫穷。

20世纪初，加南德德村的房屋漂亮、田地广阔，有非常稳定的旱地种植空间。从现在的眼光来看，在20世纪20年代以后，当地的农业景观变得混乱繁杂且极不稳定。再后来，连续好几次外部爆发的动乱都波及到该村。其结果是，在那之后的50—60年间，托拉查的农业生产情况显著恶化。

（三）托拉查的核心区域

加南德德是托拉查高地的边缘地带，虽说是边缘，但仅看面积的话，这里的生活空间却也十分广阔。然而，在托拉查高地的核心区域，

---

① Damar 意为"树脂"。——译者注
② 有关印尼建国初期的民族分裂活动，参见武文侠：《印度尼西亚的民族分离主义运动》，《世界民族》2005年第2期，第18—19页。——译者注

即兰特包和马马萨等地，可以看到和加南德德完全不一样的农业和生活方式。这里地处盆地，经过多年开垦，形成规模较大的城镇和大面积水田。

在马马萨等地，从古代流传下来一种农书，盆地的稻作遵照该农书进行。其方法的确非常独特，不用犁耕也不用锹耕，而是使用一种叫作佩惹克（Pereco）的当地特有农具。佩惹克是一种宽15厘米、长1米左右的铲子，用来翻地。用这种铲子把田地全部挖成宽20厘米左右的直线形田垄和沟，可挖100多条。几天过后，用同样的铲子把部分田垄挖成沟，把部分沟堆成田垄。再过几天，又把它们全部平整。要想平整好田地，必须使用一种名为鲁伊桑的特殊厚板撬，用这种厚板撬把稍高处的土移到低处，这样一来田地整体上都能均匀地被水淹灌到。之后开始移栽、撒播，偶尔还有点播。虽然这种方法非常耗费精力，但作为正统的水稻耕种方法，至今仍被当地村民所采用。

村民们对水田的认知程度及认真态度也让人大吃一惊。虽然种植水稻的地方很多，但他们并不认为那些都是水田，他们认为真正的水田只有孔多一个地方。孔多是位于山谷谷底、广阔且平坦的非常特殊的田地。其特殊性在于，这是古代正统家族族长遵照传统的仪式和方法修筑起来的。这片水田宽80米、长150米，大得让人吃惊。田地大部分是山谷谷底的田地，但由于太过巨大，在坡度较大的山谷之中，其下游的土堤如果低于1.5米，整体就无法保持水平。如此高的土堤建设，是否是遵循既定的传统仪式建成，尚存疑问。

不管是从种植方法，还是从当地村民对水田的态度来看，当地水稻耕种模式的产生和发展都不简单。笔者并不认为这是因为此处常年与外部环境隔绝，从而保留了自身的特点。这里与加南德德自古以来的旱地种植体系一样，甚至可以说是更为传统的水稻耕种体系。

托拉查高地的核心区域有着固定的水稻耕种模式和高度发达的文化。同时，这里也是人口集中区，还是当地的贸易中心。这在荷兰发动殖民入侵之前似乎就是这样。当地物资的流动模式大致如下：水牛和干鱼从本加约安海岸运往兰特包等山地的核心区域，大米从山地运往鲁乌县政府在地帕洛波，而日常杂货则从帕洛波运往海岸的各个村落。

如上所述，湿润岛屿东部地区就是如此，高地和低地村民的生产方式决定了他们彼此不能分离，需要互通有无。高地是与湿润岛屿西部地区的上游山地极为相似的古代核心区域，而海岸低地则是以西米为主食的小村落，与高地有密切联系。低地村民是西米的采集者，同时也向高地提供水牛、干鱼等物产。另外，在海岸还有专门的港口，负责把湿润岛屿东部地区的特产出口运送至海外。港口则由国王进行统治。可见，这三个地区居民的生活方式虽然大相径庭，但却彼此紧密连接在一起。湿润岛屿东部地区虽然位于东南亚的边缘地带，但此处并非只由孤立、封锁的小集团形成自给自足的空间。

第六节　伊里安查亚地区

笔者没有到过伊里安查亚，据说当地十分盛行种植薯类作物。以下将以塞尔彭蒂（Serpenti）[1] 提到的海岸低地，以及石毛直道[2] 和布拉斯（Brass）[3] 描述的中央高地为例进行论述。

---

[1] 劳伦修斯·玛利亚·塞尔彭蒂：《沼泽地里的耕耘者：新几内亚社会的社会结构和园艺（西新几内亚弗雷德里克·亨德里克岛）》，阿姆斯特丹：范·戈库姆出版社1977年版（Laurentius Maria Serpenti, *Cultivators in the Swamps: Social Structure and Horticulture in a New Guinea Society (Frederik-Hendrik Island, West New Guinea)*, Amsterdam: Van Gorcum, 1977）。

[2] 石毛直道：《高地人的世界》，载京都大学生物志研究会编：《新几内亚中央高地：京都大学伊里安查亚西部学术探险报告1963—1964》，1977年，第114—135页（石毛直道：「高地人の世界」、京都大学生物誌研究会編：『ニューギニア中央高地：京都大学西イリアン学術探検報告1963—1964』、1977年、第114—135頁）。

[3] 莱纳德·约翰·布拉斯：《新几内亚石器时代的农业》，《地理评论》第31卷第4期，1941年10月，第555—569页（L. J. Brass, "Stone Age Agriculture in New Guinea", *Geographical Review*, Vol. 31, No. 4, Oct., 1941, pp. 555-569）。

一、约斯·苏达索岛

（一）布局

新几内亚岛呈鸟的形状，约斯·苏达索岛（Yos Sudarso Island）[①] 正好位于其脚的位置。该岛位于东南亚的最东南端，东西横跨 100 多千米，南北 100 千米，面积广袤，岛屿地势整体低平。很多地方被高耸的青草所覆盖，并且从 11 月到次年 6 月会被水淹没。此处人口极其稀少，在总面积 1.1 万平方千米的岛上，总人口只有 7000 人，分别居住在 30 多个村落里。

由于这里地势低平，当地居民在河流的天然堤坝上搭建房屋。他们还在周边的低湿地建了很多人工岛，在上面栽种薯类作物。白天住在只有屋顶、没有墙壁、通风很好的小房子里，晚上则睡在另外像密封洞穴的房子里。他们夜间睡觉用的房子使用西谷椰子的叶子枝干、藤条和椰子类的树叶建成，没有窗子，入口高 50 厘米左右，如果长时间待在里面会觉得呼吸困难。据说由于酷热难耐的晚上容易进蚊子，所以才如此建造房屋。房子整体位于低湿地，所以无论村子内外，所有交通都靠独木舟。

为什么要居住在如此低湿且不健康的地方呢？对于这一提问，当地居民给出两个理由。第一，为了避免被其他部落猎杀，所以躲避到这个偏僻的湿地；第二，周边地势稍高的土地极为贫瘠，即便连续种植 1—2 年的火耕田也无法满足食物需求，所以只有住到肥沃的低湿地，而且低湿地的鱼类资源也十分丰富。

[①] 荷兰殖民统治时期，该岛屿的名称为弗雷德里克·亨德里克岛（Frederik Hendrik Island）。约斯·苏达索岛（英语 Yos Sudarso Island，印尼语 Pulau Yos Sudarso）这一岛名始用于并入印度尼西亚之后，为了纪念在印度尼西亚争取新几内亚主权的战争中阵亡的海军军官约斯·苏达索，新几内亚岛北部同样有以他的名字命名的海湾。——译者注

（二）薯类作物种植

对当地居民而言，最重要的农作物就是山芋。山芋的种植方法如下。

首先要进行翻地，修整耕地，即在上文所述的低湿土壤里堆出宽2—3米的田垄。该步骤需要把周围的草割掉，然后把草堆积在需要修建田垄的地方。之后又把周围的土挖出并堆到草上，这样就形成了岛状的田垄。接下来，去附近的沼泽里把像浮岛一样漂浮着的浮草钩回来。然后把这些浮草切成大小适中的尺寸，并堆放到刚建成的田垄上。之后再把沟壑底部的泥土挖起来盖在浮草上。如果这样操作还不能达到足够的高度，就再去搬运浮草来堆积，并在上面再盖上泥土。简单而言，就是要把浮草和泥土反复堆积，堆成三明治的样子，最终建成岛状的田垄。

当然，有时也会直接利用以前修建的田垄。这时，上一年收割山芋后的土地一般会被很高的草覆盖。需要先割草，然后用点种棍把土撬起，和之前割下来的草混合起来，还需要认真去掉草根。如果那里还有薯类作物，必须先挖出来，再在坑里放进新的浮草和泥土。由于该地块是连续种植的田地，土地肥力已经开始下降，所以需要更换新土。

对于上一次耕种收获的种芋，要将有芽的部分切成小块备用，其他山芋则可以直接食用。将这些小块暂时放在炉上干燥，然后在干燥程度适中的地里将小块混入含有大量腐殖土成分的肥沃土壤中，用手揉碎并充分混合后，一起包进香蕉叶里进行保存。

6月份，季风从北往南吹，旱季随之到来，低湿地的水位也一点点下降。于是人们仔细观察着田垄表面和周围水面的高度差，当田垄的地下水位到了适当深度时，也就到了种植山芋的时候。这时，也得仔细观察种芋，要挑选能种植并且根部长势良好的。如果两个条件都具备，他们就在田垄上开穴，里面放入肥料充足的优质土壤，再堆成小山状，在顶部种上种芋，之后再用浮草盖在土上。

种植之后不久，他们必须重新翻挖小山。如果根已经充分长出来，就把种芋摘下，只留下新长出来的芽和根，再轻轻盖上土。然后，插上西谷椰子的叶柄做支柱。

山芋长粗后，人们还要再翻几次土，这是为了矫正山芋的生长方向以防止其向下方伸展。如果山芋向下生长并接触到地下水的话，就会出现腐烂等问题，影响山芋的品质。于是村民朝着想让其生长的方向，轻柔地将其放入翻好的土里，帮助山芋生长。另外，如果山芋长势不好，就请经验丰富的老人来帮忙，老人会把手放进洞里检测洞里的温度。如果过热的话，会建议把覆盖的浮草拿走一些。如果过凉的话，就建议再把浮草盖厚一些。山芋不断长大，最初的小土堆已经不够用了。于是随着山芋的生长，要不断从周围的沟渠取土并扩大土堆。就这样，种植山芋的土堆也随之慢慢变大。

以上便是山芋的种植方法。实际上，在山芋生长的各阶段，还需要多次举行各种各样的仪式。

作为传统农作物，芋头的地位与山芋不相上下。虽然也要认真栽种，但却不需要举行诸多仪式。芋头一般都是在 11 月种植。与山芋是在旱季种植的单种作物相比，芋头在雨季进行栽种，是典型的复种作物。

除了上述传统作物之外，近年来红薯和木薯的种植面积也在增加。这些新兴的农作物种植不需要繁杂的步骤，所以特别受年轻人欢迎。还有一些村庄也种植着西谷椰子树，尤其是在镇政府附近。在政府工作的人平常也会种植西谷椰子树。这是因为种植薯类作物全年都需要耗费众多劳动力，但种植西谷椰子树却可以经过短时间的劳动即可确保足够多的食物。

148

总之，最近西谷椰子树种植虽略有增加，但占绝对地位的粮食还是薯类作物。当地居民在海岸沙洲种植椰子来摄取脂肪，从鱼类中摄取蛋白质，以此来保持身体的营养平衡。

二、中央高地

新几内亚的人口分布具有明显特征，人口集中分布在岛屿中央海拔 1500—2500 米的地方。低于这一海拔的地区容易感染疟疾，高于这一海拔的地区则是云雾缭绕，不适合人类生活。①

（一）乌金巴的土地利用情况

1963—1964 年期间，石毛直道对这一地区进行了调查，其调查报告如下。②

乌金巴位于中央高地的北面，是该高地附近海拔最高的村落之一。从新几内亚的最高峰——查亚峰冰川流下来的河水形成宽约 10 米的激流，流淌过村子前面，河床海拔约 2100 米。在河两岸的斜坡上，形成了高差约 130 米的倾斜耕地，此处海拔更高的地方，通常都是常绿阔叶林原始森林。

根据石毛直道的调查，从 1 月初至 2 月底，雨天和晴天隔周重复。不过就算是晴天，到了下午 3 点左右也会乌云密布，从下午 5 点左右到夜半时分，会一直下着淅沥的冷雨。因此，1、2 月可以说是当地的雨季。但由于此处海拔过高，虽说是雨季，其月降雨量也不会超过 100 毫米。而即便是旱季，每月的降雨量也会超过 50 毫米。

乌金巴的山谷常年凉爽湿润，海拔 2000 米以上的原始森林大多是潮湿的苔藓林。

当地旱地耕种较多，基本上属于常用耕地。如果土地肥力下降就进行休耕，直至重新长满灌木。在休耕期间，其他人不能在这块土地上进行耕种，因为已经确认了土地所有权。种植用具只有火和点种棍。虽说这里的土地属于火耕田的性质，但却具有极强的固定性和稳定性。

开垦土地时，首先要砍伐树木，砍下来的树干和树枝放在地面上

---

① 哈罗德·布鲁克菲尔德：《关于高地聚落生态的一些建议》，《美国人类学家》1964 年第 66 期，第 31—34 页（H. C. Brookfield, "The Ecology of Highland Settlement: Some Suggestion", *Amer. Anthropologist*, 1964(66), pp.31-34）。

② 石毛直道：《高地人的世界》，载京都大学生物志研究会编：《新几内亚中央高地：京都大学伊里安查亚西部学术探险报告（1963—1964）》，1977 年，第 114—135 页（石毛直道：「高地人の世界」、京都大学生物誌研究会編：『ニューギニア中央高地：京都大学西イリアン学術探検報告 1963—1964』、1977 年、第 114—135 頁）。

数月使其干燥，充分干燥后再进行点火焚烧。焚烧方式和东南亚其他地方不同，是从山谷谷底开始点火，让火势向上蔓延。虽然没有设立防火线，但火燃烧到了原始森林边缘自然就会熄灭。一次点火很难将树干树枝完全燃烧殆尽，所以会放置几个月，等灌木和杂草生长旺盛的时候，再次把它们砍倒并进行焚烧。

第二次火烧结束后，随即开始进行翻地。当地农民用点种棍插进地面，往前一推就会撬起大土块，之后用手把土块翻个面，再整齐地排列好。在翻地工作结束后，在原地挖沟，把刚翻挖好的土地分成宽 5 米、长 20 米的多个地块，各地块之间用宽 70 厘米、深 50 厘米的沟围起来。这些小地块整理好后，又将几个地块围成一个大地块，在这个大地块的外侧再用别的大沟围起来。最后，在这些大沟外围再围上栅栏，修建栅栏是为了防止放养的猪跑进来啃食作物。耕地、翻地、整地完成后，妇女们随即在地里面种上红薯的藤蔓。

乌金巴几乎没有季节变化，随时都可以采伐、放火焚烧、种植薯类作物以及进行收割工作。所以，这里完全没有储存粮食的习惯。每天只需挖出当天所需要的量，再切下红薯枝蔓大约 40 厘米左右的一部分，然后重新插入刚才挖出红薯的地方即可。如此这样，这块土地可以连续种植数年。

布拉斯（Brass）是欧美学界研究新几内亚中央高地农业状况的第一人，当地高度发达的农业技术令其叹为观止。[①] 他调查的巴里木山谷位于乌金巴稍偏东的地方，海拔比乌金巴略低一些，但两地的土地利用状况大致相同。这些土地在中央高地中占据着核心位置，其利用密度相对较高。巴里木山谷的平坦地带也是如此，那里的沟渠一般宽 1—2 米，深 2 米，甚至还纵横密布着更大的沟渠，让人感觉当地的灌溉引水渠网络高度发达。

---

① 莱纳德·约翰·布拉斯：《新几内亚石器时代的农业》，《地理评论》第 31 卷第 4 期，1941 年 10 月，第 555—569 页（L. J. Brass, "Stone Age Agriculture in New Guinea", *Geographical Review*, Vol. 31, No. 4, Oct., 1941, pp. 555-569）。

但实际上,巴里木山谷沟渠的建造目的并非是用于灌溉。如果仅是灌溉设施,沟渠没必要挖这么深、密度也无需这么大。实际上,挖掘沟渠是为了挖出地下深处的肥沃有机质黏土。换言之,上述沟渠其实是挖出黑色黏土之后形成的土坑。此外,这里还会建猪圈,在地里施农家肥,所以土地的利用率很高。

在中央高地,主食以外的营养摄取情况如下。脂肪来自露兜树的果实。由于这里海拔较高,不能种植椰子树,所以只能种植露兜树。露兜树即便在 3000 米以上的高度也能生长旺盛,因此可以形成广阔的单一树林。蛋白质来源主要是家里饲养的猪和狩猎得来的野生动物。

(二)伊里安查亚的土地利用

此处只介绍伊里安查亚三个典型的地方,分别是低地的约斯·苏达索岛、高地的乌金巴与巴里木,这些地方的土地利用都比较固定且集中。此外,作为东南亚的边缘地带,伊里安查亚的土地利用情况与笔者想象中的土地利用其实有着很大差异。

伊里安查亚的耕地并不完全是常用耕地。布鲁克菲尔德(Brookfield)选取了 28 个地点调查美拉尼西亚(Melanesia)的农业,其中就包含伊里安查亚。[①] 这些地方的农业被分成三类进行统计:第一类是开垦后种植 2—3 次作物后就弃耕的火耕田;第二类是种植时间比休耕时间长,即所谓的短期休耕地;第三类是几乎持续种植的常用耕地。按照这种划分方法,在上述 28 个地点中,属于第一类的火耕田有 10 个,属于第二类的短期休耕地有 10 个,属于第三类的常用耕地有 8 个。当地确实存在火耕田,但固定利用的耕地较多。假如在湿润岛屿西部地区和东部地区也进行同样分类,则划入第一类火耕田的土地数量肯定是最多的。虽说这里的土地利用模式十分多样,但不可否认的是,在伊里

---

① 布鲁克菲尔德、多琳·哈特:《美拉尼西亚——一个岛屿世界的地理解释》,伦敦:梅休因出版社 1971 年版,第 98—99 页(H. C. Brookfield & Doreen Hart, *Melanesia, A Geographical Interpretation of an Island World,* London: Methuen, 1971, pp. 98-99)。

安查亚，常用耕地的土地利用模式最为发达。

在伊里安查亚，固定或常用耕地较多，或许这和薯类作物种植有关。在伊里安查亚的气候条件下，薯类作物属于多年生作物。如果放任其生长，那么薯类作物可以生长很多年。在实际种植过程中也是如此，当地农民挖起一棵就马上在同一地点插入新的蔓藤。山芋、芋头的种植方法也基本相同，即把薯类作物的一小片埋在土里就可以。薯类作物的这种性质，使得其具备作为固定作物的特质，更何况薯类作物的藤和茎的生长也非常旺盛。作为大型植物，薯类作物比杂草更有生命力，这一性质也有利于其常年种植。这种特性，和一年生植物、个体较小的禾本科作物相比就会非常明显。要想使禾本科作物生长，就必须每年把和它竞争的其他野生植物烧掉，以此来保护禾本科作物。即便如此，在种植两三年之后，随着禾本科杂草和具芒碎米莎草科杂草的入侵，它们开始与农作物进行竞争，最终导致不得不转移耕地。因此，以薯类作物为中心的伊里安查亚的种植，很容易形成固定性和稳定性较高的常用耕地。

伊里安查亚的土地利用模式大概从很早的时候就已经固定下来了。在新几内亚岛东部的瓦吉（Wagi）山谷，在海拔 1500 米的地方出土了约公元前 350 年的灌溉引水渠和铲型点种棍。① 伊里安查亚及其周边虽然缺乏谷类，但从遥远的古代开始，其独特的固定式农耕文化似乎就已扎根于此。

第七节　小巽他群岛地区

小巽他群岛由多个小岛组成。从自然地理学来看，这里酷似西

---

① 戈尔森・杰克等：《关于新几内亚高地园艺碳定年代的说明》，《波利尼西亚学会杂志》1967 年第 76 期，第 369—371 页（Golson et al., "A note on carbon dates for horticulture in New Guinea highlands", *Journal of Polynesian Society*, 1967(76), pp. 369-371）。

部邻近的爪哇地区，二者都是典型的火山岛，都拥有极端的旱季。本节之所以将小巽他群岛地区从爪哇地区独立出来，是因为这里与爪哇岛有所不同，几乎没有受到来自印度和欧洲的影响。换言之，东南亚火山岛传统的土地利用模式被很好地保留下来。下文将以弗洛勒斯岛（Flores Island）①、帝汶岛、南苏拉威西岛三个岛屿为例，论述各地的土地利用情况。

一、弗洛勒斯岛和帝汶岛

（一）生活在火山半山腰的居民

弗洛勒斯岛是一个人口稀薄的岛屿。但该岛也有人口相对稠密的地方，如最东端的锡卡县（Sikka），这里是埃贡火山（海拔1790米）西部山脚下锡卡族居住的地方。下文将基于梅茨纳（Metzner）的调查报告来大致介绍这一地区。②

目前，弗洛勒斯岛的森林破坏非常严重。以前这里拥有与当地所处气候带相适应的完整的带状植被构造，海拔300米以下是落叶树林，300米到1000米是混交林，再往上是常绿林。

据说传统的锡卡族部落居住在混交林带的下方，这里形成了相对聚集的村落。村落四周用壕沟围了起来，沟里还埋着鹿砦。这些村落周边的火山斜坡一般作为旱地使用。1000米以上的常绿林是水源保护林，任何人都不得在那里耕种。300米以下接近海岸的落叶林带一般作为牧场使用。在较早时期，这个地区的落叶林就已销声匿迹，变成草

---

① 弗洛勒斯岛是位于印度尼西亚小巽他群岛东部的岛屿，西南隔松巴海峡和松巴岛相望。北临弗洛勒斯海，南滨萨武海。面积1.5万平方千米，多山地，并有多处活火山。——译者注

② 约阿希姆·K.梅茨纳：《弗洛勒斯岛锡卡县的农业和人口压力》，澳大利亚国立大学发展研究中心专著，第28辑，1982年（Joachim K. Metzner, *Agriculture and Population Pressure in Sikka, Isle of Flores*, A.N.U. Development Studies Center Monograph No. 28, 1982）。

原，这是由于当地居民每年都在此处狩猎放火所致。这样的土地利用方式似乎已经延续了数百年。

20世纪20年代以后，弗洛勒斯岛的土地利用方式开始发生变化。荷兰殖民当局以加强治安管理为由，强制原本居住在山脊上的村落向下搬迁。在新建成的村落里，荷兰殖民当局让每家每户种植50棵椰子树及其他果树。殖民当局甚至还分发锹锄，奖励当地村民在以前的狩猎场，即海岸附近的平原进行农业开垦。这样一来，锡卡族的传统土地利用方式发生了巨大变化。但即便如此，以往的土地利用模式并未完全消失。

梅茨纳（Metzner）总结了该地区1970年的土地利用情况，笔者在其基础上进行了简化，并增加了纵截面示意图，如图19所示。图19还标记了以下四个种植地带。

Ⅰ：北海岸海拔100米以下的冲积地。这里有着弗洛勒斯岛内最肥沃的土地，所以玉米和豆类隔年轮流种植，可以连续多年耕种。这是20世纪20年代才新开垦的土地。

Ⅱ：北海岸海拔100—300米之间的火山山脚地带。这里实行短期休耕种植，第一年度种植旱稻，第二年度种植玉米，之后进入休耕期。

Ⅲ：海拔300—500米的火山山脚和鞍部。由于这里比低地降雨量多，所以一年可以种两熟作物。雨季种植稻谷或玉米，旱季种玉米，全部都是短期休耕种植，耕种2—3年后进入休耕期。

Ⅳ：海拔500米以上的火山山腰。这里采取种植2年、休耕2年的短期休耕种植模式。整体的种植体系与Ⅲ相似，但由于降雨条件比Ⅲ更好，所以经常在种玉米的那一年种植三熟作物。

从以上案例可以看出，以海拔300米为界，其上下的种植差异非常明显。在海拔300米以上的地方，原则上一年种植两熟作物，即稻谷与玉米或玉米与玉米。在海拔300米以下的地方，只能种植一熟作物。这是因为，300米以上混交林带的降雨量要比低于这一海拔高度的落叶林带更加适合耕种，由此造成上述差异。

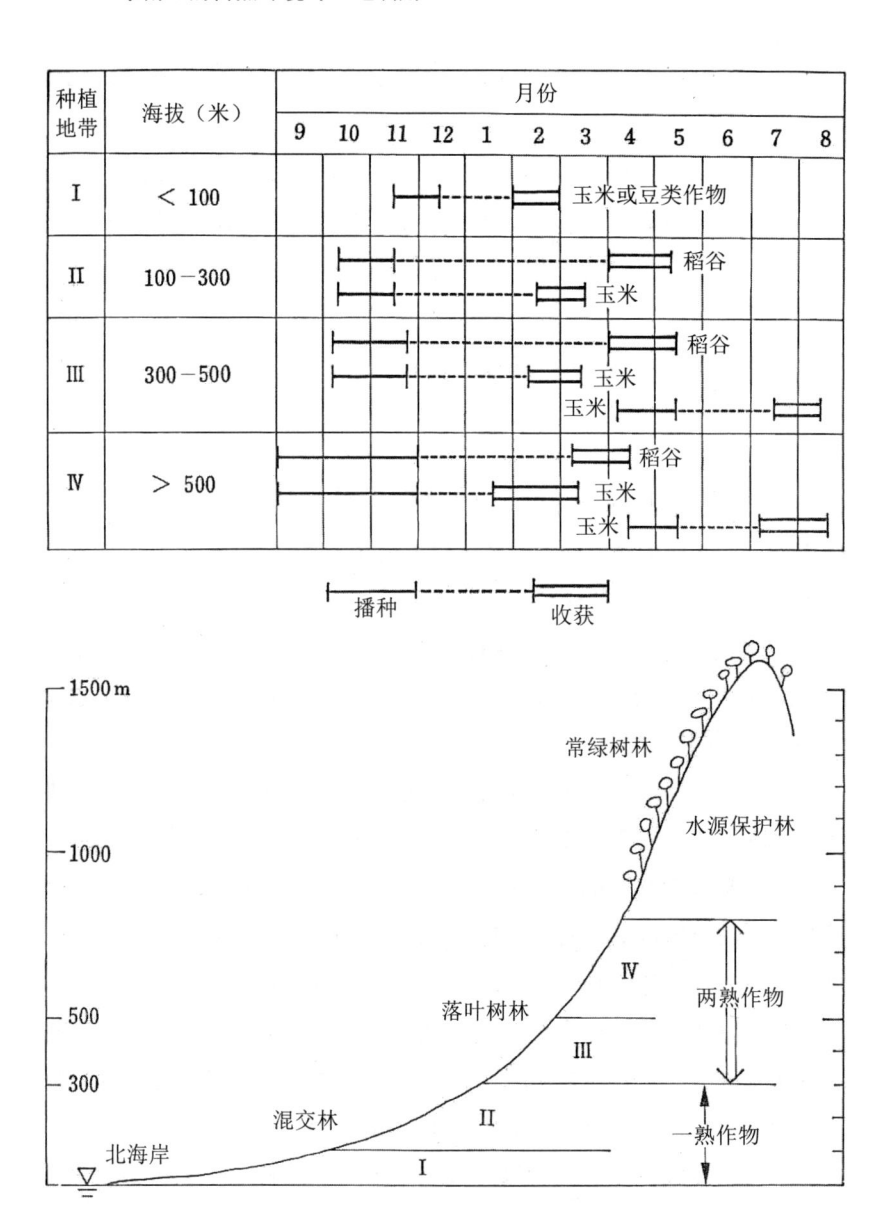

126　东南亚的自然环境与土地利用

种植地带	海拔（米）	月份
		9　10　11　12　1　2　3　4　5　6　7　8
I	<100	玉米或豆类作物
II	100—300	稻谷 / 玉米
III	300—500	稻谷 / 玉米 / 玉米
IV	>500	稻谷 / 玉米 / 玉米

播种 ⊢----⊣ 收获

图 19　锡卡族村落的四个种植地带及其农耕日历

资料来源：根据梅茨纳的著作简化而成。具体参见：约阿希姆·K.梅茨纳：《弗洛勒斯岛锡卡县的农业和人口压力》，澳大利亚国立大学发展研究中心专著，第 28 辑，1982 年（Joachim K. Metzner, *Agriculture and Population Pressure in Sikka, Isle of Flores*, A.N.U. Development Studies Center Monograph No. 28, 1982）。

对于海岸低地的农业开发为何相对滞后，锡卡族有着其不同的解释。就此他们解释道，如果居住在海岸低地，他们被武吉斯人抓捕为奴隶以及感染疟疾的风险只会有增无减。

（二）短期休耕种植

弗洛勒斯岛和伊里安查亚的种植模式都属于相同的固定式种植，即都是短期休耕种植。以下是梅茨纳所列举的锡卡族案例。①

当地农民在地里割下灌木丛，晒干后放火焚烧。通常情况下，一次无法全部烧完，要过段时间后把剩下的干草集中起来再次焚烧。其后，用点种棍整齐地翻地，并将挖起的树和草根清理干净。如果是陡坡，要用椰子的叶柄和竹子设置等高线，然后打上短桩以防止土壤流失。上述备耕工作完成后，即可播种稻谷和玉米。

第一年大多播种稻谷。当地农民手持长3—4米的竹竿，在田地上每隔15—20厘米开一个穴，在穴中放入谷种之后即用脚踩堵上穴。在稻谷生长的过程中，需要除3—4次草，收获时采取摘穗的方式。把谷穗带回家里，用脚踏脱粒的方法进行脱粒。

第二年或第三年一般种植玉米。在播种前，先用点种棍全面细致地翻地，然后在地上开穴、点播。玉米种植期间除草2—3次，拔下来的草，一般用土将其覆盖在地里即可。收获的玉米连同苞叶一起保存。

不管稻谷还是玉米都不太可能单独种植，常常是混着薯类作物、豆类作物或杂粮一起种植。在北海岸是与高粱、穆子、小米等杂粮混种，在南海岸则多与木薯、山芋、甘薯混种。

连续种植2—3年之后，需要栽种黄槿（Hibiscus Tiliaceus）和木田菁（Sesbania Grandiflora）。这样做可以防止茅草入侵，还可尽早恢复土壤的肥力。在休耕3—4年后再种植2—3年。由于大家都认为耕

---

① 约阿希姆·K. 梅茨纳：《东帝汶的人和环境》，澳大利亚国立大学发展研究中心专著，第8辑，1979年（Joachim K. Metzner, *Man and Environment in Eastern Timor*, A.N.U. Development Studies Center Monograph, No. 8, 1979）。

地是共有财产，所以耕地并没有被私有化。但从上述种植模式来看，土地实际上就好像是私人所有，同一个人在同一块耕地上长期精耕细作。一般情况下，一户人家的种植面积大概是0.5公顷左右。由于除草费时费力，要想耕种更大面积的土地非常困难。以上就是短期休耕种植的大致情况。

在锡卡族村落，除了短期休耕种植之外还有长期休耕种植的模式。在这种模式下，休耕时间长，停止种植后会对土地暂时实行退耕还林。而由于休耕时间较长，所以特定的田地不能长时间由特定的人使用。耕地的选定，大多由占卜师通过星象占卜或梦境占卜决定。种植者确定合适的开垦候选地后，经过村长的许可，便可进行森林砍伐和焚烧等各种仪式。该地区的种植方法和普通的通过刀耕火种方法种植稻谷的模式基本类似。

森林砍伐和焚烧的方法与湿润岛屿西部地区几乎完全一样。当森林砍伐和焚烧结束后，在相同高度各处并列摆放椰子的叶柄和竹子来防止土壤流失。连续降雨三四天后马上播种。如果没有及时播种，草和灌木就会长出来，但即便是播种前夕也必须要进行除草作业。长期休耕地的第一年不翻地，因为此时土质比较松软，可以直接开穴并进行直播。第一年度一般种植稻谷，稻谷也要同时和其他作物混种。

长期休耕种植也是先连续耕种3年，并且从第2年开始和短期休耕种植一样，用点种棍仔细翻地。这一点与普通的火耕田差异较大。而且，所种植的作物主要是玉米。以上便是长期休耕种植的大概情况。总之，以前长期休耕地较多，但现在大多是短期休耕地。

（三）帝汶岛的水稻种植

帝汶岛[①]有水田，且帝汶岛绝大部分田地都是上述所说的短期休耕

---

① 帝汶岛（印度尼西亚语：Pulau Timor）是东南亚努沙登加拉群岛中最大、最东边的岛屿。南隔帝汶海与澳大利亚相望。高山连绵，海岸陡峭，有火山。本岛分东西两部分，西部属印度尼西亚，为东努沙登加拉省的一部分；东部为东帝汶。——译者注

地，在有水源的地方都可以种植水稻。据梅茨纳的调查研究，帝汶岛的稻作情况如下。①

通常情况下，当地农民会提前数周往田里放水养田。临近蹄耕的时候，往田里赶入30—40头水牛，由三个男子驱赶，让水牛踏田一整天。蹄耕一公顷的田地，需要用两天到两天半的时间。第一次蹄耕结束后，放置几天又再次重复。通过数次蹄耕，使田里的泥土完全松软，然后修整田埂，排水，撒播谷种。谷种发芽之后，在长出四五片稻叶时引入水源，其后只要水源充足，一般都会采取循环放水的方式。收割方法和弗洛勒斯岛的旱稻一样，由妇女们摘穗，男人们则进行脚踏脱粒。

在当地，插秧并不罕见。秧田一般设在靠近泉水的田地。秧田备耕也是采取蹄耕的方式，然后撒播干谷种。等秧苗长到20—30厘米的时候，将其拔出并用手进行移栽。因为移栽田里需要灌溉设施，所以通常当地农民都是一起修筑小型水渠等设施，把泉水或河水引入田里。

需要注意的是，不管是撒播还是移栽的水田，其大部分都位于海拔500—600米的高处，并以梯田的形式存在，以前的水田更是高度集中在这一区域。即便是水稻耕种，也和弗洛勒斯岛的旱地一样，其中心区域都位于海拔较高的地方。

二、南苏拉威西的南端

南苏拉威西的南部海岸主要种植玉米，但沿岸除农业以外还有各种其他生产活动，对于这种种植玉米和沿岸各种生产活动有机结合的模式，笔者将其称之为小巽他群岛模式。

---

① 约阿希姆·K. 梅茨纳：《东帝汶的人和环境》，澳大利亚国立大学发展研究中心专著，第8辑，1979年（Joachim K. Metzner, *Man and Environment in Eastern Timor*, A.N.U. Development Studies Center Monograph, No. 8, 1979）。

（一）种植

在南苏拉威西最南端，是疏林、旱地和水田的混合地带。疏林是落叶林，生长着很多已经萌芽的柚木树，树木的直径约6—7厘米。有些地方还生长着很多棕榈树。整体看来，该地与其说是东南亚，不如说更像是印度南部地区的热带稀树草原。

在这些疏林里，有用木栅栏或石头围起来的旱地，有时牛圈也会建在旱地旁边。在旱地里种植的主要农作物是玉米。玉米一般是在刮西风的11月到次年2月左右种植。不过，刮东风时也会再次种植，即有时也会进行第二次耕种。

旱地的翻地方式有很多，例如由一个人进行犁耕，其他人在附近用巴郎乌翻地，或者在其他地方直接用点种棍翻地。巴郎乌是铁锹的一种类型，其刀口前端非常狭窄，适合在石块多的地方使用。将挖起来的石块堆放在地上做成田埂，也便于划分田地。此处的点种棍与在小巽他群岛和弗洛勒斯岛使用的点种棍相同，又粗又短。和前文的方法一样，用点种棍撬起边长40厘米、接近正方形的土块，然后再迅速将其翻转过来。

翻地和整地完成后即可进行开穴，在每个穴里按顺序放入2—3粒玉米种子，用脚盖上土。播撒玉米种时，每行间隔1米左右。下雨之后，玉米很快就会发芽。一周左右之后，在每行之间的空地点播花生。玉米播种后3个月、花生播种后100—120天，就可以进行收获。这种间隔耕种并不是必须的，但当地农民大多时候都会采取这种方式。除玉米之外，也会套种木薯、绿豆等作物。在耕地面积充足的时候，有时也会在田间地头种植长得很高的木薯和高粱。

这里的耕地有种5—6年之后就休耕的，也有连续种植20年以上的。要想连续耕种多年，就需要使用大量农家肥。

除了旱地，少数房屋周围还有自留地，会混种木瓜、菠萝蜜、芒果、木棉、银合欢等果树。

（二）水稻耕种

每当西风来临之时，人们在降雨之前都会先对旱地进行翻地和整地。降雨过后，水田会积满雨水，之后就转为在水田进行翻地和整地。水田的翻地是在12月份，当地农民驱赶两头牛牵引着犁进行耙田，之后间隔4—5天再次耙田，耙田2—3次之后就马上播种。

这里的稻种要用发芽的种子，即把种子浸泡在水里1—2天，然后放置在阴暗处2—3天使其发芽，之后撒进田里。播种后田里必须要放进水，否则种子会被鸟叼走。由于当地属于水资源严重不足的雨养水田地带，水田经常会干涸，所以要想尽一切办法保持水田里有积水。在种植过程中只用除草一次。

种植的品种一般是3个月或4个月成熟的传统品种，完全不种晚稻品种或高产量的新品种。其主要理由在于，这些品种在水量不足的地方很难生长。收割稻谷时，一般采取摘穗的方式。

南苏拉威西的稻作，经常采取移栽的方法。仅在最南端的地方有直播稻，究竟是因为这里雨水稀少还是出于其他文化原因，至今尚未考证清楚。将南苏拉威西存在小面积直播稻的现象，与帝汶岛等地稻作基本都是直播稻合并在一起考虑时，两者之间的关联十分有趣。与山谷谷底相比，当笔者看到在山脊处漫山遍野的直播田景观时，由此联想到水田有可能起源于旱地。

（三）其他生计

总之，南苏拉威西的南海岸有着玉米田旱地和充满旱地风情的水田。但在这里的海岸，当地居民的生计更多地是依靠制盐、造船、捞鱼苗、种植椰子树和棕榈树等。

制盐是指在海岸上建造盐田，利用潮位差可以很容易地把海水引入盐田。盐田被划分为海水储存区、浓缩池和蒸发区，制盐工作在此有条不紊地进行着。制好的成品盐放入棕榈叶做成的袋子里出售，销售市场包括南岸周边的渔村，以及鲁乌等波尼湾沿岸的渔村。如前所述，当地渔夫几乎都是把鱼用盐腌制晒干后再卖往内陆地区，所以附近的渔村会消耗大量盐。通过上述路径，盐最终被卖到托拉查的山村里。此外，当地人也会将盐袋堆在路边销售，从望加锡来旅行的人会顺道购买。

在刮西风时雨水变多，这里的盐田就会转变为鱼塘。养殖虾和波鲁鱼也是一笔好生意。因此，盐田在雨季时可以养鱼，在旱季时又做回老本行制盐。

造船业也是当地的重要产业。位于海岸东端的本托巴哈里（Bontobahari）是苏拉威西著名的传统木船建造中心。该村坐落在沙洲上，周围有广阔的椰子种植园。在村子中心有一个很大的广场，椰子种植园前面是辽阔的海滨沙滩，其中并列排着数十家造船小屋。造船小屋的屋顶用椰子叶铺成，面积虽小，但大家都干得热火朝天。当地人造船时，不用一颗钉子，建造出来的船颇具特色。几个人一组在一间小屋里工作，每一间小屋制作一艘船。也有建造数十吨大船的，但这种大船无法在小屋里建造，只能露天建造。

这个村庄也盛行捕鱼。根据村里的统计数据，全村共有造船工人295户，渔民917户。他们也和鲁乌的渔民一样，根据刮风情况季节性地变更捕鱼场地，在各处开展捕鱼工作。只是，鲁乌的渔民喜欢挑选红树林前面的泥泞浅滩作为渔场，但这里的渔民更加飒爽，他们经常大规模出海，远赴海洋深处开展捕鱼活动。除了捕捞鱼类，渔民还会捕捞龟甲、珊瑚、珍珠等海产品。

另外，妇女和孩子们在海岸边捕捞鱼苗也是当地居民重要的经济收入，这可谓当地的独特风景。捞鱼所用的工具是香蕉叶做成的帘状物，宽约40厘米，长10多米到50多米。先将鱼苗围在水面，然后慢慢缩小包围圈，最后用椰子壳制成的碗将里面的鱼苗舀出来。鱼苗长1厘米左右而且是透明的，笔者很难辨识。但他们却可以非常灵活地舀起来并放进桶里。这就是前文提到的被称之为波鲁鱼的小鱼苗，也就是遮目鱼。武吉斯人的商人们会来买走几万尾甚至几十万尾鱼苗，再把这些鱼苗卖到鲁乌等北方红树林地带的鱼塘周边地区。

如果到当地的海岸旅行，其乐趣之一就是可以喝到棕榈酒。印度尼西亚有很多伊斯兰教徒，因此酒类比较少见。干燥的海风吹打着棕榈叶，坐在棕榈叶绿荫中的茶店里，一边远眺山崖下碧蓝的大海，一边品尝着棕榈酒，在这里可以看到原本只有在斯里兰卡或南印度海岸才有的风景，令人心旷神怡。

上述种植模式和海洋活动，充分体现出小巽他群岛的特色，也可以说是分散在海洋各处火山岛所独有的土地利用方法。

以水稻种植为首，各种技术经由爪哇传到了南苏拉威西。即使同在小巽他群岛，传入方式在各个地方也有所不同。以水稻为例，苏拉威西和爪哇同样都是采用犁耕方式的水稻耕种。水稻和水牛传入了帝汶岛，但犁耕却没有传入南苏拉威西。在弗洛勒斯岛，却连水牛也没有，这里是猪、狗和旱地的世界。笔者认为，最为原始的小巽他群岛的特征，就是较为干燥的小火山群岛，岛上有猪、狗和旱地耕种。

第八节　爪哇地区

爪哇自古以来就是东南亚地区的交通要道，一直受到外来文化的洗礼。因此，这里的土地利用模式经过不断地分化组合，变得极其复杂，而当地极高的人口密度也增加了其复杂性。爪哇的社会经济结构如此纷繁复杂，如果在分析考察中忽视历史角度，有很多地方就无法解释清楚。这一点会在后面的章节里详细论述，本节主要概述现状。

一、旱地种植

如果从地理上把爪哇分成两部分，可分为爪哇中东部与西爪哇，本部分主要论述爪哇中东部。这是因为与西爪哇相比，爪哇中东部的旱地相对较多，这从旱地与水田的面积比例便可得知。爪哇中东部的旱地所占比例约为1.1。在爪哇核心区，即过去土邦领地的旱地所占比例约为1.6。与此相比，西爪哇的旱地所占比例约仅为0.3。稍微夸张一点说，西爪哇是森林和水田地区，而爪哇中东部则是旱地和水田地区。

（一）实际种植情况

以下以日惹（Jogjakarta）以东基杜尔（Kidul）山地的旱地种植为例，介绍典型的旱地种植情况。相关内容引用自马奥尼（Mahoney）的研究成果。①

基杜尔山地从8月开始进入耕种期。这个时期由于尚未下雨，地面十分干燥，但当地农民已经开始犁地。这是为了抑制长草、防止水分蒸发。等10月中旬进入雨季后，会再次进行犁耕，播种旱稻。部分旱地会播种玉米，采用条播方式，并套种大豆和花生。最后，还会种植木薯。

然而，并非每年都在10月中旬恰好进入雨季。有些年份在9月初就已经进入雨季，而有些年份则要等到11月末。当地农民都在翘首以待，期盼早点下雨。如果天公作美，9月中旬就开始降雨，降雨过后，当地农民会迅速播种旱稻和玉米。到了次年2月中旬，先收割玉米，接着采收大豆、花生，最后收割旱稻。随后，还可以再次种植玉米。这一种植顺序是在理想状态下才得以实施的，但并非每年都能天遂人愿。

一般而言，每年3月开始种植复种作物。这时要加紧对湿气重的田地进行翻地和整地，并播种玉米、大豆、花生等作物的种子。复种作物基本上都是经济作物，在生长的后期进入旱季，所以也会经常遭受旱灾。于是在雨季来得晚的年份，旱稻收割会推迟到3月之后，当地农民在还立着的稻株中间撒入同样是复种作物的豆类。这些豆类会在5月末进行收割。

---

① 马奥尼，纽黑文：人类关系区域档案出版社1982年版（Mahoney, HRAF Press, 1982）。

5月末收割完豆类之后，地里就只剩下木薯了。木薯6月到8月在地里生长，到了8月份被挖出，这时土地里已经没有任何农作物。于是又开始为次年雨季作物的种植做准备，进行全面的翻地和整地。

以上就是基杜尔山地种植的大致情况。基杜尔山地是爪哇比较少见的石灰岩丘陵地带。8月份去的话，高处是红土，低处是绵延起伏的松软黑土，可以清楚地看到当地农民翻地和整地的景象。和弗洛勒斯岛不同的是，这里多采用犁耕的方式。田里有着整齐的田埂，也有在雨季能蓄水的地方。整体看来，这里与其说是短期休耕地，更像是成熟的常用耕地。

（二）土地的过度利用

仅从上文所述的耕种情况来看，当地旱地种植的发展水平似乎很高，但现实情况未必如此。这样的种植体系也许可以说是高度发达，但却像走钢丝一样，极其冒险。只要雨季推迟，或降水量低于往年平均水平，就有可能面临颗粒无收的困境。

一般而言，耕地与森林的面积比例需要维持在一定数值之下，如果超过这一数值，就会演变成严重的自然破坏。上文所提及的基杜尔山地，实际上已经超出警戒线。并且，该地还是印度尼西亚屈指可数的严重缺水地带。

基杜尔山地的开发历史如下。在18世纪中叶的时候，这里是马塔兰王国[①]的皇家狩猎场，或许这里还曾经被开发成粗放的长期休耕地。到19世纪后半期，荷兰殖民当局开始在基杜尔山地周边大规模种植柚木树。自从荷兰殖民当局开始限制斜坡的刀耕火种，很多人都集中到这

---

① 马塔兰王国（Kerajaan Mataram），亦译马达蓝王国，该时期的马塔兰王国亦被称为后马塔兰王国，是印度尼西亚中爪哇的伊斯兰教王国，但被荷兰东印度公司吞并。根据1755年《基安地条约》，被分为日惹和梭罗两国。后又先后分裂出莽库尼卡兰国（1757年）和巴库阿拉曼国（1813年）。转引自：姚楠、周南京主编：《东南亚历史词典》，上海辞书出版社1995年版，第34—35页。——译者注

里。正因为如此，当地的短期休耕种植突然增加。到 20 世纪初，当地人口密度已经达到相当程度，以至于不得不大幅度缩短休耕期。

通常而言，从 19 世纪中叶到 20 世纪初，爪哇中东部的斜坡耕地快速增加，并达到最高值。随着耕地边界的不断扩张，对森林的蚕食日益加剧。另一方面，由于既有耕地不断缩短休耕期，土壤条件不稳定的常用旱地也在不断增多。

根据相关统计数据，更能明确地说明这一现象。1856 年的人均稻谷种植面积是 0.21 包[①]，到 1900 年缩减至 0.13 包。在同一时期，稻谷以外的人均农作物种植面积从 0.02 包增加到 0.11 包。[②] 如果把大米视为水稻，把稻谷以外的东西都视为旱地作物，那么这一时期人均水稻种植面积大幅减少，而旱地耕种面积则飞速发展。这样的解读未必正确，但仍有一定参考价值。上述数据是印度尼西亚全国平均数值。如果单独测算爪哇中东部，那么这一数值还会继续扩大。笔者有充分的理由相信，在这一时期，爪哇中东部的旱地耕种面积正以惊人的速度增加。

仔细想来，爪哇似乎有两种类型的旱地。一种是自古以来的旱地，另一种是 19 世纪后半期以后激增的旱地。例如，博罗布多尔的壁画中也出现了旱地。根据壁画内容来推断，当时的旱地远比水田多而且更加重要。这里和小巽他群岛的旱地一样，都是从古代流传下来的旱地。后来，爪哇水稻的存在感变强，在数百年间，爪哇呈现的都是水稻之国的景观。但到了 19 世纪后半期，旱地再次激增。激增的原因有二：一是从那个时候开始，水田已经不足以支撑激增的人口；二是当时荷兰殖民当局要求在水田里栽种甘蔗，这就导致原本就不足的水田愈发

[①] 包（Bau）是爪哇表示土地面积的单位。1 包耕地足以养活一个家庭，其大小并不固定。在 19 世纪初的马兰总督丹德尔斯（Daendels）统治时期，1 包被规定为 7096 平方米，但这个换算方法在当时的马兰县并未推广开来。——译者注

[②] 内藤能房：《19 世纪后半期爪哇的人口与耕地》，《名古屋市立大学经济学会"家政"》第 18 卷第 2 期，1981 年 9 月，第 58 页，表 16（内藤能房：「十九世紀後半のジャワにおける人口と耕地」、『名古屋市立大学経済学会「オイコノミカ」』18 巻 2 号、1981 年 9 月、第 58 頁、表 16）。

急剧减少。

在 19 世纪后半期，基杜尔山地的短期休耕地增加，进入 20 世纪，休耕期进一步缩短，之后当地的旱地持续增加。到今天，基杜尔山地的大部分都已成为常用旱地。与此相比，本应用于保护水源和土壤的森林面积却大幅度萎缩。

二、佩卡兰甘庭院

关于基杜尔山地各类土地面积所占比例，如果单看耕地，托加鲁占75%，佩卡兰甘（Pekarangan）庭院①占20%，水田占5%。②托加鲁就是上文提及的旱地，佩卡兰甘庭院则是宅基地和园地。笔者认为，基杜尔的粮食生产体系虽然处于崩溃的边缘，但其之所以能够支撑下来，主要得益于佩卡兰甘庭院这一种植系统。不仅是基杜尔，佩卡兰甘庭院所体现出来的优越性也是整个爪哇土地利用模式的一大特征。

（一）现状

从远处很难看到爪哇居民的房子，由于房屋周边的树林郁郁葱葱，房子都被严严实实地包裹着，无法看清内部情况。这些包围着房屋的宅基地和园地树林所在的地方就是佩卡兰甘庭院。

构成这些佩卡兰甘庭院林的几乎都是果树。其中有椰子树、散尾葵、榴莲以及大竹，它们构成了最高的树梢层，和热带雨林的上层乔木一样高高耸立着。下面是其他果树，形成密闭浓密的次冠层植物，包括芒果、水莲雾（Eugenia Aquea）、刺果番荔枝（Anno Muricata）、太平洋梓（Spondias Duclis）、番荔枝（Annona Squamosa）、人心果（Achras Zapota）、番石榴、石榴、杨桃（Averhoa Carambola）、柠檬、

---

① Pekarangan，音译"佩卡兰甘"，意为"庭院""宅基地"。——译者注
② 马奥尼，纽黑文：人类关系区域档案出版社 1982 年版（Mahoney, HRAF Press, 1982）。

青柠、柚子等，各种竹子也经常混在其中。再往下就是低矮树木层，包括香蕉、木瓜、咖啡、可可、蒌叶（Betel Vine）、银合欢和蛇皮果等。再往下一层是几乎已经接近地面的蔬菜群，其中包括木薯、红薯、山药、芋头、地瓜等薯类作物以及美人蕉科（Canna Edulice）等；豇豆、豇豆、富士豆、大豆、花生等豆类作物；南瓜、黄瓜、丝瓜、哈密瓜、苦瓜等瓜类；甘蔗、姜、姜黄、柠檬草、辣椒、葱、大蒜、韭菜、薄荷等作料、香辛料和药草；番茄、茄子、空心菜、藜、菠菜等蔬菜，还有菠萝等水果。在爪哇居民的住宅周围，各种农作物层层叠叠，房子被这些植物严密地包裹着。

这些农作物极大地丰富了村民们的食谱。作为替代食物，薯类作物、豆类作物、蔬菜具有重要意义。由于当地大米不足，除了玉米和木薯之外，还可以大量食用上述农作物。从这个意义上讲，薯类作物特别重要。除了我们平常所熟知的蔬菜以外，当地居民还经常食用美人蕉、姜类、野葛类大个头薯类等作物。

如果没有相关知识储备来看佩卡兰甘庭院，或许会觉得佩卡兰甘庭院中带叶蔬菜特别少。但实际并非如此。宅基地里栽种的大部分蔬菜都是带叶蔬菜，例如木薯、薯类作物可以说是专门为了食用叶子而种植。另外，豇豆、丝瓜、南瓜等的叶蔓也是重要的带叶蔬菜。比起收获豆和瓜，当地村民对其蔓藤、新芽和嫩叶的期待更大。

在某种意义上，最重要的蔬菜是菠萝蜜。当然它也可作为水果食用，但其未成熟的果核部分也常常作为蔬菜食用。在产量大的年份，甚至可以用来代替主食。据说在饥荒年代，当地居民曾靠进食菠萝蜜勉强度日。

这里的香辛料种类远比日本多得多，几乎都是在园子里栽种。其中最重要的是药用植物，随便一数就有20多种。在佩卡兰甘庭院里，经常种有这些药草，所以当地居民生小病时一般都是自己治疗。因此，无论从热量和营养平衡还是从药用价值等方面来看，佩卡兰甘庭院对于保障当地村民们的生活具有重要意义。

在近郊的农村，佩卡兰甘庭院甚至成为当地居民赚取现金收入的重要地方。每逢赶集的日子，他们会把园子里种植的东西拿到集市上摆摊销售。

（二）佩卡兰甘庭院的诞生和发展

目前还没有相关资料专门讨论佩卡兰甘庭院的诞生和发展。在笔者看来，依靠森林为生的当地居民为了替代正在消失的森林，就人为创造出佩卡兰甘庭院这一空间。上文提到过泰国北部进行刀耕火种的拉瓦族人的生活状况，他们从森林和火耕田里的灌木中收集上百种野生植物加以利用。以前的爪哇森林广袤，在当地居民还在依赖森林植物的时候，应该和拉瓦族一样，都是因充分利用森林植物而得以生存至今。彼时的佩卡兰甘庭院肯定不会像现在这么发达，后来当森林变得贫瘠之时，佩卡兰甘庭院就接替森林的重担而日益发展起来。

上文提到基杜尔的森林面积大幅缩小，几乎所有的斜坡都变成了耕地。这一表述可能并不准确。在原始森林消失的同时，爪哇当地居民还种植起了人工林。以基杜尔为例，其耕地中有20%的面积又重新用于人工栽种树木。当然，当地村民只是有选择地种植经济价值高的树种，这与原始森林的性质完全不同。虽然各种数据均显示基杜尔的农耕已经难以为继，但其得以继续存在的理由应该就在于此。

从保持生态平衡的角度来看，爪哇的佩卡兰甘庭院非常值得研究。而从如何有效利用季风性岛屿地区的土地这点来看，佩卡兰甘庭院几乎是最合适的耕种技术之一。如能在实用层面进行深入研究，或许向其他地区积极推广这一技术也未尝不可。从社会经济史的角度来看，佩卡兰甘庭院也非常有趣。佩卡兰甘庭院是在抗衡19世纪后半期以后的殖民地经济，尤其是在荷兰殖民当局强制扩大甘蔗种植的过程中，当地农民所采取的一种自卫手段。这是因为，当时他们手上的土地只剩下宅基地。从文化史的角度来看，佩卡兰甘庭院也有很高的研究价值。假定佩卡兰甘庭院是森林消亡时必然出现的一般现象，这似乎成立，但这一规律未必适用于所有地区，各地差别很大。例如在同样的生态条件下，菲律宾的森林消失后，当地的庭院并没有发展到应有的高度。这似乎也和某种文化背景密切相关。如此看来，爪哇的佩卡兰甘庭院还和斯里兰卡有着密切联系。

由于笔者目前掌握的资料不足，所以没办法进行更加深入的研究。但可以肯定的是，在爪哇自然环境与土地利用的相关研究中，佩卡兰甘庭院是其中重要的一环。

三、水稻种植

爪哇的稻作发端于一千多年前，作为东南亚最发达的稻作方式之一，一直存续至今。直到20世纪前10年，依然还有很多地方采用这种传统的稻作技术。本部分将首先介绍《荷属东印度群岛百科全书》中有关稻谷的记载，并简单归纳现在的稻作模式。① 该百科全书中记载的爪哇稻作如下所述。

10月，在雨水来临、白蚁交尾飞行的时候，即可开始稻作作业。为了灌溉田地，当地农民需要修理坝堰和清理引水渠。接下来是准备秧田，使用犁和耙进行翻地之后，再用铁锹仔细整地。秧田播种的方式既有撒播也有穗播，穗播就是把稻穗直接并排放在秧田里。不管是撒播还是穗播，都需要提前把谷种进行浸水处理。浸水之后放进竹笼里，或用香蕉叶裹起来让其发芽。此外，为了不让家畜侵入秧田偷食，秧田需用栅栏围起来。播种完成后，随即往秧田里缓慢引水，到傍晚时分停止引水，第二天上午再继续往秧田里引水。秧苗长大后，则要从早到晚一整天引水。秧苗的培育时间大约需要35—50天。

在稻田备耕环节，要用两头牛牵引着进行犁耕和耙田。第一次翻

---

① 《荷属东印度百科辞典》（第3卷），1919年版，第655—658页（*Encyclopaedie van Nederlandsch-Indië (1919) III*, pp.655-658.『蘭印百科事典』，深見純生訳）。

地完成后,在不间断引水状态下放置 2—3 周,之后再次重复同一工序。将水田平整之后,便可移栽秧苗。

插秧是妇女们的工作,她们把秧苗尖剪齐,每 3 棵一束,间隔 10—12 厘米用手插下去。细长的占城稻则需要一棵一棵地插秧。插秧不能直立着插,而是稍微倾斜一些插入土里。移栽后 3—4 天之内不换水,如果秧苗成活下来再开始慢慢引水,10 天后即可不停引水。

在这里除草时,通常不使用任何工具,用脚把杂草踩进泥土里即可。到了稻谷开花期间,当地农民在田里搭建看守用的棚屋,并派人一直待在这里驱赶鸟类。移栽后 5—6 个月便可收割。不过,当地农民更喜欢在高地上种植早稻。收割时采用摘穗方法,摘下来的稻穗捆扎起来带回家,经过晾晒干燥之后,再次将稻穗捆起储存到谷仓里。

以上是爪哇水稻耕种的全过程,到了 20 世纪前 10 年,复种作物面积大幅增加。换言之,在水稻收割完之后,当地农民还会种植豆类、木薯、红薯等,尤其喜欢大面积种植玉米。此外也种植一些经济作物,例如大豆、花生、烟草、靛蓝等。

约翰·克劳福德(John Crawfurd)研究了 100 多年前的 19 世纪初期爪哇水稻种植情况。① 具体方法与上述百科全书的记叙非常相似。采用秧苗穗播,水田也是犁耕或锹耕。水稻品种以 7 个月的晚稻为主。不同的是,当时雨养水田占了压倒性多数,几乎所有田地都只种一季稻谷,不种复种作物。水稻收割完毕后,田地成为黄牛和水牛的放牧场所。在次年耕地之前,还会把收割下来的稻秆和草秆放火焚烧。

即便到了 20 世纪 80 年代,当地的稻作技术基本体系也没有发生太大变化,仍然是犁耕、移栽和摘穗。但二战后水田的基本条件却发生了巨大变化,这一点在后面章节会着重探讨。在殖民地时期,由于大

---

① 约翰·克劳福德:《印度群岛的历史:包括对其风俗、艺术、语言、宗教、制度和商业的介绍》,1820 年,第 346—364 页(John Crawfurd, *History of the Indian Archipelago, Containing an Account of the Manners, Arts, Languages, Religions, Institutions, and Commerce of Its Inhabitants*, 1820, pp. 346-364)。

量种植甘蔗,爪哇的稻田面积被迫大幅缩小,二战后这些土地重新被用来种植稻谷。由于二战后建立了较为完善的水稻耕种灌溉体系,生产逐渐趋于稳定,多季稻也在增加。目前在日惹和梭罗(Surakarta),最普遍的水稻种植方式是两年五季连续种植水稻。在一些地区,甚至一年种植三季稻。

如上所述,在目前爪哇的土地利用中,主要以旱地种植、佩卡兰甘庭院和水稻种植为中心,当然也种植甘蔗等经济作物。种植甘蔗是荷兰殖民当局在短时间内大规模强制推广的结果,二战后随着殖民地经济的瓦解而大幅减少。但甘蔗至今依然是非常重要的经济作物,甚至可以说是爪哇农业的代表性经济作物之一。关于甘蔗种植及其相关内容,将在第三章第四节第四目中进行详细论述。

第九节　菲律宾地区

菲律宾的土地利用情况极其复杂,主要有水稻盛产区、杂粮短期休耕旱地区,以及薯类作物和稻谷区。考虑到其地理位置和历史背景,本节将菲律宾作为一个单独地区来进行论述。

一、传统的土地利用

菲律宾传统的土地利用模式是指引入种植出口型经济作物之前的土地利用模式,可划分为前述图8所示的三个种植区,即水稻盛产区、杂粮短期休耕旱地区,以及薯类作物和稻谷区。它们的实际情况如下。

（一）水稻盛产区

为便于理解,吕宋岛西部的水稻盛产区可进一步分成两个部分,一是自古以来就开垦耕种的伊罗戈斯（Ilocos）海岸带[①]，二是20世纪以来作为稻作地区而新开垦的中央平原地区。

1. 伊罗戈斯的稻作

在伊罗戈斯，当地农民把农业用地按其不同性质进行分类，分为火耕田、旱地、湿田、旱田。火耕田叫作乌玛（Uma）[②]，和马来西亚的叫法一样。旱地分为平原旱地（本咖塔）和山地旱地（本坷）。湿田分为普通湿田（Danaw，达垴）[③]和深水田（鲁波）。旱田分为雨养水田（玛撒浴）和灌溉田（巴亚）。[④]

当地通过刀耕火种种植稻谷的方法与东南亚其他地区类似。在砍伐、放火焚烧之后，几种作物混种在同一块地里。火耕田大部分都分布在远离村庄的山坡上，面积并不是很大。旱地一般是短期休耕地，但也有常用耕地。火耕田几乎不混种，一般只种植单季作物。种植稻谷的情况较多，常见的稻谷种植程序包括翻地、开穴、点播。平原旱地和山地旱地的区别仅仅是土地的倾斜问题，并没有本质上的区别。平原旱地的田地平整，也有田埂，要想种植稻谷，到了一定时间要像耕种水田那样引水蓄水。

湿田有两种，分别是可以进行犁耕的普通湿田，以及由于水太深而不能犁耕的深水田。湿田、旱田都可以进行移栽。以前旱秧田很多，经常在干地里建畦堆垄，开一个直径约5—6厘米的穴，撒入数十粒种谷即可。现在则多用水秧田。插秧季节在7月左右，收割季节在12月前后，收割时多用镰刀。现在有的地方也会摘穗。脱粒的方法一般用

[①] 伊罗戈斯区（Ilocos region）是菲律宾的第一个大区，位于吕宋岛西北，包括南伊罗戈斯省、北伊罗戈斯省、拉乌尼翁省和邦阿诗楠省（班诗兰）4个省，系菲律宾第三大民族伊罗戈斯族的主要聚居区。——译者注
[②] Uma在伊罗戈语中为"田地"的意思。——译者注
[③] Danaw在伊罗戈语中为"湖"的意思。——译者注
[④] 亨利·路易斯：《伊洛卡诺的稻农：基于两个菲律宾社区的比较研究》，夏威夷大学出版社1971年版，第53—54页（Henry T. Lewis, *Ilocano Rice Farmers: A Comparative Study of Two Philippine Barrios*, University of Hawaii Press, 1971, pp.53-54）。

踩踏脱粒的方式。

在伊罗戈斯的海岸地区，只有北伊罗戈斯（Ilocos Norte）最为特殊，这里的灌溉系统和组织体系较为发达。当地农民在山上的河流中游和支流上修建坝堰，通过引水渠引水灌溉。还为此专门设立灌溉小组，各组均签有协议。协议里详细写有小组组长和组员必须遵守的事项。例如，小组成员必须绝对服从组长的指令；在确定好修整坝堰的日期后，男性成员必须参与，不能让妇女和孩子代替；必须携带的工具和材料的种类；违反者的惩罚方式等。最后协议上还附有"本协议是小组成员自发协商确定，不受任何人强制"这一说明，全体成员签名或按手印。①

由此看来，伊罗戈斯的稻作体现了以下两个特征。第一，当地的刀耕火种技术得到很好保留。这从以下几点可以得到证明，即火耕田被保留下来，旱地的耕种广泛沿用刀耕火种技术，即便在水稻种植中也使用点播旱稻秧苗等方法，这些都体现出刀耕火种技术的存在。笔者再度到伊罗戈斯旅行时，发现所到之处的水稻中均混有谷穗很长的婆罗稻（Bulu）②，这可以视为刀耕火种的特征指标之一。第二，如前所述，当地还保存有高度发达的坝堰灌溉系统，在此不再赘述。

伊罗戈斯目前盛产水稻，但直到最近这里依然保存有很多火耕田。而在曾经的某一天，非常先进的灌溉稻作技术突然传到这里并落地生根。这就是笔者对伊罗戈斯稻作史的理解。并且，这种灌溉技术有可

---

① 爱德华·克里斯蒂：《北伊罗戈斯灌溉与灌溉合作社的备忘录》，《菲律宾科学杂志》第9卷第2期，1919年，第195—196页（E. B. Christie, "Notes on Irrigation and Cooperative Irrigation Societies in Ilocos Norte", *The Philippine Journal of Science*, 1919(9-2), pp. 195-196）。高谷好一：《水田的景观学分类方案》，《农耕技术》1973年第1期，第12—14页（高谷好一：「水田の景観学的分類試案」、『農耕の技術』1973年1号、第12—14頁）。

② 婆罗稻主要分布在孟加拉国和印度东部的三角洲地区，一般是于11月至5月期间种植在积水、低洼的田地里。参见角田重三郎：《亚洲旱稻的分布、特征及谱系》，《东南亚研究》第25卷第1期，1987年6月，第44页（角田重三郎：「アジアの陸稲：その分布と特性と系譜」、『東南アジア研究』25巻1号、1987年6月、第44頁）。李丹婷：《水稻（oryz sativa L.）广亲和性鉴定与遗传分析》，广西大学硕士学位论文，2003年，第1页。——译者注

能是从中国福建传过来的。安东尼奥·莫尔加（Antonio de Morga）在《菲律宾诸岛风土记》中记载的"土著居民的生活（引用自Velarde）"插图，就非常清晰地证实了其中的关联。① 在这幅插图中，耕田的男子穿着中式服装，戴着中式帽子，使用一头牛牵引的犁在耕地。另外，安东尼奥·莫尔加在著作中还提到，当地土著居民的服装颇具中国特色。

2. 中央平原的稻作

作为菲律宾最大的粮仓，中央平原是在进入20世纪以后才新开垦出来的。从伊罗戈斯迁移过来的移民，将其作为稻谷种植用的土地进行了开垦。根据20世纪初的文献记载，由一头牛牵引的犁耕、点播旱秧田、移栽、摘穗等一整套稻作模式逐渐南下传播至此。就地形而言，由于附近没有能作为水源地的山脉，当地缺乏灌溉设施。在20世纪初，西米依然被当作饥荒救命粮，种植方式粗放。② 在这样的时代背景下，伊罗戈斯的稻作模式依然继续向南传播。

菲律宾从西班牙殖民地变成美国殖民地之后，中央平原的稻作状况发生显著变化。早在20世纪前10年间，美国殖民当局就已建设完成数万公顷的国营灌溉工程，这使得既有的稻作模式发生了翻天覆地的变化。二战后，中央平原灌溉工程被视为菲律宾的国家重要工程之一，政府持续进行投资，不断扩大其规模。到1984年前后，中央平原几乎全境都被灌溉引水网络所覆盖。此外，菲律宾政府和国际水稻研究所还提供新品种和新技术，这使既有的稻作方式进一步发生巨变。

1984年前后的中央平原是种植高产量品种双季稻的地区，堪称东南亚设施最为完善的稻作地带之一。无论是从得益于新时代的发展规划来看，还是从政府大规模投资建设基础设施的历史来看，菲律宾吕

---

① 安东尼奥·莫尔加：《菲律宾诸岛风土记》（大航海时代丛书7），神吉敬三、箭内健次译，岩波书店1973年版，第303页（アントニオ・デ・モルガ：『フィリピン諸島誌』（大航海時代叢書ⅤⅡ）、神吉敬三、箭内健次訳、岩波書店1973年版、第303頁）。

② 罗萨里奥·门多萨·科尔特斯：《邦阿诗楠：1572—1800年》，菲律宾大学出版社1975年版，第132页（Rosario Mendoza Cortes, *Pangasinan:1572-1800*, University of the Philippines Press, 1975, p.132）。

宋岛的中央平原和泰国的湄南河三角洲可谓一脉相通。

（二）杂粮短期休耕旱地区

图 20 从概念层面显示了菲律宾主要作物的分布情况。由该图可知，旱稻和玉米主要集中在菲律宾西南地区，这与图 8 杂粮短期休耕旱地的分布几乎完全一致。薄荷岛（Bohol Island）也属于这一地区，该岛在 20 世纪前 10 年的土地利用情况如下所述。[①]

薄荷岛是由火山和珊瑚礁所构成的岛屿。岛上种植最多的作物是玉米，稻谷次之。火山的半山腰和珊瑚礁上都可以种植玉米。如果是平地，一开始要进行犁耕，之后进行耙田。耙田平整 1—2 次之后，挖出浅沟，即可播种玉米。在个别情况下，也会不翻耕上一季种过玉米和旱稻的田地，直接挖出浅沟即可播种。

但在斜坡上岩石多的地方，无法进行犁耕，而是直接用铁棒翻地，这与弗洛勒斯岛和托拉查的短期休耕种植方法基本类似。有些地方还用刀砍倒灌木，然后开穴、点播。旱稻和玉米都用同样的方法播种，这种耕地在耕种数年后就会让其休耕。

稻谷除了可以在斜坡和珊瑚礁上种植，还可以在山谷谷底进行种植，尽管从面积上看可能只是弹丸之地。到了雨季，田里有水就先进行犁耕，之后马上驱赶 5—6 头水牛进入田里来回踩踏，当土踩得足够松软的时候，再用竹耙进行耙田，接着再对田地进行平整。这就是稻田备耕的整个过程。

秧苗通常点播旱稻秧苗，一般种在两排玉米中间，之后把在玉米地里培育的秧苗移栽到准备妥当的水田里。移栽完成后，用手或镰刀进行除草。

如上所述，薄荷岛的农业以短期休耕耕种的玉米种植为主。但除

---

① 所斯威克：《薄荷岛的农业状况》，《菲律宾农业评论》，1913 年 1 月，第 34—40 页（Southwick, "Agriculture Conditions in Bohol", *Phil. Agr. Review*, Jan. 1913, pp.34-40)。薄荷岛是菲律宾第十大岛，距离宿雾麦克坦岛 70 千米，是个珊瑚岛。——译者注

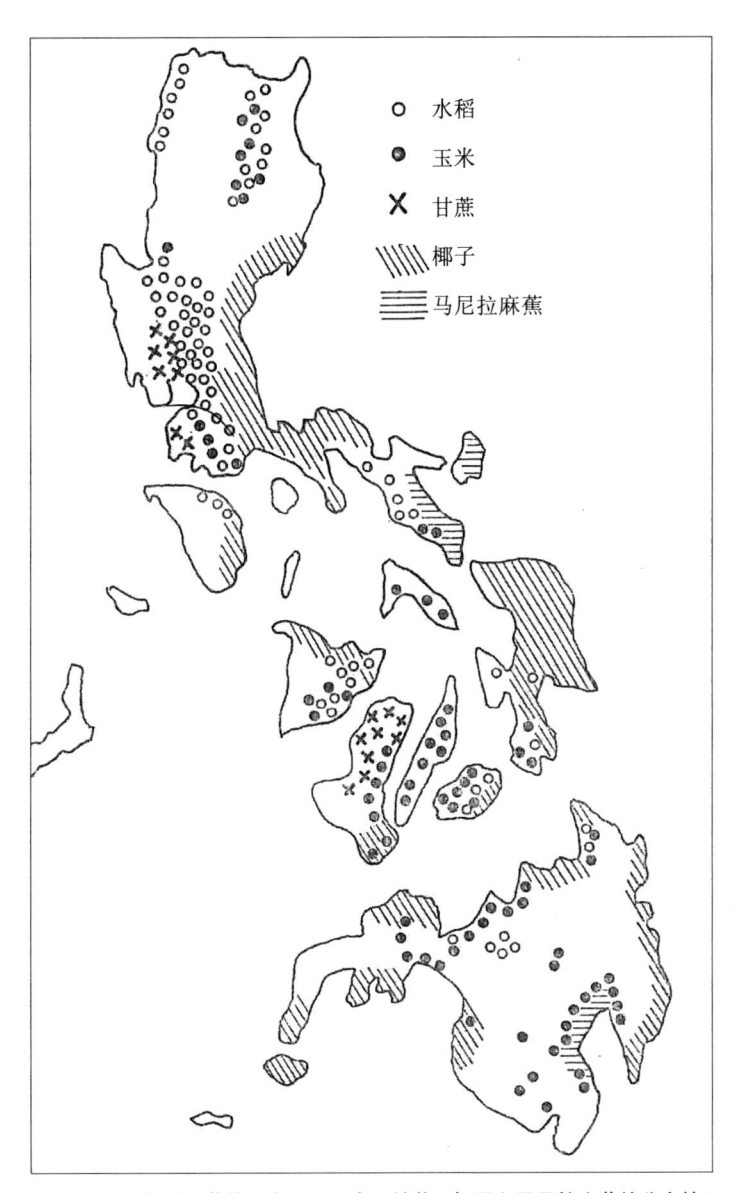

图 20　1960 年前后菲律宾水稻、玉米、甘蔗、椰子和马尼拉麻蕉的分布情况

资料来源：上述作物分布情况根据罗伯特·胡克：《土地上的阴影：菲律宾的经济地理》，马尼拉：书签出版社 1963 年版，第 216、256、291、299、341 页（Robert E. Huke, *Shadows on the Land: An Economic Geography of the Philippines*, Manila, 1963, pp. 216, 256, 291, 299, 341）简化而成。

此之外，还有旱稻种植、蹄耕并用的水稻种植等，其种植方式和帝汶岛如出一辙。

（三）薯类作物和稻谷区

与西海岸不同的是，从中央脊梁山脉到东海岸的这一地区，就算在东北季风期间也有降雨，常年湿润。由于上述因素，导致东海岸的土地利用状况与西海岸大相径庭。吕宋岛北部高原和棉兰老岛东部之所以成为薯类作物和稻谷区，也和当地的湿润气候密切相关。

在棉兰老岛东部，一般利用火耕田和休耕地种植旱稻和红薯。除了能够大量种植薯类作物这一特点之外，火耕田和休耕地的耕种方法与东南亚其他地区基本类似。此外，虽然当地农民也会在山谷间种植水稻，但数量很少，且不时采用踏耕的种植方式。另一方面，在海拔较高的吕宋岛北部高原，有著名的伊富高（Ifugao）和邦都（Bontoc）梯田。[1] 这一梯田地带是种植薯类作物和稻谷的核心区域。

在吕宋岛北部高原，从碧瑶（Baguio）登上中央山脉的山脊后，会发现这里的风景和山脚的热带季雨林不同，松树开始增多。在斜缓坡上，有很多种植红薯和卷心菜的田地，也有少量梯田。这就是20世纪70年代后半期吕宋岛北部高原的田园风景。20世纪初期，邦都的农业情况如下。[2]

进入12月份，梯田种植随即开始。成群结队的男男女女拿着点种棍到田里进行翻地，点种棍直径约5厘米，长2米左右，前端极其锋利。他们一边唱歌并合着节拍，一边用力将点种棍深深插入土里，把

---

[1] 伊富高梯田是菲律宾著名的稻米梯田，位于吕宋岛北部伊富高省，它是当地居民为了谋生而在裸露的山地上开垦出的土地。几个世纪以来，伊富高土著居民为防止土壤流失，用众多岩石垒成一道道堤坝，直至成为现在被美誉为"通往天堂的天梯"的稻米梯田。邦都梯田的建造过程也与此类似。——译者注

[2] 阿尔伯特·欧内斯特·詹克斯：《伊戈罗特人》，内政部民族学调查出版物（第1卷），马尼拉：公共印刷局，1905年，第94—96页（Albert Ernest Jenks, The Bontoc Igorot, Department of the Interior, Ethnological Survey Publications, Volume I, Manila: Bureau of Public Printing, 1905, pp.94-96）。

土块翻挖起来。挖完土块后，挂着点种棍将刚挖起来的土块捣碎。整个翻地作业都是在积水中进行，踩踏后的土块随即变成泥土。至此，稻田备耕工作即告完成，并可栽下事先准备好的秧苗。

收割方法是摘穗，脱粒则用脚踏脱粒的方式。从踏耕、稻田备耕到摘穗，当地的这一系列耕种方法与东南亚其他海岛地区基本类似。这里种植的绝大部分稻谷，在东南亚海岛地区的火耕田里也随处可见，就是稻芒很长的婆罗稻。①

当地农民通常在5—6月期间进行收割。进入7月以后，有一半左右的稻田转为红薯田。当地农民在梯田里建起宽60厘米、高30厘米的田埂，在田埂上插上红薯藤。此时种植的红薯在下一次水田翻地即12月之前即可成熟。

邦都的耕地并非都是水田，还有房屋附近的常用耕地和离家较远的短期休耕地。这些常用耕地和短期休耕地一般栽种红薯，用点种棍在地上开穴5—6厘米深，然后插入红薯藤。虽说现在大量栽种土豆、萝卜、卷心菜等经济作物，但以前绝大部分是种植红薯。因此，红薯在当地粮食作物中占有非常重要的地位。

从数量上讲，当地没有任何作物可以和红薯一较高下。但从文化层面来讲，芋头比红薯更加重要。例如在伊富高的很多薯类作物中，在举行各种宗教礼仪的场合，只有芋头能和稻谷一起出现。② 笔者之所以对芋头特别感兴趣，是因为看到当地农民在梯田里把芋头作为水芋种植。芋头有时和稻谷一起混种在梯田里，略显杂乱，有时也会在水

---

① 阿尔伯特·欧内斯特·詹克斯:《伊戈罗特人》，内政部民族学调查出版物（第1卷），马尼拉: 公共印刷局，1905年，第20—25页（Albert Ernest Jenks, *The Bontoc Igorot*, Department of the Interior, Ethnological Survey Publications, Volume I, Manila: Bureau of Public Printing, 1905, pp.20-25）。
② 哈罗德·康克林:《伊富高民族志地图集: 吕宋岛北部环境、文化与社会研究》，纽黑文: 耶鲁大学出版社1980年版，第25页（Harold C. Conklin, *Ethnographic Atlas of Ifugao: A Study of Environment, Culture and Society in Northern Luzon*, New Haven: Yale University Press, 1980, p.25）。

田的一角划出一小块地单独种植。这和琉球群岛、吐噶喇群岛在水田中种植水芋的情况完全相同。①

笔者看到高寒地区大面积种植的红薯，能强烈感觉到该地与中央高地、西新几内亚的相似性。另外，看到梯田里种植的水芋，能非常清楚地感觉到从波利尼西亚②传到琉球群岛的水芋文化又传到了这里。菲律宾东岸的薯类作物和稻谷区，就像是从美拉尼西亚③至西太平洋广泛种植薯类作物的田地，与东南亚湿润海岛地区的火耕田，这两种文化进行交融与混合的地带。

二、经济作物

中央平原的大米本身就是经济作物，但此处不讨论大米。除大米之外，还有椰子、马尼拉麻蕉（Abaca）④、甘蔗等重要的经济作物。据二战前统计，在菲律宾的所有耕地中，椰子、马尼拉麻蕉、甘蔗的种植面积分别占25%、7%、5%左右。到了二战后的1960年，椰子、马尼拉麻蕉、甘蔗的种植面积占比分别降至14%、2%、3%，但它们

---

① 琉球群岛（Ryukyu Islands）位于中国东海的东部外围，呈东北西南向，由大隅诸岛、吐噶喇列岛、奄美诸岛、琉球诸岛、大东诸岛和先岛诸岛构成。吐噶喇（Tokara Islands）群岛亦称"宝岛群岛"，位于萨南群岛的中部，是日本九州西南方的海上岛群，现归属鹿儿岛县管辖。该群岛内部的为内水道，南方的外水道称奄美海峡，北方的外水道称吐噶喇海峡。——译者注
② 波利尼西亚（Polynesia）是太平洋三大岛群之一，处于大洋洲，意为"多岛群岛"。位于太平洋中部，其分布遍于中东部太平洋海面上一个巨大的三角形地带，三角形的顶角为夏威夷群岛，两个底角分别为新西兰及复活节岛。主要包括夏威夷群岛、图瓦卢群岛、汤加群岛、社会群岛、土布艾群岛、土阿莫土群岛、马克萨斯群岛、纽埃岛、萨摩亚群岛、托克劳群岛、库克群岛、莱恩群岛、菲尼克斯群岛、约翰斯顿岛、瓦利斯群岛、富图纳群岛、皮特凯恩群岛、贾维斯岛、迪西岛、复活节岛等。——译者注
③ 美拉尼西亚（Melanesia）是太平洋三大岛群之一，位于赤道和南回归线之间的西南太平洋，由俾斯麦群岛、所罗门群岛、瓦努阿图群岛、新喀里多尼亚群岛和斐济群岛等组成。——译者注
④ 马尼拉麻蕉（Musa textilis），又称马尼拉麻，原产菲律宾。广泛生长在婆罗洲和苏门答腊岛。有浮力，用于系船引索、造纸和地毯等。——译者注

在经济上仍具有重要意义。在 1960 年菲律宾的出口总额中，椰仁干（Copra）、马尼拉麻蕉、蔗糖的占比分别为 24%、7%、25%。① 下文将简要论述椰子、马尼拉麻蕉、甘蔗的种植情况。

（一）椰子和马尼拉麻蕉种植

菲律宾是全球最大的椰子出口国，其产量占全球椰子市场的约四分之一。

椰子既有成片开发的大型种植园，也有很多是当地农民自己逐年种植的。椰子树苗发芽需要将近 1 年左右的时间，发芽后，农民把 50—60 厘米的树苗每隔 8 米栽种下去。移栽之后，椰子种植园里会留下很多间隙，可以在这些空隙处种植旱稻、玉米、木薯等作物。椰子树移栽 6—7 年后开始成熟挂果，之后几十年内每年都会持续结果。

椰子成熟挂果后，每隔两个月可以收割一次。收割下来的椰子大部分做成椰仁干，以便销售。具体而言，就是把椰子壳内较厚的脂肪壁剥离下来进行干燥。如果是大型种植园，就利用现代化设施进行干燥处理。但普通农民只能通过太阳晾晒或建一个简单的干燥棚屋，在里面进行熏干。椰仁干可作为制作食用油、人造黄油（margarine）、肥皂等的原材料出口。

马尼拉麻蕉是和香蕉相似的植物，可以从中获取耐湿性很强的纤维。从 1860 年前后开始，英国人将其大量用在船舶上，从而导致其需求激增。印度尼西亚虽然也出产少量马尼拉麻蕉，但远远比不上菲律宾的产量，可以说，马尼拉麻蕉几乎等同于菲律宾的特产。

马尼拉麻蕉和香蕉一样，也是采取根茎种植或株植的方式。间隔 3 米左右种植，一株可以长出 20 根茎秆，一年半后成熟。成熟的茎秆割下后即可剥取纤维。

---

① 罗伯特·胡克：《土地上的阴影：菲律宾的经济地理》，马尼拉：书签出版社 1963 年版，第 157、289、299、326 页（Robert E. Huke, *Shadows on the Land: An Economic Geography of the Philippines*, Manila: Bookmark, 1963, pp. 157, 289, 299, 326）。

椰子和马尼拉麻蕉的分布如图 20 所示。椰子几乎分布在菲律宾全境，尤其以较高密度集中在中部和南部的东海岸地区。马尼拉麻蕉主要分布在比科尔（Bicol），棉兰老岛也有分布。[①] 从椰子和马尼拉麻蕉的地理分布来看，这些作物喜欢生长在没有台风、常年多湿的地方。这种分布，和薯类作物以及稻谷区南部的作物基本一致。

实际上，薯类作物和稻谷区还可以细分为两个部分，分别是椰子和马尼拉麻蕉等经济作物占比较大的南部地区，以及没有经济作物但因有梯田地带也可以实现粮食自给自足的中央高原。

（二）甘蔗种植

和椰子、马尼拉麻蕉形成鲜明对比，甘蔗主要分布在菲律宾西海岸。当旱季来临时，甘蔗内部的糖分浓度随即升高。如果种植者在此时收割甘蔗，就能提高蔗糖的产量。因此，甘蔗种植主要集中在旱季漫长的西海岸。

甘蔗有两个种植中心，一个是中央平原西南部的邦板牙省（Pampanga），另一个是内格罗斯岛（Negros）。[②] 其分布如图 20 所示。

邦板牙的甘蔗栽培历史悠久。据说早在 1720 年前后，中国人就在邦板牙的河口附近栽种甘蔗，并将所产蔗糖出口到中国本土。[③] 1820 年马尼拉开港之后，蔗糖出口量迅速增长。几乎整个 19 世纪，当地的甘蔗种植面积都在不断扩张。当地人从河口沿着中央平原西端开垦森

[①] 比科尔是菲律宾第五大区，位于吕宋岛，首府黎牙实比。棉兰老岛（Mindanao Island）位于菲律宾群岛南部的岛屿，是菲律宾境内仅次于吕宋岛的第二大岛。——译者注

[②] 邦板牙省是菲律宾的行政区之一，位于吕宋岛中西部。邦板牙省的主要产业是农业和渔业，主要产品包括大米、玉米、甘蔗和罗非鱼。内格罗斯岛是菲律宾中部米沙鄢群岛（Visayas）中的一个岛。西北面与班乃（Panay）岛隔吉马拉斯（Guimaras）海峡，东面与宿务（Cebu）岛隔塔尼翁（Tanon）海峡。该岛北临米沙鄢海，南濒苏禄（Sulu）海。内格罗斯岛是菲律宾的蔗糖生产中心，该岛生产的糖约占菲律宾的 50%。——译者注

[③] 约翰·拉金：《邦板牙人：一个菲律宾省份的殖民社会》，伯克利：加利福尼亚大学出版社 1972 年版（John A. Larkin, *The Pampangans: Colonial Society in a Philippine Province*, Berkeley, Cal.: University of California Press, 1972）。

林并不断北上，到达皮纳图博火山山脚，这一带的土壤非常适合种植甘蔗。

值得注意的是，中央平原的开垦，尤其是南部地区的开垦，就是以甘蔗种植为中心进行的。在泰国的湄南河三角洲，情况也完全相同。在稻谷种植技术传入之前，东南亚季风区内的广袤低地首先都是通过种植甘蔗的方式开垦土地。

在19世纪末期，由于当地成为美西战争[①]的战场，其甘蔗种植受到很大打击。美国在对菲律宾实施殖民统治之后，出台了《佩恩-埃尔德里奇关税法》（Payne-Aldrich Tariff Act）等各项措施，[②]使得菲律宾的蔗糖出口受到极大限制。之前开垦的大部分甘蔗种植地带，只得悉数转为稻谷种植区。在20世纪初期，中央平原的南端也变成稻谷种植区。

与中央平原相比，后期开垦的内格罗斯岛则有所不同。虽说开发时间较晚，但据说蔗糖产量在1850年就已经超过邦板牙。在20世纪前10年末期，由于受到美国进口限制的影响，内格罗斯岛的蔗糖产量也停滞不前。1920年，由于夏威夷的资本介入，投资建设大型种植园，内格罗斯岛的甘蔗种植呈现出爆发式增长的态势。

在邦板牙，中国人和麦士蒂索人（Mestizos）[③]经营着小型种植园。与其相比，内格罗斯大型种植园的经营方法完全不同。对于经营大型种植园的种植园主来说，劳动力不足是困扰他们最大的问题，用于耕

[①] 美西战争（Spanish-American War）指1898年美国为了夺取西班牙在美洲和亚洲的殖民地古巴、波多黎各和菲律宾而发动的战争。同年12月，美西双方在巴黎签订和约，西班牙放弃古巴并承认古巴独立，将关岛和波多黎各割让给美国，并将菲律宾群岛主权转让给美国。——译者注

[②] 1909年，美国国会通过《佩恩-埃尔德里奇关税法》，再度增加美国关税，以维持高关税贸易保护主义体系。——译者注

[③] 麦士蒂索人，又译为梅斯蒂索人、马斯提佐人，是西班牙语（Mestizo）与葡萄牙语（Mestiço）中的词语，曾于西班牙帝国与葡萄牙帝国使用，指的是欧洲人与美洲原住民混血而成的拉丁民族。它也用于部分亚太地区，指的是欧洲人与本地居民所生的混血儿，此处指欧菲混血儿。——译者注

种的水牛不足问题也十分严重。其结果，导致种植园的土地规整难以实现精细化管理，甘蔗种植作业整体比较粗放。

甘蔗栽种分为新种植法和宿根栽培法（Ratoon Cropping）。前者是每一茬都种植新苗。当时在爪哇的荷兰种植者，其采用的就是这种典型的新种植法。与此相对应，宿根栽培法则是将收割后的根茎原封不动地保留，待其长出新芽后再用来培育。由于内格罗斯岛的劳动力不足，种植园主们都采用了这个方法。当地种植园在栽种一次之后，5至10年内都采用这一方法持续栽种。由此可知，邦板牙大多采用新种植法，而内格罗斯岛基本都使用宿根栽培法。

其后，由于外来人口大量流入，内格罗斯岛粗放的甘蔗种植得以大幅度扩充。西内格罗斯（Negros Occidental）的人口在1884年是1.8万，1903年是30万，1960年则增加至133万。[①] 在此期间，内格罗斯岛的种植园主们将森林改造为近似粗犷火耕田的甘蔗田，之后不久又改造为如今看到的井井有条的种植园。

然而让人感兴趣的是，内格罗斯的大规模甘蔗种植方式，对当地的传统农业也带来不少影响。这让笔者想起了以前到伊罗戈斯旅行时的情景，在进行大面积旱稻点播栽种的短期休耕地中，只有几块田地是条播栽种。当问及当地农民原因时，他们说是从米沙鄢（Visaya）[②]学来的。笔者当时就感到非常疑惑。第一，伊罗戈斯存在条播耕种本身就很奇怪。第二，伊罗戈斯的稻作技术很先进，为什么要向米沙鄢学习？不过这种条播栽种在西海岸随处可见。笔者的同事古川久雄[③]在

---

① 弗雷德里克·拉格·温斯特、约瑟夫·厄尔·斯宾塞：《菲律宾海岛世界：自然、文化和区域地理》，伯克利：加利福尼亚大学出版社1967年版，第432页（F. L. Wernstedt & J. E. Spencer, *The Philippine Island Word: A Physical, Cultural, and Regional Geography*, Berkeley, Cal.: University of California Press, 1967, p.432）。
② 米沙鄢群岛是菲律宾中部群岛，位于吕宋岛和棉兰老岛之间，包括萨马、莱特、宿务、内格罗斯、班乃、保和、马斯巴特、朗布隆等大岛以及数百个小岛。——译者注
③ 古川久雄：《吕宋岛旱稻种植及其环境》，《农耕技术》1982年第5期，第53—72页（古川久雄：「ルソン島の陸稲栽培とその環境」、『農耕の技術』1982年5号、第53—72頁）。

八打雁也曾经目睹了条播的整个过程，当地村民使用被称为卡鲁莫拖和利陶的农具进行种植。卡鲁莫拖是带有几排齿的耙，利陶是前端为铲状的耙，均使用牛进行牵引，用于行间中耕和除草。

关于东南亚的短期休耕种植，一般就是用点种棍翻地、点播以及用手除草。为何在菲律宾要用卡鲁莫拖和利陶之类的农具进行大规模栽种，菲律宾的上述与众不同之处，曾一度令笔者十分困惑。

不过，最近笔者的困惑已经烟消云散。在了解了内格罗斯岛的甘蔗种植园情况后，笔者顿觉豁然开朗。卡鲁莫拖和利陶一开始只是被引入甘蔗种植园的农具，之后在短期休耕火耕田的耕种者之间传开，进而传到了伊罗戈斯。笔者认为，现在菲律宾西南部就是将曾经的短期休耕种植地带、大型甘蔗种植园以及各种美国新技术等种植方式融为一体的地方。

小　结

本章把东南亚划分为九大生态圈及土地利用区，并分别论述了各地区的实际情况。但基于各种事物的性质各异，无法对这些情况进行简要归纳。笔者在上文所述的九大生态圈及土地利用区的基础上，加入一些系统性的观点，并据此整理成图21。从图21中可归纳出以下初步结论。

第一，从东南亚大陆山地一路南下而来，斜坡和火耕田类土地利用方式广泛分布并延续至东南亚海岛地区的西半部分。

第二，在东南亚海岛地区周围，火山、短期休耕地的土地利用方式十分常见。看上去像是开展斜坡、火耕田类农耕的火山带的一种特殊延伸。

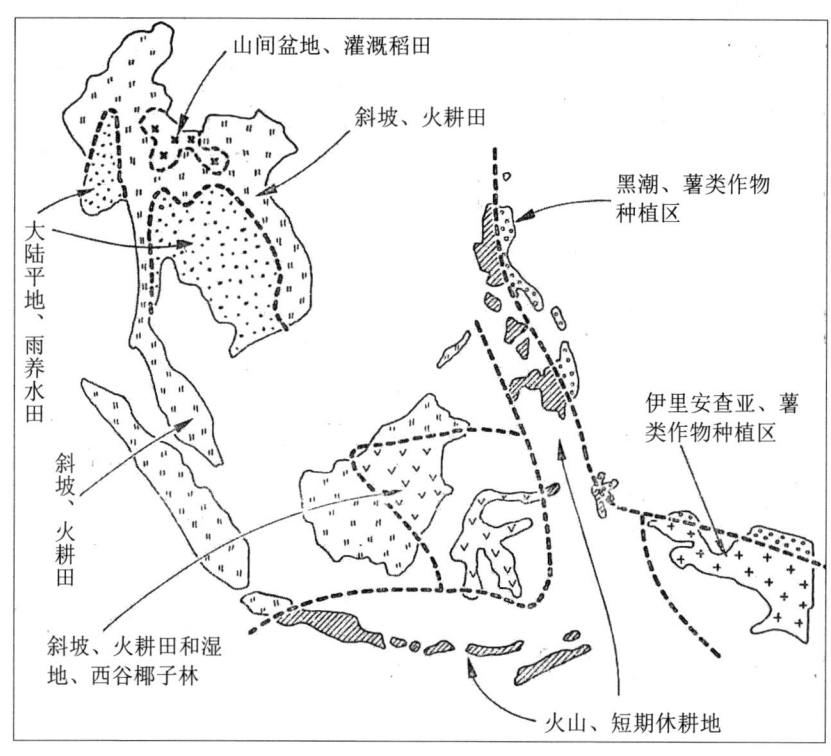

图 21　东南亚的生态、农耕文化融合区

第三，伊里安查亚是薯类作物种植区，这里并非是以谷类种植为中心的斜坡和火耕田地带。在东南亚海岛地区西半部分的谷类种植区和薯类作物种植区之间，能看到一片过渡地带，这里以斜坡和火耕田为中心，同时也分布着湿地的西谷椰子树林。

第四，在太平洋沿岸，似乎存在着应被称为"黑潮"[①]、薯类作物种植区的区域。

---

① 黑潮又叫"日本暖流"，是北太平洋西部流势最强的暖流，为北赤道暖流在菲律宾群岛东岸向北转向而成。主流沿中国台湾岛东岸、琉球群岛西侧往北流，直达日本群岛东南岸。至北纬 40° 附近与千岛寒流相遇，在盛行西风吹送下，再折向东成为北太平洋暖流。转引自：辞海编委会编：《辞海·地理分册·中国地理》，上海辞书出版社 1981 年版。——译者注

第五，在东南亚大陆地区，存在面积广袤的大陆平原和雨养水田，其形状像是从斜坡和火耕田土地利用区切割下来的。

第六，在东南亚大陆地区的最北端，从斜坡和火耕田地区分离出了山间盆地和灌溉水稻田区。

第三章　土地利用史

上一章所论述的九大生态圈及土地利用区,都是东南亚各地区历史演变的产物,本章主要介绍其各自的历史演变进程。

为便于理解,东南亚的土地利用史大致可划分为五个时期,各个时期的转变都是由于受到外界的深刻影响。这五个时期分别为:第一,稻作传播时期;第二,印度型水稻技术传入时期;第三,大米商品化初始时期;第四,种植园时期;第五,二战后。以上述这五个时期为节点,东南亚的土地利用模式不断演变,直到固定成当前的模式。

第一节　稻作的传播

在稻作普及之前,东南亚的本土农作物主要是薯类作物和西米。从公元前1000年(迄今约3000年)开始,稻作在以薯类作物和西米为主食的地方广泛推广。当时大力推广的稻作,笔者暂且将其称之为东山型稻作。这是由于其与周边的东山铜鼓[①]发掘遗址相伴相随,故做此联想。本节的内容,主要基于笔者与同事樱井由躬雄多次讨论之后的部分结论。

---

① 东山铜鼓是越南东山青铜文化的代表器物,为越南清化省和东山县首先发现的青铜器的总称。在铜鼓分类中,东山铜鼓虽然属于早期形式,但晚于中国大波那墓葬和万家坝墓葬及昌宁、弥渡等地所出的铜鼓。——译者注

一、从发掘的遗物看稻作

越南北部最古老的大米出土于青铜时代初期的冯原（Phùng Nguyên）文化层，即公元前 2000 年前后，迄今有约 4000 年历史。[①] 从阮春贤（Nguyễn Xuân Hiền）上述论文里的照片来看，当时的大米呈圆形、短粒状。

狭义上，以东山铜鼓为代表的东山文化[②]，始于公元前 1000 年中叶，一直持续到公元 1 世纪前后。在同一时期，从中国云南、四川、贵州到红河沿岸，也发现过很多类似于东山文化的遗址。新田荣治[③] 对比了这些遗址的出土文物和泰国东北部班清（Ban Chiang）的出土文物后，得出以下明确的结论。大约从中国战国至西汉时期，以云南为中心，从中国西南地区、红河下游到泰国东北部，形成了拥有一脉相承文化的地区。

如果这一观点正确，那么从公元前 1000 年中叶到公元 1 世纪前后，关于东南亚北部地区的农业生产情况，大致可通过中国的既有资料进行推测。在上述推测的基础上，当时东南亚大陆山地可能存在的各类稻作情况大致如下。

第一，存在使用大镰刀[④] 进行稻田备耕的方法。即只用大镰刀把草

---

① 阮春贤：《越南炭化稻谷遗迹》，《考古学》1980 年第 3 期，第 28—34 页（Nguyễn Xuân Hiền, "Những dấu vết thóc gạo cháy ở Việt Nam", Khảo cổ học, No. 3, 1980, pp. 28-34）。
② 东山文化是东南亚青铜时代晚期至早期铁器时代文化。因最早发现于越南清化省东山村而得名。主要分布在越南北部永富、河西、和平、北江、北宁诸省。一般认为年代在公元前 3 世纪至公元 1 世纪。——译者注
③ 新田荣治：《东南亚的青铜器与青铜三角》，《东南亚史学会会报》1980 年总第 40 期，第 3—4 页（新田栄治：「東南アジアの青銅器とブロンズ・トライアングル」,『東南アジア史学会会報』, 1984 (40)、第 3—4 頁）。
④ 用大镰刀刈谷草。这种镰是汉代钺镰的一种，是当时比较先进的农具，刈禾面积比较大。参见王玉金：《从汉画像看四川、山东、陕北的汉代农业》，《南都学坛》1990 年第 5 期，第 10—14 页。——译者注

和灌木砍倒，不翻地就种植稻谷。这种方法在四川省德阳市出土的汉代播种画像砖中可以看到。①

第二，使用点种棍翻地。不用犁和铁锹，只用点种棍翻地。这种方式在四川省彭山②出土的汉代播种画像砖里出现过。③

第三，采用点播的方式。同上，根据彭山的画像砖，使用点种棍翻地后，再用另外较短的点种棍开穴、点播。从画像里田埂的模样来看，彭县的稻田大概是火耕田，但德阳的稻田看上去像是水田。

第四，使用锹。云南的晋宁石寨山④、楚雄万家坝⑤以及越南北部⑥均出土了青铜锹。但对这种青铜锹是否用于实际的农田种植之中，笔者始终抱有很大疑问。

第五，撒播播种。如上所述，出现在上述德阳出土的画像砖里，用大镰刀割草后直接撒种。

第六，田间灌溉。出现在四川彭山出土的陶制水田画像砖中⑦，从其中田埂弯曲延伸的造型来看，很有可能是梯田。

---

① 余德章、刘文杰：《记四川有关农业方面的汉代画像砖》，《农业考古》1983年第1期，第136页。
② 原文此处多次出现"彭县"，经查，实为"彭山"。彭山区，隶属于四川省眉山市，古称武阳。——译者注
③ 余德章、刘文杰：《记四川有关农业方面的汉代画像砖》，《农业考古》1983年第1期，第136页。
④ 石寨山位于云南省昆明市晋宁区。石寨山古墓群是战国至东汉时期滇王及其家族臣仆的墓地，是石寨山文化最早发掘的具有代表性遗址。经多次发掘，清理战国至东汉时期的古墓86座，出土"滇王之印"金印等文物近5000件，从而印证了《史记·西南夷列传》记载的西汉元封二年（公元前109年）武帝"赐滇王玉印"的史实。此外还发掘出大量青铜器、金器、银器、铁器、玉器、玛瑙等。——译者注
⑤ 云南青铜器论丛编辑组编：《云南青铜器论丛》，图版9，1981年。
⑥ 叶庭花：《探索越南早期国家的水稻种植业》，《考古学》1980年第3期，第25—26页（Diệp Đình Hoa, "Để tìm hiểu nghề trồng lúa ở thời dựng nước đầu tiên", Khảo cổ học, No. 3, 1980, pp. 25-26）。
⑦ 冈崎敬：《汉代明器泥象中呈现的水田和水池》，《考古学杂志》第44卷第2期，1958年，第65—80页（冈崎敬：「漢代明器泥象にあらわれた水田・水池について」，『考古学雑誌』44巻2号，1958、第65—80頁）。

第七，摘穗。如上所述，在彭山出土的画像砖里也有刻画。① 此外，在越南还出土了摘穗工具。②

从某种意义上来讲，晋宁石寨山出土的青铜贮贝器更加有趣。这是因为贮贝器器盖上的装饰，大多如实反映了当时的生活状态。其中引发极大关注的是，这些器盖上铸有很多黄牛、水牛和干栏式建筑。贮贝器器盖上的这些组合，与东南亚传统的农村风景完全吻合。根据这些景象，笔者还联想到了蹄耕，这可能有点过度联想。上文已经提到，目前确实出土了东山文化时期类似锹的文物，但如此贵重且并不坚硬的青铜器会被用做农耕工具，这实在令人难以信服。笔者推测，湿地的稻田备耕极有可能是蹄耕，而旱地则使用点种棍种植。

基于上述各种因素，笔者认为东山文化时期的稻作具有以下特点：一是稻粒呈圆形；二是通过点种棍、大镰刀、蹄耕等方法进行稻田备耕；三是采取摘穗的方法进行收获。

二、东山型稻作的分布

图 22 显示了上述东山型稻作农耕各要素在当前的地理分布。

（一）短粒稻

从图 22 可以看出，短粒稻的分布与粟和高粱的分布并列在一起。这显示出短粒稻的地理分布与粟和高粱的地理分布非常相似。这也从一个侧面暗示，东山文化时期短粒稻的扩散可能往往伴随着粟和高粱的同期扩散。此外，在东山文化时期的出土文物中还发现了磨盘和磨棒，这些工具应该是用来将杂粮作物磨成粉末。

---

① 冈崎敬：《汉代明器泥象中呈现的水田和水池》，《考古学杂志》第 44 卷第 2 期，1958 年，第 65—80 页（岡崎敬：「漢代明器泥象にあらわれた水田・水池について」，『考古学雑誌』44 巻 2 号、1958 年、第 65—80 頁）。

② 转引自新田荣治在京都大学东南亚研究中心研究会上的发言，1984 年 3 月（新田栄治：京大東南アジア研究センター研究会で発表、1984 年 3 月）。

162　东南亚的自然环境与土地利用

```
—— 短粒稻的分布边界
～～ 粟和高粱的分布边界
 X  蹄耕的分布地点
 ●  东山铜鼓的出土地点
```

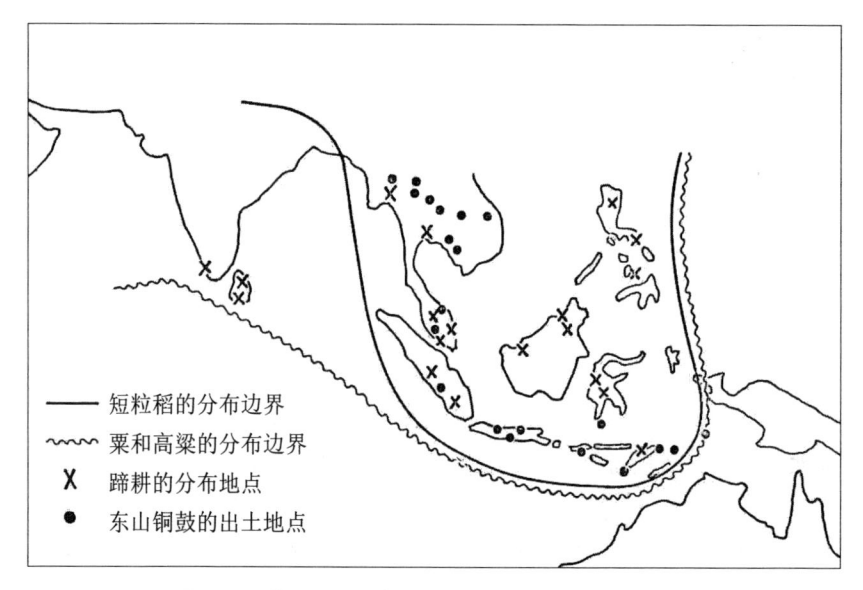

图 22　短粒稻、粟、高粱和蹄耕、东山铜鼓的分布状况

资料来源：粟和高粱的分布基于鹿野忠雄的相关著作；东山铜鼓的分布基于松本信广的相关著作。具体参见如下著作。鹿野忠雄：《印度尼西亚的贝类》，载鹿野忠雄：《东南亚民族学史学研究》（第 1 卷），矢岛书房 1946 年版，第 291 页。松本信广：《古代印度支那稻作宗教思想研究——以古铜鼓图案为视角》，载松本信广编著：《印度支那研究：东南亚稻作民族文化综合调查报告（一）》，有邻堂 1965 年版（鹿野忠雄：「インドネシアにおける殼類」、鹿野忠雄：『東南亜細亜民族学先史学研究』［第 1 卷］、矢島書房 1946 年版、第 291 頁。松本信広：「古代インドシナ稲作民宗教思想の研究——古銅鼓の文樣を通じて見たる」、松本信広編著：『インドシナ研究：東南アジア稲作民族文化総合調査報告（一）』、有隣堂 1965 年版）。

（二）蹄耕

图 22 还标记了蹄耕的分布。田中耕司、古川久雄[①]、高谷好一[②] 等

[①] 田中耕司、古川久雄：《踏耕的谱系》，载渡部忠世编：《南西诸岛农耕中的南方要素》，文部省科研费报告，1982 年，第 23—51 页（田中耕司、古川久雄：「踏耕の系譜」、渡部忠世編：『南西諸島農耕における南方の要素』、文部省科研費報告書、1982 年、第 23—51 頁）。

[②] 高谷好一：《南岛的农业基础》，载渡部忠世、生田滋编：《南岛的稻作文化》，法政大学出版局 1984 年版，第 5—8 页（高谷好一：「南島の農業基盤」、渡部忠世・生田滋編：『南島の稲作文化』、法政大学出版局 1984 年版、第 5—8 頁）。

人简单论述了蹄耕的地理分布以及在各地的使用情况。直至最近，九州和琉球还采用蹄耕的备耕方式。印度和缅甸直到最近也还在使用蹄耕。在斯里兰卡、马达加斯加等地，目前蹄耕还相当普遍。如图22所示，蹄耕在东南亚的很多海岛地区都保留至今。按照德尚·休伯特·韦杭（皮埃尔）（Deschamps Hubert. Vérin [Pierre]）[①]和索尔海姆（Solheim）[②]的观点，蹄耕极有可能在公元4世纪前后从印度尼西亚传入马达加斯加岛。

除了蹄耕这一特殊技术不需要深入探讨以外，水牛的分布情况也与东山文化的地理分布基本一致。具体如第二章所述，帝汶有水牛，但弗洛勒斯岛却没有。大致而言，水牛主要分布在除新几内亚之外的东南亚绝大多数地区。在新几内亚，主要家畜是猪，猪取代了水牛的地位。由此可知，谷类和水牛、薯类作物和猪，这构成了两种最基本的组合。据此推测，东山文化可以看作是谷类和水牛组合的文化。甚至可以说，除了伊利安查亚，整个东南亚，直至斯里兰卡、印度西南部、马达加斯加均分布着东山文化。

（三）摘穗工具

摘穗工具是可以放入手掌的小刀，即手捻刀，类似于在日本出土的石刀。使用这种手捻刀，一般在稻穗下方15厘米左右的位置将稻秆割断。在20世纪80年代，东南亚海岛地区很多地方都还在用手捻刀收割稻穗。在二战前，东南亚海岛地区绝大多数采取摘穗收割的方式，但东南亚大陆地区几乎不使用摘穗方式。东南亚海岛地区采用手捻刀

[①] 德尚·休伯特·韦杭（皮埃尔）：《马达加斯加西北部的古代史》，《法国海外史杂志》第61卷，第223期，1974年第2季度（Deschamps Hubert. Vérin (Pierre), "Histoire Ancienne du Nord-Ouest de Madagascar", in *Revue française d'histoire d'outre-mer*, tome 61, no. 223, 2e trimester, 1974）。

[②] 威廉·索尔海姆二世：《马达加斯加、印度洋和东南亚》，《亚洲视角》第15卷第2期，1975年，第177—182页（W. G. Solheim II, "Madagascar, the Indian Ocean and Southeast Asia", *Asian Perspectives*, 1975(XVIII-2), pp. 177-182）。

摘穗方式收割稻穗，而大陆地区则使用镰刀收割稻穗。

但从严格意义上来讲，上述分类并非完全正确。在东南亚大陆山地也有人使用手捻刀摘穗，尤其在长山山脉附近较为常见。例如，岱依族（Tày）是泰族的一个支系，他们用镰刀收割粳稻，如果是糯稻就使用手捻刀收割稻穗。① 八幡一郎在其研究报告中也指出，老挝北部的苗族、川圹高原东部的黑泰族、老街附近的侬族（Nùng）、清化（Thanh Hóa）的芒族等都使用手捻刀收割稻穗。②

如上所述，在东南亚大陆地区的东山文化同时期遗址里出土了很多摘穗工具。但现在东南亚大陆地区已经几乎看不到类似的摘穗工具，这是因为后来的摘穗工具都演变成了镰刀。由此看来，摘穗工具即便曾经广泛分布在东南亚全域的东山型稻作中，如今也只残存在东南亚海岛地区。

（四）干栏式建筑

干栏式建筑是地板距离地面约 1.5—3 米的吊脚房屋，广泛分布在除伊利安查亚之外的整个东南亚地区。③ 与其形成鲜明对比的是，在南亚次大陆和华中地区却很少分布有干栏式建筑。

干栏式建筑通常采用干栏式长屋的样式。数十户形成一个村庄，整个村子的居民住在一个长屋里，也有一个村庄拥有数个长屋的情况。

---

① 莫里斯·阿巴迪：《东京高地的未开化民族》，民族学协会译，三省堂 1944 年版，第 51 页（アバディ・モオリス：『トンキン高地の未開民』、民族学協会訳、三省堂 1944 年版、第 51 頁。[Maurice Abadie, *Les Races du Haut-Tonkin de Phong-Thoa Lang-son.*]）。岱依族以前也被称为土族（tho），现在为区分该民族与土族（tho），一般称其为岱依族。——译者注

② 八幡一郎：《印度支那半岛各民族物质文化中的印度要素和中国要素》，载松本信广编著：《印度支那研究：东南亚稻作民族文化综合调查报告（一）》，有邻堂 1965 年版，第 197—200 页（八幡一郎：「インドシナ半島諸民族の物質文化にみる印度要素と中国要素」、松本信広編著：『インドシナ研究：東南アジア稲作民族文化総合調査報告（一）』、有隣堂 1965 年版、第 197—200 頁）。

③ 很难具体描绘广泛分布在爪哇的方形池座，不过婆罗浮屠壁画中也描绘了干栏式建筑。例如下述著作就描绘了很多浮雕的模样，参见千原大五郎：《佛迹婆婆浮屠》，原书房 1969 年版，第 143 页（千原大五郎：『仏跡ボロブドール』、原書房 1969 年版、第 143 頁）。

从邻近中国云南的东南亚最北端到长山山脉，再到加里曼丹岛，这样的长屋广泛分布于东南亚各地。而在其他地区，独栋的干栏式建筑比较常见，田边繁治就曾系统研究过东南亚干栏式建筑的分布情况。①

（五）东山铜鼓

提到东山型稻作和生活，笔者总会想起马歇尔（Marshall）提及的平原克伦族（Sgaw Karen）。② 平原克伦族从事刀耕火种，住在一村一房的干栏式长屋里。这里的水田很少，传统种植方式是蹄耕，他们的早餐几乎都是食用糯米。

平原克伦族崇尚东山铜鼓。在当地，铜鼓是拥有较高社会地位的象征，一个东山铜鼓远比7头大象还要值钱。据当地人说，铜鼓是很久以前从中国云南带来的宝物。简单而言，平原克伦族的特征就是：短粒糯稻、蹄耕、摘穗、干栏式建筑和东山铜鼓。

平原克伦族的生活是东山型生活方式的一种基本模式，从公元前1000年后期至公元后数世纪期间，这一模式逐渐扩展到东南亚全域。在第二章第四节第二目中曾经提及，苏门答腊上游山地多样化的无犁种植方式，就是此处东山型农耕的衍生模式。笔者据此认为，在东南亚海岛地区，至今仍然存在着东山型稻作方式。

总之，从时间上来看，从日本的弥生时代③ 或更早一点开始，东南亚北部地区的稻作模式开始急速向南扩散。图22标记出了东山铜鼓在

---

① 田边繁治：《东南亚的住宅形式》，新日本石油公司公关部编：《能源》第7卷第3期，1970年7月，第30—33页（田辺繁治：「東南アジアの住居形式」、エッソスタンダード石油広報部編：『Energy』7卷3号、1970年7月、第30—33頁）。

② 哈里·伊格内修斯·马歇尔：《缅甸克伦人：人类学和民族学研究》，《俄亥俄州立大学学报》第26卷第13期，1922年4月，第26—30页（Harry Ignatius Marshall, *The Karen People of Burma: A Study in Anthropology and Ethnology*, Ohio State Univ. Bull, Vol. 26, No.13, April, 1922, pp.26-30）。

③ 弥生时代（公元前300年—公元250年），因该时期的陶器首次在日本东京都文京区弥生町发现而得名。上承绳文时代，下启古坟时代。弥生时代普遍有了以种植水稻为主的农业；青铜器和铁器工具普及；与中国、朝鲜半岛交往频繁，深受中国大陆文化的影响。——译者注

各地的分布状况，该分布图来自松本信广的相关著作。①

第二节　印度型稻作的传入

除去越南和泰国东北部的部分地区，东山文化时期的东南亚基本上是自给自足的封闭社会。到公元5—6世纪，拥有巨大影响力的外来文化从印度相继传入东南亚。在一直以来以干栏式建筑和刀耕火种为主的社会里，开始出现规模巨大的石造寺院，当地农民也逐渐掌握了水稻耕种技术。这一情形，就如同古坟时代的文化反转传入弥生时代的日本一样。②本节将主要论述作为外来文化的印度文化传入东南亚后，如何改变东南亚当地的农业。

一、湄公河下游

在东南亚，湄公河河口是受印度文化影响最早、最为深远的地方。公元1世纪后期，当地流传着印度冒险者衮丹雅（Kaundinya）和当地女王柳叶结婚的传说。在此后的1000年间，湄公河口周边地区持续受到印度文化的影响，最终绽放出以吴哥窟为代表的瑰丽文化之花。

（一）黎明时期的粮食生产

在湄公河三角洲的中央地带，海拔高约1—2米的地方就是俄厄

---

① 松本信广：《古代印度支那稻作宗教思想研究——以古铜鼓图案为视角》，载松本信广编著：《印度支那研究：东南亚稻作民族文化综合调查报告（一）》，有邻堂1965年版（松本信広：「古代インドシナ稻作民宗教思想の研究－古銅鼓の文樣を通じて見たる」、松本信広編著：『インドシナ研究：東南アジア稻作民族文化総合調査報告（一）』、有隣堂1965年版）。
② 古坟时代（公元250—592年），是古代日本的历史时期，又称大和时代，因当时统治者大量营建"古坟"而得名。出现了全国性的中央政权，即以畿内地区为中心的大和政权。上承弥生时代，下启飞鸟时代。从文化发展阶段来看，古坟时代的文化要比之前的弥生时代更为先进，故作者做此比喻。——译者注

（Óc Eo）文化遗址。① 遗址周围是广阔的直播田，水田往下挖掘20厘米就会发现非常新的牡蛎礁。在俄厄文化的鼎盛时期，这周围或许还是一片浅海。据说当时挖掘了一条100多千米的直线运河，直通正北方向，连接着当时的都城吴哥波雷（Angkor-Borei）。在当时，俄厄相当于都城的外港。由于在当地发掘出土了数量惊人的舶来品，这说明至少在公元2世纪期间，作为连接罗马与中国的贸易中转港口，俄厄曾经盛极一时。②

渡部忠世在俄厄文化遗址的瓦片中发现了长粒型的稻谷。如前所述，东山型稻作的稻谷是短粒型。但在俄厄发现的稻谷是完全不一样的长粒型，长粒稻多见于印度。③ 据此，渡部忠世认为俄厄文化遗址所出土的稻谷是东南亚最早的印度型稻谷，即孟加拉系列的稻谷。④

几百年后，在《晋书》（卷九十七）"扶南"条目中，记载扶南是"以耕种为务，一岁种，三岁获"（主要从事耕种，种植一次，可以收获3年）。⑤ 当时的扶南，是指包括从俄厄到现在柬埔寨茶胶省的古代国家。⑥

---

① 俄厄文化遗址位于越南西南方的安江省（An Giang），湄公河流入安江省后分前江与后江。得天独厚的地理环境让安江省成为谷仓，亦成为该区的农业中心。——译者注
② 路易斯·马勒雷特：《湄公河三角洲的考古学》第二卷《俄厄的物质文明》，法国远东学院出版社，第18辑，1960年，第232页（Louis Malleret, *L'archéolodie du Delta du Mekong, Tome 2: La Civilisation Matérielle D' Oc-éo*(texte), Publications de L'ecole Française D'extrême-Orient vol. XVIII, 1960, p.232）。
③ 关于该地点没有正式的报告发表。由于收集到的试验材料品位较低，因此无法得出能经得起统计分析的结论。但渡部忠世断定其中的种谷就是长粒型。
④ 渡部忠世：《稻作的展开》，载石井米雄编著：《泰国：一个稻作社会》，创文社1975年版，第10—15页（渡部忠世：「稲作の展開」、石井米雄編著：『タイ国——一つの稲作社会』、創文社1975年版、第10—15頁）。渡部忠世：《稻之道》，NHK书籍1977年版（渡部忠世：『稲の道』、NHKブックス1977年版）。
⑤ 作者在原著中只是做了日语翻译，《晋书》原文为译者所加。具体参见《晋书》卷九十七·列传第六十七"扶南"。——译者注
⑥ 扶南（Fou Nan，约1世纪—约7世纪）亦作夫南、跋南，意为"山岳"，是曾经存在于古代中南半岛上的一个古老王国。其辖境最大时大致相当于当今柬埔寨以及老挝南部、越南南部和泰国东南部一带。扶南是历史上第一个出现在中国古代史籍上的东南亚国家，后为属国真腊所攻灭。转引自：姚楠、周南京主编：《东南亚历史词典》，上海辞书出版社1995年版，第206—207页。——译者注

对此，笔者联想到的是茶胶省周边的稻作情况，这一带是经常发生旱灾的平原地区，但却种植着印度型的长粒稻。这种稻谷种植一次，可以连续收割 2 年，上一年落进土里的谷穗待其成熟后即可收获。①《晋书》中提及"一岁种，三岁获"的稻谷，与上述稻谷应该是相同的。如果真是这样，那么在《晋书》提及的时代，耐旱的印度型稻谷就已经传入了这个异常干旱的平原。

在俄厄文化遗址和周边几处遗址，还陆续发掘出土了很多磨盘。②早在东山文化时期，磨盘就已出现。进入俄厄文化时期之后，由于当地持续进行杂粮种植才得以传承下来。

考虑到当时湄公河三角洲周边的粮食生产状况，笔者大胆提出一个观点。虽然没有相关资料证实，但笔者认为该地有可能生产过西米。从湄公河三角洲的自然环境来看，比起说适合种植杂粮和稻谷，实际上更适合西谷椰子树的生长。其理由在于：第一，直至 14 世纪，离此不远的泰国湾仍在种植西谷椰子树③，湄公河三角洲以前也应该存在此类生产方式。第二，此处出土了大量经过打磨的石斧。虽然将石斧和西谷椰子树直接联系起来显得有些武断，但从东南亚的视角来看，磨制好的石斧，其最重要的用途就是砍伐西谷椰子树。直到最近，东南亚的种植者还在用斧头砍取西谷椰子树里的树芯，这种斧头的形状和出土的石斧非常相似。不难想象，不管是从俄厄、迪石（Rạch Giá）还是从瑞山（Núi Sập）④出土的石斧，都是用来砍伐西谷椰子树和制作小

---

① 梅·梅科·海老原：《斯维：柬埔寨的一个高棉村庄》，哥伦比亚大学博士学位论文，1968 年，第 234 页（May Mayko Ebihara, *Svay, A Khmer Village in Cambodia*, Columbia Univ. Ph. D, 1968, p.234）。

② 路易斯·马勒雷特：《湄公河三角洲的考古学》第二卷《俄厄的物质文明》，法国远东学院出版社，第 18 辑，1960 年，第 50—53 页（Louis Malleret, *L'archéolodie du Delta du Mekong, Tome 2: La Civilisation Matérielle D' Oc-éo*(texte), Publications de L'ecole Française D'extrême-Orient vol. XVIII, 1960, pp.50-53）。

③ 此说法来自《岛夷志略》中关于暹罗的章节。

④ 此处为安江省（过去为龙川省）瑞山县境内的 Núi Sập/Núi Sập，又名 Thoại Sơn，俄厄文化即在瑞山县境内（与 Núi Sập 不在同一个镇），故使用越南汉籍中的汉文名"瑞山"。——译者注

木船的。

　　有鉴于此，从公元1—2世纪到公元7世纪，对湄公河三角洲下游的粮食生产在一定程度上可做出如下推测：在三角洲和平原的过渡区，以及平原地区，除了东山文化时期以来种植着的短粒型稻谷和杂粮之外，还种植有印度型长粒稻。另一方面，湄公河三角洲或许还种植过稻谷，也理应种植过西谷椰子树。在现阶段资料不足的情况下，可能这种说法有些简单粗略，但笔者愿意做如此想象。

（二）公元7—12世纪的粮食

　　到了公元7世纪，或许还要更早，位于洞里萨河东岸的真腊登上历史舞台，这里远离三角洲，是真正的平原之国。① 在《隋书》（卷八十二）"真腊"条目中，对真腊国的记载如下："饮食多苏酪、沙糖、秔粟、米饼。欲食之时，先取杂肉羹与饼相和，手擩而食。"②（经常食用酸奶［苏］、酥油［酪］、椰子砂糖［沙糖］、粳稻性的杂粮以及饭团［秔粟米饼］。他们还将肉羹和饭团混在一起，用手蘸着吃）。值得注意的是，酸奶、酥油、粳稻性的粟米和饭团，这些都是典型的印度食物。

　　《隋书》还在后文段落中记述了如下内容："土宜粱稻，少黍粟，果菜与日南、九真相类。异者有婆那娑树……菴罗树……毗野树……婆田罗树……歌毕他树……"③（这里的土地适合种植高粱和稻谷，也种植着少量的黍米和粟米。瓜果蔬菜的种类与越南中部［日南、九真］类似，也有不一样的种类，例如菠萝蜜［婆那娑］、芒果［菴罗］、毗野［不明］、大枣［婆田罗］、象苹果［歌毕他］）。

　　由此看来，在公元7世纪中叶，柬埔寨平原的杂粮种类远比现在

---

① 真腊（Kmir），又名占腊，为中南半岛古国，其境在今柬埔寨境内，是中国古代史书对中南半岛吉蔑王国的称呼。真腊国很早就出现于中国古代史书的记载之中，远及秦汉。——译者注
② 作者在原著中只是做了日语翻译，《隋书》原文为译者所加。具体参见《隋书》卷八十二·列传第四十七"真腊"。——译者注
③ 同上。——译者注

丰富，并且已经开始种植柬埔寨如今能够看到的大部分水果。从上述作物的组合可以看出，这里的土地种植和扶南大相径庭，属于典型的干燥平原类型。

让我们的思绪再回到公元 7 世纪的扶南。在离湄公河三角洲较近的地方，即曾经的吴哥城（Angkor Thom）附近出土了公元 7 世纪的碑文（K30），碑文所传达的信息与人们之前的认知略有不同。当时在这个地方，碑文记载着一个寺庙每天的消费清单，其中包括白米、槟榔、鱼酱、糙米、蔬菜、盐等。① 将其与上文的真腊进行比较就会发现，同一时期在距离三角洲很近的扶南，槟榔果、鱼酱等富有东南亚特色的物品均记录在册。但这个清单中没有印度特色的物品。当然，笔者无意仅凭这点资料就认为湄公河三角洲周边依然是传统文化，而中央平原地区已经印度化。但笔者初步认为，在这个时代，扶南和真腊出现了两个迥然不同的文化圈。前者更近似于三角洲化和马来化，后者更接近平原化和印度化。不过，或许本就不应该使用马来化这样含糊不清的词语。

从塔布茏寺（Ta Prohm）的碑文（公元 1185 年）中，可以窥探到高棉鼎盛时期吴哥城周边的生活状态。② 根据该碑文记载，当时该地区每年消费约 1 万吨米饭。国王以租税名义从各处村庄征收的物品包括：稻谷 1600 吨、芝麻 4.4 吨、豆 80 吨、酥油 400 加提加（Ghatika）、凝乳 507 加提（Ghati）、牛奶 538 加提、糖蜜 480 加提加、芝麻油 19 千克。③

如果仅从粮食来看，在公元 7 世纪以后的平原地区，以乳制品为代表的印度特色物品开始变得异常重要。

---

① 1984 年 1 月 28 日，石泽良昭在京都大学东南亚研究中心研讨会上的发言。
② 1984 年 1 月 28 日，岩本裕在京都大学东南亚研究中心研讨会上的发言。
③ 据岩本裕所说，加提加、加提等计量单位的大小并不明确。其他物品虽然已经换算成了吨、千克等单位，但其实究竟是多少也不确定。有鉴于此，此处经与释读后的塔布茏寺碑文（即 K273 碑）核对，得知碑文为梵文书写，现代柬埔寨语中没有相对应的计量单位，故采用音译。——译者注

（三）农业景观

关于公元 8 世纪后半期到吴哥王朝时代当地平原的土地利用情况，笔者与石泽良昭等人根据多个碑文（例如 K341）的记载，做出如下猜测[①]。当地平原有以下四种用地：第一，村落及其附属的园子、旱地、水田；第二，森林；第三，森林和村落中间的牧场等粗放管理使用的土地；第四，寺庙用地。

村落附近的园地（Damnin）种有椰子和芒果等果树，附近的田地是水田（Sre）和陆稻田（Sre Pran）。在旱地（Cpar）里，种植有粟米（Yava）等杂粮，以及芝麻、豆类、姜、油菜花、甘蔗和棉花等作物。

通常情况下，当地居民很少进入森林（Vrai），这里是采集蜂蜜和蜜蜡的地方。森林和村落之间有牧场（Camnya）、草地（Tarañ）和火耕田（Camkā）。为了制作牛奶、酸奶和酥油（脂），这里建有牛栏（Camnom）以圈养牛。火耕田里种植着粟米等杂粮，还种植有棉花、芝麻、油菜花等作物。

一些碑文还记载着当时开垦的情况。例如，柯颂（Sdok Kok Thom，SKT）碑文（K235，公元 1052 年）记录了公元 10 世纪初期贵族进入柬埔寨西北部进行统治的情况。[②] 据记载，贵族在划定领地的范围后，首先会在里面建水库（Tra vān），以提供居民和家畜的用水。之后建牛栏、牛圈。另外，为了建造寺庙，还要在寺庙的四角挖掘圣水池，之后在周围建寺庙。这样一来，就可以建成一个村落。几个村落集合起来，就形成了贵族庄园。

在开垦土地的时候，贵族们最重视的就是水库和牛栏。水库横穿浅谷，通常要建数米高的土堤，里面可以蓄水。现在，柬埔寨各地仍保留有很多这样的水库。例如，在 20 世纪前 10 年间绘制的柬埔寨十万分之一地形图中，还可以看到疏林中有无数个水库（Trapeang）。

这里的土地利用模式以上述的水库和牛为中心，与印度南部非常相

[①] 1984 年 1 月，以石泽良昭为核心的京都研讨会得出的结论。

[②] 1984 年 1 月，以石泽良昭为核心的京都研讨会得出的结论。

似。印度南部也建造了很多同样的水库，但一般优先用于家庭用水。蓄水如有多余的话，也用于灌溉田地。如今在柬埔寨，人们几乎不会把水库的水用于灌溉。但在庄园主统治稳固的吴哥王朝时代，至少有一部分水用于灌溉。此外，碑文中还出现了"灌溉水渠（Pralāy）"这一词语。

（四）犁耕和撒播稻作

关于前吴哥（Pre-Angkor）和吴哥王朝时代的农业技术，完全没有相关资料记载。但笔者认为，这一时期的稻作方式以印度型长粒稻及犁耕和撒播为主。

渡部忠世在研究报告中指出，这一时期柬埔寨种植长粒谷种。[①] 由于出土地点有限，这一报告尚不足以说明问题，但检测结果的确是印度型长粒稻。

作为农具，犁在吴哥王朝时代传入柬埔寨。八幡一郎曾介绍过吴哥窟壁画中的犁，犁辕又长又大，属于典型的印度犁。这种犁和现在柬埔寨农民所使用的犁完全一样。[②]

如今在洞里萨河周边的直播田中，当地农民在稻谷长到10—30厘米的时候，还时不时用犁或耙整地，这就是撒播中耕法。在第二章第二节第三目中已经介绍过，这种种植方法源于印度西部的杂粮种植圈。而这种极为特殊的种植方式之所以会出现在柬埔寨，笔者推测是从印度传播而来。而且如果上述推测成立，那么这种方法一定在前吴哥和吴哥王朝时代与犁同时期传入。在当时的平原地区，不仅是稻谷，还包括杂粮，当地农民已经摈弃了之前的东山型耕种法，转而大范围采

---

① 渡部忠世：《泰国糯稻种植圈的设立》，《季刊·人类学》1970年第1—2期，第43页（渡部忠世：「タイにおけるモチ稲栽培圏の成立」，『季刊・人類学』1970年1—2号、第43頁）。
② 八幡一郎：《印度支那半岛各民族物质文化中的印度要素和中国要素》，载松本信广编著：《印度支那研究：东南亚稻作民族文化综合调查报告（一）》，有邻堂1965年版，第187页（八幡一郎：「インドシナ半島諸民族の物質文化にみる印度要素と中国要素」，松本信広編著：『インドシナ研究：東南アジア稲作民族文化総合調査報告（一）』、有隣堂1965年版、第187頁），其中刊载有乔治·格罗斯列（George Groslier）原图的写生图。

用撒播中耕法。

(五)浮稻和旱季稻

根据13世纪末的《真腊风土记》①记载,洞里萨河周边的低地似乎还有其他的稻作方式。但《真腊风土记》的文章十分生涩难懂,笔者反复研读现存的两种译本②,最终也没有搞清楚,据说是因为原文的文字有遗漏。因此,在原文的基础上,笔者自作主张进行了些许补充说明和解释,恳请各位读者和学者指正。从农业技术史的角度来看,这一节的信息弥足珍贵。

1. 正文

十月至三月,点雨绝无。洋中仅可通小舟,深处不过三五尺,人家又复移下,耕种者指至何时稻熟,是时水可浸至何处,随其地而播种之,耕不用牛,耒耜镰锄之器,虽稍相类,而制自不同。又有一等野田,不种常生,水高至一丈,而稻亦与之俱高,想别一种也。③

2. 笔者的解释

从10月到次年3月,一点雨水也没有,洞里萨湖水很浅,只

---

① 《真腊风土记》是一部介绍位于柬埔寨地区的古国真腊历史、文化的中国古籍。《真腊风土记》由元代人周达观所著。它对当代及现代研究真腊及吴哥窟起了非常重要的作用,是现存与真腊同时代者对该国的唯一记录。清代的《四库全书总目提要》称此书"文义颇为赅赡,本末详具,可补元史佚阙"。卷首是"总叙",其他内容分40则:城郭、宫室、服饰、官属、三教、人物、产妇、室女、奴婢、语言、野人、文字、正朔时序、争讼、病癞、死亡、耕种、山川、出产、贸易、欲得唐货、草木、飞鸟、走兽、蔬菜、鱼龙、酝酿、盐醋酱麹、桑蚕、器用、车轿、舟楫、属郡、村落、取胆、异事、澡浴、流寓、军马、国主出入。——译者注

② 周达观:《真腊风土记》,外务省调查部编译,外务省调查部1940年版(周達観撰:『真臘風土記』、外務省調査部訳編、外務省調査部1940年版)。三宅一郎、中村哲夫:《考证真腊风土记》,同朋舍1980年版(三宅一郎、中村哲夫:『考証真臘風土記』、同朋舎1980年版)。

③ 原著中没有标点,且有几处错字,估计也有版本各异等问题。译者根据国内《真腊风土记》通行版本的"耕种"条目,补充了标点,并修改了相关文字。——译者注

能过小船,最深的地方不过3—5尺,(雨季移居高地的)农民又从山上下来种地。农民知道稻谷何时会熟,那时水会流向何处,就随着水流而耕种。耕地不用牛,耒、耙、镰、锄等工具样式虽然相同,但镰的形状和中国的有些许不一样。(与旱季稻不一样)还有一种粗放管理的田,不耕种的时候自己生长。涨水高至一丈多深的时候,稻谷也生长至与水一般高,这种稻谷想必是其他品种的水稻。

如果这种解释正确,那么就和如今洞里萨河周边低地的稻作模式完全相同,种植的是旱季稻和浮稻。

在上文的"耕种"条目中,该书作者周达观曾提到"大抵一岁中,可三四番收种"(有些田地大概一年可收割三四次)。旱季稻在12月份播种,次年4月到5月之间进行收割。浮稻在4—5月播种,次年1月前后进行收割。上文提及平原地区的撒播稻在6—7月播种,当年11月前后进行收割。在吴哥王朝末期,几种在不同季节播种并收割的稻谷,已经能够和谐地生长在与之相适应的土地上。

(六)印度型稻作的传播

笔者相信,传入湄公河下游地区的印度型稻作是长粒稻、犁耕、撒播、镰刀收割、牛蹄脱粒组成的一整套种植技术。虽然没有证据显示吴哥王朝时代已经存在这种完整的种植组合,但考虑到该组合是一种有机的结合,具有一定的合理性,因此笔者假定这一组合从一开始就是完整传入的。这和以往的东山型稻作是短粒型、无犁耕、点播(或者移栽)、摘穗、脚踏脱粒的组合相比,稻谷的品种、农具等完全不同。

在吴哥王朝时代以后,印度型稻作在泰国东北部广泛传播,并传入湄南河流域,甚至传至素可泰[①]。目前,素可泰的稻作模式完全就是

[①] 素可泰是昔日泰族称强时期的首都,又译"宋加洛",亦名"他呢",是泰国北部城镇,现为泰国素可泰府首府。——译者注

印度型稻作模式。关于印度型稻作在素可泰期（13—14世纪）传入泰国这一观点，笔者基于威尔斯（Wales）的研究资料①在其他文章中也进行过探讨。②在素可泰时期，泰国的婆罗门会举行农耕节祭祀，其仪式和上述印度型稻作模式如出一辙。

印度型稻作还传播到了越南沿海地区。在18世纪安南出版的《芸台类语》③中，记载了撒播中耕这项极其特殊的技术。④

笔者认为，印度型稻作在越南沿海地区的传播一直延伸至海南岛。从这一观点来看，尾高邦雄关于黎族的调查结果非常重要。⑤黎族的稻田备耕是使用犁耙翻地，水稻品种有糯稻和粳稻两种，糯稻短粒，粳稻长粒。收割糯稻时用一种黎族称为Kuuep的手捻刀；收割粳稻用叫作Liem的镰刀⑥，连根割下。割了根的稻谷通过水牛进行牛蹄脱粒。

因此，黎族在原有短粒糯稻、摘穗的东山型稻作基础上，又引入了长粒粳米稻、镰刀收割、牛蹄脱粒的印度型稻作方式。

---

① H. G. 夸里奇·威尔斯：《暹罗的国家仪式：历史和功能》，1931年，第256—264页（H. G. Quaritch Wales, *Siamese State Ceremonies: Their History and Function*, 1931, pp. 256-264）。
② 高谷好一：《热带三角洲的农业发展》，创文社1982年版，第309—315页（高谷好一：『熱帯デルタの農業発展』、創文社1982年版、第309—315頁）。
③ 《芸台类语》为越南后黎朝学者黎贵惇所著，成书于1773年，是越南为数不多的类书之一，其资料来源丰富，分理气、形象、区宇、典汇、文艺、音字、书籍、仕规、品物九卷，评论古今书籍、文章、事物等。——译者注
④ 高谷好一：《水田的景观学分类方案》，《农耕技术》1978年第1期，第37页（高谷好一：「水田の景観学の分類試案」、『農耕の技術』1978年1号、第37頁）。
⑤ 尾高邦雄：《海南岛黎族的经济组织》，海南海军特务部1944年（尾高邦雄：『海南島黎族の経済組織』、海南海軍特務部1944年）。
⑥ 经咨询海南黎族人士，海南黎族方言有几大区域，相互间联系不大。割水稻用的镰刀通常被称为Liem，收割糯稻的手捻刀通常被称为Kuuep。Kuuep主要用于收割糯稻，这种刀是一块直径10厘米的半月形木片，木片的圆弧一侧垂直安装一根长度约15厘米的细竹棒，在弦一侧的中部装着小铁刀，使用者用食指和拇指握住刀柄，用中指和无名抓住一缕稻草，按在刀刃上将其切断。Liem主要用于收割粳稻，其形状有大小两种，大的柄长约40厘米，顶端有向内侧弯曲的长约25厘米的枝，枝与柄之间的角度在30°—45°。手柄的上方，在枝的相反方向，装有16—18厘米长的刀（铁制）。还有一种小镰刀，其长度约为22—23厘米，手柄上不带枝，刀的长度约为14厘米。亦可参见〔日〕冈田谦、尾高邦雄：《黎族三峒调查》，金山、李明玲、陈宝环、金雪译，民族出版社2009年版，第127—128页。——译者注

简言之，在公元5—6世纪到12—13世纪之间，中南半岛平原地区被印度型稻作所席卷。南亚次大陆是印度型稻作的发源地，而中南半岛有着与其相似的自然环境。因此，印度型稻作模式可以毫无阻碍地推广至中南半岛平原这一地理空间。

二、爪哇

通常认为，爪哇和柬埔寨一样，印度化程度非常高，但唯独在稻作方面没受到印度太多的影响。

（一）古代爪哇的稻作

在公元6—7世纪的爪哇，无疑已经开始种植稻谷。在《隋书》（卷八十二）"赤土"条目中，对赤土国的描述如下，"冬夏常温，雨多雾少，种植无时，特宜稻、穄、白豆、黑麻"（此地不论冬夏，气候均高温多雨，因此任何时节都可以耕种。尤其适合种植稻谷、黑黍、白豆、芝麻［黑芝麻］）。该条目其后还有"有黄白紫赤四色之饼"（有黄、白、紫、红四种颜色的饼）。① 京都的汉籍研究会对比研究之后认为，赤土② 国位于如今的西爪哇。

在同一时期，爪哇中部是丹丹国。其都城有2万多户人家，是当时东南亚最大的都市。据《通典》（卷百八十八）记述，这里的物产非常丰富，具体如下。

> 丹丹国，隋时闻焉，在多罗磨罗国西北，振州东南。（振州今

---

① 作者在原著中只是做了日语翻译，《隋书》原文为译者所加。具体参见《隋书》卷八十二·列传第四十七"赤土"条目。——译者注
② 赤土（Chih-Tu）亦称羯荼，古国名。故地大多认为在今马来半岛。气候炎热，因其土地呈赤色而得名，简称"赤土"。信奉婆罗门教，与中国隋朝有交往。转引自：姚楠、周南京主编：《东南亚历史词典》，上海辞书出版社1995年版，第190页。——译者注

延德郡，珠崖同岛上。）王姓刹利，名尸陵伽，理所可二万余家，亦置州县以相统领。王每晨夕二时临朝。其大臣八人，号曰八座，并以婆罗门为之。王每以香粉涂身，冠通天冠，挂杂宝璎珞，身衣朝霞，足履皮屦，近则乘舆，远则驭象。其攻伐则吹蠡击鼓，兼有幡旗。其刑法，盗贼无多少皆杀之。土出金银、白檀、苏方木、槟榔。其谷唯稻。畜有沙牛、羖羊、猪、鸡、鹅、鸭、獐、鹿，鸟有越鸟、孔雀，果蔬（力果反）有蒲桃、石榴、瓜、瓠、菱、莲，菜有葱、蒜、蔓青。①

关于当地的谷物，其中记载有"其谷唯稻"。这说明，当时在爪哇中部已经广泛种植稻谷。

然而，仅从上述的文献记载，完全看不出当时的农耕形态，只能看出都城是港口，港口有各种大米。但无法分辨这些大米是来自于附近的湿地，还是在远处的山区。

进入公元 8 世纪，犁作为农耕工具传入爪哇中部。在印度尼西亚爪哇婆罗浮屠（Borobudur）遗址中，有犁的浮雕，是一个男人牵着两头牛牵引的短床犁。兰达瓦（Randhawa）通过分析浮雕照片后认为，浮雕中的犁和印度的犁非常相似。②

（二）非印度型的爪哇稻作

无论是在爪哇中东部或西爪哇，还是在巴厘岛，目前的稻作方式都很相似。如果是水田，先用锹或犁翻地，之后进行幼苗移栽，收获时摘穗即可。品种是短粒型的婆罗稻。爪哇的稻作方式和印度型稻作大相径庭，除了有犁耕之外，其他基本都属于东山型稻作。而且，上

---

① 译者据《通典》（卷百八十八）"丹丹"条目，补充了原文。——译者注
② 莫辛达·辛格·兰达瓦：《印度农业史》（第 1 卷），印度农业研究委员会 1980 年版，第 454 页（M. S. Randhawa, *A History of Agriculture in India*, Vol. I. I. C.A.R., 1980, p.454）。

述各地也没有普及犁耕。

为何印度型技术没有传入爪哇？从结论来看，这是由于印度型稻作原本是适合于平原的种植模式，因此没能传入拥有广袤火山腹地的爪哇。对此，下文将做详细论述。

首先，正如上文介绍弗洛勒斯的案例时所说，在早期，火山岛的农民几乎都居住在海拔300—500米的火山半山腰上。从遗址分布来看，爪哇的情况也大致一样。在斜坡上，犁很难使用。这是由于犁适合在笔直宽阔的田地使用，并不适合在地形复杂的田地使用。犁耕在斜坡上不受欢迎的第二个理由是，犁耕将土壤全部翻起，这会引发土壤侵蚀，继而加速耕地荒芜。在弗洛勒斯，为了保护斜坡，当地村子里规定严禁使用犁和锹。因此无论荷兰殖民当局如何奖励使用铁锹耕种，结果还是无法推广开来。① 这种情况，估计在爪哇也同样如此。

不能开展犁耙备耕的话，也就无法实施撒播。多次进行犁耙备耕之后，才可以有效去除杂草根，从而节省日后除草的时间。另外，必须要有犁才可以运用中耕和除草等技术。如果不进行犁耕翻地，为了防止杂草生长，就不得不放弃撒播。与此相比，点播的效果或许会更好。最好一开始就明确区分稻谷和杂草的植株，这样便于日后除草。另一方面，在斜坡凹地的湿地和泉水附近的田地，也需要用同样的方式来处理杂草，以便于日后开展移栽。所以在火山山腰地带，在水量充足的地方进行点播，在局部湿地则进行移栽，这种组合较为常见。总之，当地农民总是极力避免采用撒播的方式。

至于为什么不用镰刀，有两种说法较为可信。第一，因为谷神讨厌镰刀，所以不能使用镰刀。第二，由于传统品种的稻谷并非同时成熟，所以不能用镰刀从稻秆根部一起割下来。不过笔者认为，这是因

---

① 约阿希姆·梅茨纳：《弗洛勒斯岛锡卡县的农业和人口压力》，澳大利亚国立大学发展研究中心专著，第28辑，1982年，第121页（Joachim K. Metzner, *Agriculture and Population Pressure in Sikka, Isle of Flores*, A.N.U. Development Studies Center Monograph, No. 28, 1982, p. 121）。

为急斜坡不适合使用镰刀，所以东山型摘穗的方式才得以保留至今。

在急斜坡上的耕地非常分散。如果在这些地方采用印度型的稻谷收割方法，必须将所有稻谷连根割下，然后集中搬运到田地中间的脱粒场，最后靠牛蹄脱粒。这样做，其实非常麻烦。其理由如下，首先，在急斜坡上找到大片空地作为脱粒场，本身就很困难。就算能够设立脱粒场，搬运如此沉重的稻束，也需要大量劳动力。而搬运大量稻束时，需要在可以使用牛车的地方才能实现。因此，在无法使用牛车的斜坡上，比起人工搬运，还不如在田里摘穗，最后只需把稻穗带回家，更为方便。基于上述原因，镰刀和牛蹄脱粒都未能在当地推广开来。

印度型稻作的耕种方法，需要充分使用犁和牛车，才能有效实施。而在犁和牛车都无法使用的火山山腰地带，这种种植方法自然不可能推广开来。

这里稍微转移一下话题。笔者认为，印度铁器文化在传入东南亚使用青铜器的东山文化圈之后，出现了两种固定形态。一种是在平原地区的固定形态，另一种是在火山岛屿地区的固定形态。对于前者，铁器在进入湄公河流域平原地区之后，其中的犁刃和镰刀等农具逐渐被当地居民所接受，继而形成了运用印度型稻作技术的大规模庄园稻作方式。而在后者的火山岛屿地区，铁器没能成为农具。石斧这种农具则得到广泛认可。在当时的爪哇等火山岛上，东山型稻作方式已经根深蒂固，且在生态层面，也很少有能接受印度型稻作的条件。因此，即便爪哇引入了铁器，当地的农业形态也没有发生太大变化。如果非要说发生了哪些变化，那就是在木制干栏式建筑的房子之间，建起了很多用石头修建的巨大寺庙。

在笔者看来，岛屿地区的爪哇和平原地区的柬埔寨，二者的印度化程度有天壤之别。

三、上缅甸

在东南亚的平原地带，上缅甸①的灌溉系统是一个例外。在这一地区，皎施（Kyaukse）的坝堰灌溉系统和密铁拉（Meiktila）的水库灌溉系统举世闻名。笔者认为缅甸的这种灌溉模式应该是从斯里兰卡直接传入，下文将进行具体论述。

（一）皎施的坝堰和密铁拉的水库

齐藤照子对皎施的坝堰灌溉系统做了如下论述。②

第一，这一灌溉系统据说是由阿奴律陀国王（Anawrahta）所建，拥有高达五万公顷的灌溉面积。较之以前掸族的坝堰灌溉系统，可谓是气势恢宏的灌溉系统。

第二，在挖掘引水渠时，当时所采用的水平测量技术的水准极高。在测量过程中使用了小佛塔（Pagoda），暗示这一技术和佛教有着深厚的渊源。

第三，从沿海地区俘获的孟人俘虏参与了工程的修建工作，完工后居住在当地并参加种植的可能性很大。

第四，从之后贡榜王朝的实际情况来推测，在蒲甘王朝时期的皎施，也有国王直接管辖的官员。其下属有坝堰长、坝堰管理人、坝堰书记和基层官员，他们各司其职，对入驻当地的种植者进行管理。笔者认为这种可能性较高，这一运营模式和日本古代的部民制十分

---

① 上缅甸一般指缅甸中部和北部地区，被视为该国的心脏地带，大致与缅甸的干燥地带一致，因为它所依傍的阿拉干山脉屏挡了雨水的降落。这里是缅甸人在该国最早定居的地方，也是缅甸国王的统治领域，大致包括马圭、曼德勒、实皆等省和钦、克耶、掸、克钦等邦。下缅甸则是指缅甸南部靠近孟加拉湾，安达曼海沿海的各省、邦，以仰光为中心，包括仰光、勃固、伊洛瓦底和德林达依（丹那沙林）等省和克伦、克耶、若开和孟等邦。——译者注

② 齐藤照子：《缅甸既有河流灌溉的历史考察——以皎施地方的案例为中心》，《亚洲经济》第15卷第9期，1974年9月，第21—39页（齐藤照子：「ビルマ在来河川灌漑の史的考察—チャウセ地方の事例」、『アジア経済』15巻9号、1974年9月、21—39頁）。

相似。①

伊东利胜对密铁拉的水库灌溉系统做了如下论述。②

其一，相传，该水库于公元8世纪时由骠国（Pyu）国王始建。

其二，后经阿奴律陀国王改建。改建结束后，还修建了新的佛塔和洞窟寺庙，并从中央派遣52支骑兵部队入驻当地。

其三，国王任命骑兵队长担任守护水库的官员，同时监督新入驻的骑兵部队和当地农民。

其四，在阿奴律陀国王（Anawrahta，1044—1077年在位）修建水库约100年后，那罗波帝悉都国王（Narapatisithu，1174—1211年在位）为扩大水库，对水库进行了加固扩建工程，也就是将南部搁置的其他水池和密铁拉水库打通，形成了现在南北两个水库连在一起的大型水库。

其五，附近的农民和军队共同完成上述加固扩建工程。

以上是齐藤照子和伊东利胜两人对能够代表上缅甸的两大灌溉设施，即皎施的坝堰灌溉系统和密铁拉的水库灌溉系统的论述。

（二）斯里兰卡的灌溉技术

此处的论述暂时离开缅甸，下文将简要论述斯里兰卡的灌溉技术。关于斯里兰卡的灌溉史，笔者认为可做如下归纳。

第一，寺院的圣水池建设可追溯到公元前5世纪。

第二，自公元1世纪开始，修建灌溉用水库的做法风行一时。至公元2世纪，水库建造技术已经十分发达。但到了公元5世纪，由于泰米尔（Thamel）人入侵，阿努拉特普拉（Anuradhapura）王朝灭

---

① 原著为"民部制"，有误。实为"部民制"。日本大和国时期的奴隶制。产生于公元4世纪末，大化改新后被废除。部是皇室和贵族占有的奴隶集体，一般冠以主人名、职业名，种类有田部、部曲、品部等。——译者注

② 伊东利胜：《上缅甸密铁拉水库灌溉设施的维持管理史》，《亚非语言文化研究》第20期，1980年，第121—173页（伊東利勝：「上ビルマ・メイティーラー池灌漑施設の維持管理史」，『アジア・アフリカ言語文化研究』20号、1980年、第121—173頁）。

亡[①]，继而导致这一技术最终失传。

第三，11世纪中叶，维阁耶巴忽一世（Vijayabahu I，1055—1110年在位）打败泰米尔人，重建僧伽罗（Sinhala）国[②]。在新首都波隆纳鲁瓦（Polonnaruwa）周边，维阁耶巴忽一世再次主持修建了大型灌溉工程。

第四，维阁耶巴忽一世主持开工建设的灌溉工程，由帕拉克拉马巴忽一世（Parakramabahu I，1153—1186年在位）承袭，并达到了巅峰。帕拉克拉马巴忽一世国王引入马哈韦利河（Mahaweli）的河水，建造了举世闻名的帕拉克拉马巴忽之海（Parakrama Samudra）[③]。此外，他还修建了1471座新水库、修复了1476座旧水库。可惜的是，帕拉克拉马巴忽一世的宏图大业没能传承下去。帕拉克拉马巴忽一世国王死后，国家变得四分五裂，灌溉工程也无人问津。

在灌溉方面，人们认为斯里兰卡拥有全世界最高水平的技术和组织体系。尤其是在维阁耶巴忽一世和帕拉克拉马巴忽一世两位国王统治期间，斯里兰卡的灌溉系统远近闻名。

（三）斯里兰卡和缅甸

在缅甸灌溉史上，最大的功臣是阿奴律陀国王，紧随其后的是之后的那罗波帝悉都国王。值得注意的是，缅甸这两位以大力发展灌溉系统而举世闻名的国王，和斯里兰卡两位同样以灌溉闻名遐迩的国王

[①] 阿努拉特普拉王朝是斯里兰卡以阿努拉特普拉为首府的诸王朝的统称。在驱逐统治岛国达27年之久的泰米尔族国王的斗争中，摩利耶家族的势力逐步强盛起来。转引自：黄心川主编：《南亚大辞典》，四川人民出版社1998年版，第17页。——译者注

[②] 僧伽罗国为古国名，即今斯里兰卡，旧称"锡兰"。玄奘在《大唐西域记》中音译为"僧迦罗"。义静《求法高僧传》音译为"僧诃罗"。中国史籍称"狮子国"，是僧迦罗的意译。公元前六世纪，属于印度雅利安语系的部落，由其首领僧诃罗率领移殖斯岛，故其部落也称僧诃罗人，今仍占斯里兰卡人口的大部分。——译者注

[③] 帕拉克拉马巴忽之海是一个巨型人工水库，在11世纪晚期波隆努瓦兴盛时期建造。由国王帕拉克拉马巴忽一世主持修建，水库堤坝总长13千米，高12米，储水9亿多立方米，灌溉可达7千公顷土地。——译者注

的在位时期非常接近。

当时，斯里兰卡为了合纵连横对付泰米尔，和缅甸保持着非常密切的联系。甚至有传闻称，那罗波帝悉都国王是在斯里兰卡的全力支持下才得以即位的。[①]

言归正传，关于皎施灌溉技术的起源有各种说法，包括斯图亚特（Stewart）的掸孟技术融合发展说、戈登·汉宁顿·卢斯（Gordon Hannington Luce）的孟族起源说，以及伊东利胜的骠国起源说。但笔者对上述结论均持异议。笔者认为，缅甸的灌溉技术应该是从斯里兰卡直接传入的。

笔者之所以提出这一论断，除了两国以灌溉出名的国王的在位时期几乎一致之外，还有以下理由。其一，缅甸的灌溉设施施工方法多用石头，这和斯里兰卡极为相似。尤其是水库的排水门，从其构造来看，简直可以说是在模仿斯里兰卡。其二，在缅甸出现了大量玛茵旱季稻。

玛茵是一种旱季稻。12月左右种植，次年4月前后收割。上缅甸处于典型的季风地带，玛茵旱季稻的种植可谓非常奇特。因为季风气候下的稻作通常利用雨季降水，在7月份到12月份之间播种，这已经成为常识。但玛茵旱季稻却是在旱季种植，可以说和印度的婆罗稻一样。但问题在于，如果当地是河漫滩或三角洲之类的低湿地尚能理解，但那里却是异常干燥的上缅甸。考虑到这一点，玛茵旱季稻在当地种植实在是匪夷所思。

在蒲甘时期，玛茵旱季稻的种植规模似乎比现在更大。根据卢斯所述，玛茵旱季稻在碑文上被标记为Muryañ，经常和San也就是"雨季稻"同时出现。[②] 不过比起San来，据说Muryaṅ出现的频率更高。

---

① 伊东利胜：《上缅甸密铁拉水库灌溉设施的维持管理史》，《亚非语言文化研究》第20期，1980年，第144页（伊東利勝：「上ビルマ、メイティーラー池灌漑施設の維持管理史」，『アジア・アフリカ言語文化研究』20号，1980年，第144頁）。

② 戈登·汉宁顿·卢斯：《早期缅甸的经济生活》，缅甸研究会五周年出版物，第2辑，1960年，第329页（Gordon Hannington Luce, "Economic Life of the Early Burman", *Burma Research Society 5th Anniversary Publications*, No.2, 1960, p.329）。

由此可知,在蒲甘时期,旱季稻的种植十分普遍。

为何会出现这种情况?笔者认为主要是因为受到斯里兰卡的影响。斯里兰卡本来就属于冬雨地带,12月到次年4月是稻作期。[①] 在斯里兰卡,灌溉和冬季稻种植是其农业的根本。笔者假设,这一灌溉技术和冬季稻种植被原封不动地传入气候条件完全不同的上缅甸。对于当时以通过刀耕火种种植稻谷为主的缅族来说,斯里兰卡的稻作技术非常先进,于是他们便全盘、不加批判地引入了上述种植模式。

在缅甸农业中,当地农民不使用犁,这一点十分关键。从19世纪到20世纪初的拓殖报告和地名词典中,可以明显看到犁的缺位。正如卢斯所言,蒲甘时期的碑文虽然出现了耙的文字,但完全看不到犁的相关描述。[②] 即便在20世纪80年代,犁的存在感依然很低。在缅甸,不管是异常干燥的地方,还是积水很深的地方,都是用耙来进行翻地和整地。

与此相对应,斯里兰卡似乎也属于较少使用犁的地区。在20世纪初期,英国殖民当局的官员非常热衷于在斯里兰卡推广犁,但似乎成效不大,犁并没有成为当地普及的农耕工具。

由此看来,从阿奴律陀国王到那罗波帝悉都国王统治时期,极有可能是从斯里兰卡传来了耙田、灌溉、冬季稻种植这一组合种植模式。

正如上文齐藤照子和伊东利胜所述,皎施和密铁拉的灌溉工程由国王直接管辖,即由王室直接建设和运营。而新开垦出来的田地,也经常会捐赠给佛寺。这种现象在彼时的斯里兰卡也十分常见。笔者认为,11世纪的缅甸掀起了斯里兰卡热潮,不论是稻作技术、南传上座部佛教还是官僚机构组织等,几乎都是从斯里兰卡传入的。

---

① 斯里兰卡位于赤道和热带地区,受季风气候影响,斯里兰卡的气候无四季之分,只有两个截然不同的干湿季节。在西南季风和东北季风经过斯里兰卡期间,即为斯里兰卡的雨季,时间为每年5月至8月和11月至次年2月。——译者注

② 戈登·汉宁顿·卢斯:《早期缅甸的经济生活》,缅甸研究会五周年出版物,第2辑,1960年,第331页(Gordon Hannington Luce, "Economic Life of the Early Burman", *Burma Research Society 5th Anniversary Publications*, No.2, 1960, p.331)。

以上是笔者对 11 世纪后缅甸农业的看法。但这里论述的仅是斯里兰卡对缅甸的影响，与印度南部对高棉和爪哇的影响不可同日而语。这是因为从时代上来看，两者之间时间差距较大。在同一时间段内，如果提及高棉和爪哇，就不得不提到骠国。在蒲甘王朝之前，骠国的农业种植方式就已经在缅甸扎下根来。上文提及的密铁拉水库，就是在公元 8 世纪由骠国国王建造的。①

综合以上各种因素，缅甸农业发展史可简述如下。在骠国时期，缅甸在原来东山型农业的基础上引入了印度北部的技术。换言之，真正意义上的印度化从这一时期正式开始。到了蒲甘王朝时期，在前述技术的基础上，斯里兰卡的技术被大规模引入。不过，截至目前，笔者尚未掌握证明骠国时期实际情况的详细资料。

从横向比较的角度来看，笔者对于东南亚农业的印度化有了一种初步印象。印度农业技术在传入东南亚的过程中，至少有数个方向，且各个地区各有不同。其中，从湄公河下游传入，沿着洞里萨湖周边、泰国东北部，进入湄南河流域，进而在东南亚的广阔平原地区传播开来。这属于以印度型长粒稻、犁耕、撒播为中心的雨养水田稻作模式。这一过程，应该可以追溯到帕拉瓦（Pallava）时期的印度南部。② 就这样，印度的农业技术顺利地从印度的广阔平原传播到了东南亚大陆地区的广袤平原。

印度北部对缅甸的影响几乎始于同一时期或在此之前，实际情况现在已无从知晓。不过缅甸在进入 11 世纪之后，再次受到了自西而来的文化浪潮的冲击，即斯里兰卡稻作方式传入缅甸。这种稻作方式以耙田为主，依靠灌溉进行冬季稻种植。这属于从斯里兰卡小平原向上缅甸小平原转移的技术。

---

① 伊东利胜：《上缅甸密铁拉水库灌溉设施的维持管理史》，《亚非语言文化研究》第 20 期，1980 年，第 136 页（伊東利勝：「上ビルマ、メイティーラー池灌漑施設の維持管理史」，『アジア・アフリカ言語文化研究』20 号、1980 年、第 136 頁）。
② 帕拉瓦王朝（公元 275—897 年），《旧唐书》译作拔罗婆，是古代南印度的一个王朝。——译者注

由此看来，东南亚的印度化都发生在平原地区。如前所述，印度型稻作方式无法传入爪哇这样的火山岛。从生态学来看，平原地区的技术的确不可能应用在火山腹地。火山腹地更适合深入发展东山型稻作。对此，下一部分将进行简要论述。

湿润岛屿地区占据了东南亚的绝大多数空间，从上述观点来看，其成为东山型稻作方式进行外缘扩张的场所。生活在热带雨林的农民竭尽全力与生长旺盛的森林做斗争，但他们始终没有脱离用火对抗森林的刀耕火种这一阶段。

第三节　商品大米的出现

笔者认为，大米在这一时期首次作为商品出现。在中国和穆斯林船只停靠的港口，其对大米有大量需求。在同一时期，东南亚的稻作技术虽然没有取得显著进步，但稻谷种植向冲积平原扩张的趋势却非常明显。

一、13—16世纪的东南亚

（一）13世纪末的东南亚

在13世纪末问世的地理书籍《诸蕃志》①中，介绍了以下情况。

1. 占城（越南中部）

　　占城，东海路通广州，西接云南，南至真腊，北抵交趾，通

---

① 《诸蕃志》为宋代赵汝适所著，分上下卷。上卷记海外诸国的风土人情，下卷记海外诸国物产资源。它记载了东自日本，西至东非索马里、北非摩洛哥及地中海东岸诸国的风土物产，并记有自中国沿海到海外各国的里程及所需日月，为研究宋代海外交通的重要文献。——译者注

> 邕州。自泉州至本国，顺风舟行二十余程。其地东西七百里，南北三千里。国都号新州，有县镇之名；甃砖为城，护以石塔。王出入乘象，或乘软布兜，四人舁之；头戴金帽，身披璎珞。……民间耕种，率用两牛。五谷无麦，有粳、粟、麻、豆。不产茶；亦不识酝酿之法，止饮椰子酒。果实有莲、蔗、蕉、椰之属。①

其中提到，"民间耕种，率用两牛。五谷无麦，有粳、粟、麻、豆"，即当地农民经常牵着两头牛进行畜力犁耕。种植秔（粳稻）、粟、芝麻、豆类等五谷，没有麦。

2. 真腊（柬埔寨）

> 真腊，接占城之南，东至海，西至蒲甘，南至加罗希。自泉州舟行，顺风月余日可到。其地约方七千余里。国都号禄兀。天气无寒。……战象几二十万，马多而小。……以右手为净，左手为秽；取杂肉羹与饭相和，用右手掬而食之。厥土沃壤，田无畛域，视力所及而耕种之。米谷廉平，每两乌铅可博米二斗。②

其中提到，"厥土沃壤，田无畛域，视力所及而耕种之。米谷廉平"，肥沃的土地一望无际，大米很便宜。

3. 登流眉、单马令、凌牙斯加、佛啰安

> 登流眉国，在真腊之西。……饮食以葵叶为碗，不施匕箸，掬而食之。有山曰无弄，释迦涅槃示化铜像在焉。产白豆蔻、笺沉速

---

① 此处汉籍古典原文，为译者根据日文原著意思，补录赵汝适著、杨博文校释《诸蕃志校释》（中华书局2000年版，第8—9页）"占城国"条目相关内容而成。汉籍古典原文与作者对此的解读，略有差异。——译者注

② 此处汉籍古典原文，为译者根据日文原著意思，补录赵汝适著、杨博文校释《诸蕃志校释》（中华书局2000年版，第18—19页）"真腊国"条目相关内容而成。——译者注

香、黄蜡、紫矿之属。

单马令国，地主呼为相公。……国人乘牛，打鬃跣足。屋舍官场用木，民居用竹，障以叶，系以藤。土产黄蜡、降真香、速香、乌楠木、脑子、象牙、犀角。番商用绢伞、雨伞、荷池缬绢、酒、米、盐、糖、瓷器、盆钵、麤重等物，及用金银为盘盂博易。

凌牙斯加国，自单马令风帆六昼夜可到，亦有陆程。……地产象牙、犀角、速暂香、生香、脑子。番商兴贩用酒、米、荷池缬绢、瓷器等为货；各先以此等物准金银，然后打博。……岁贡三佛齐国。

佛啰安国，自凌牙斯加四日可到，亦可遵陆。……土产速暂香、降真香、檀香、象牙等。番以金、银、瓷、铁、漆器、酒、米、糖、麦博易。岁贡三佛齐。①

上述各地等马来半岛的岛屿以及监篦和蓝无里等苏门答腊中北部地区，有丰富的森林物产，但没有农业的相关记录，或许是因为此处的农业生产不值一提。

4. 三佛齐（苏门答腊、占碑市）

三佛齐，间于真腊、阇婆之间；管州十有五，在泉之正南。……四时之气多热少寒，豢畜颇类中国。有花酒、椰子酒、槟榔蜜酒，皆非曲蘖所酝，饮之亦醉。……俗号其王为龙精，不敢谷食，惟以沙糊食之；否则，岁旱而谷贵。浴以蔷薇露，用水则有巨浸之患。……旧传其国地面忽裂成穴，出牛数万，成群奔突入山，人竞取食之；后以竹木窒其穴，遂绝。②

---

① 此处汉籍古典原文，为译者根据日文原著意思，补录赵汝适著、杨博文校释《诸蕃志校释》（中华书局 2000 年版，第 28、43、45、47 页）"登流眉""单马令""凌牙斯加""佛啰安"条目相关内容而成。日文原著中，作者将"凌牙斯加国"记录为"凌牙期加"。——译者注
② 此处汉籍古典原文，为译者根据日文原著意思，补录赵汝适著、杨博文校释《诸蕃志校释》（中华书局 2000 年版，第 34—36 页）"三佛齐国"条目相关内容而成。——译者注

当地的国王不吃大米,只食用西米。如果不这样做,旱灾时谷物价格就会大幅上涨。虽然人们也种植谷物,但日常食用的的确是西米。

5. 新拖(西爪哇)

> 新拖国,有港,水深六丈,舟车出入。两岸皆民居,亦务耕种。架造屋宇,悉用木植,覆以棕榈皮,籍以木板,障以藤篾。……山产胡椒,粒小而重,胜于打板;地产冬瓜、甘蔗、豌豆、茄菜。但地无正官,好行剽掠,番商罕至兴贩。①

其中提及,"亦务耕种",即"又要开始耕种了",可见他们当时一定在种植稻谷。

6. 阇婆(爪哇东部)

> 阇婆国,又名莆家龙,于泉州为丙巳方;率以冬月发船,盖借北风之便,顺风昼夜行,月余可到。……其地坦平,宜种植。产稻、麻、粟、豆,无麦,耕田用牛。民输什一之租。煮海为盐,多鱼、鳖、鸡、鸭、山羊,兼椎马、牛以食。果实有大瓜、椰子、蕉子、甘蔗、芋。出象牙、犀角、真珠、龙脑、玳瑁、檀香、茴香、丁香、豆蔻、荜澄茄、降真香、花簟、番剑、胡椒、槟榔、硫黄、红花、苏木、白鹦鹉,亦务蚕织,有杂色绣丝、吉贝、绫布。地不产茶。酒出于椰子及虾猱丹树之中;此树华人未曾见。或以桄榔、槟榔酿成,亦自清香。蔗糖其色红、白,味极甘美。②

其中提到,"宜种植。产稻、麻、粟、豆蔻,无麦,耕田用牛。民

---

① 此处汉籍古典原文,为译者根据日文原著意思,补录赵汝适著、杨博文校释《诸蕃志校释》(中华书局 2000 年版,第 48 页)"新拖"条目相关内容而成。——译者注
② 阇婆,又称阇婆洲、阇婆娑州。国名又称阇婆婆达、阇婆达、诃陵、社婆或有莆家龙。位置约在今印度尼西亚爪哇岛或苏门答腊岛,或兼称这两岛。自南北朝至明代约千年时间中,该地都是古代海上丝路重要节点之一。同上书,第 54—55 页。——译者注

输十一之租"，即"这里适合耕种，盛产稻谷、芝麻、豆类，不种植麦。用牛耕田。农民总产量的十分之一用于交税"。此外，还记载着各种家禽和农作物的名字，食物种类似乎非常丰富。另外，都城里有300多名文官和3万多名士兵在领取俸禄。国王为了支付这些俸禄，从农民手里收取十分之一的税收。

7. 苏吉丹

苏吉丹，即阇婆之支国；西接新拖，东连打板。有山峻极，名保老岸。番舶未到，先见此山。顶耸五峰，时有云覆其上。……地多米谷，巨富之家，仓储万余硕。有树名波罗蜜，其实如东瓜，皮如栗壳，肉如柑瓣，味极甘美。亦有荔支、芭蕉、甘蔗，与中国同。荔支晒干，可疗痢疾。蕉长一尺，蔗长一丈，此为异耳。蔗汁入药，酝酿成酒，胜如椰子。地之所产，大率与阇婆无异。胡椒最多。……采椒之人，为辛气熏迫，多患头痛，饵川芎可愈。蛮妇搽抹及妇人染指甲、衣帛之属，多用朱砂。故番商兴贩，率以二物为货。厚遇商贾，无宿泊饮食之费。①

其中提及，"阇婆之支国。……地多米谷，巨富之家，仓储万余硕"，即这是位于爪哇东部的阇婆国的属国。这里稻谷很多，有些富豪家中的粮仓里甚至储藏了一万多石（一石约十斗）大米。

8. 苏吉丹北部

其地连百花园、麻东、打板、禧宁、戎牙路、东峙、打纲、黄麻驻、麻篱、牛论、丹戎武啰、底勿、平牙夷、勿奴孤，皆阇婆之

---

① 苏吉丹，古阇婆属国，在今加里曼丹岛西海岸苏加丹那港。盛产稻米、菠萝蜜、甘蔗、巴蕉、胡椒、丁香、朱砂等。居民以甘蔗造酒。此处汉籍古典原文，为译者根据日文原著意思，补录赵汝适著、杨博文校释《诸蕃志校释》（中华书局2000年版，第60—61页）"苏吉丹"条目相关内容而成。——译者注

属国也。打板国东连大阇婆，号戎牙路（或作重迦卢）。……地罕耕种，国多老树，内产沙糊，状如麦面。土人用水为圆，大如绿豆；晒干入包，储蓄为粮。或用鱼及肉，杂以为羹。多嗜甘蔗、芭蕉。捣蔗入药，酝酿为酒。又有尾巴树，剖其心，取其汁，亦可为酒。土人壮健凶恶，色黑而红；裸体文身，剪发跣足。饮食不用器皿，缄树叶以从事，食已则弃之。民间博易，止用沙糊；准以升斗，不识书计。植木为棚，高二丈余；架屋其上，障盖与新拖同。土产檀香、丁香、豆蔻、花簟、番布、铁剑、器械等物。内麻篱、丹戎武啰尤广袤，多蓄兵马，稍知书计。土产降真、黄蜡、细香、玳瑁等物；丹戎武啰亦有之。率不事生业，相尚出海，以舟劫掠，故番商罕至焉。①

其中提到，"地罕耕种，国多老树，内产沙糊，状如麦面。土人用水为圆，大如绿豆，晒干入包，储蓄为粮"。在爪哇海域，各岛屿的土地利用情况与爪哇完全不同。人们在地上开穴播种。老树很多，其中就有西谷椰子树。农民从西谷椰子树中提取淀粉，加水做成绿豆大小的小球，这就是珍珠西米（Sago Pearl）。干燥保存之后，可作为粮食食用。

9. 渤泥（加里曼丹岛）

渤泥，在泉之东南；去阇婆四十五日程，去三佛齐四十日程，去占城与麻逸各三十日程，皆以顺风为则。……地无麦，有麻、稻，以沙糊为粮。又有羊及鸡、鱼，无丝蚕；用吉贝花织成布。有尾巴树、加蒙树、椰子树；以树心取汁为酒。富室之妇女，皆以花锦销金色帛缠腰。婚聘先以酒，槟榔次之，指环又次之，然后以吉贝布或量出金银成礼。丧葬有棺敛，以竹为轝，载弃山中。二月始

---

① 此处汉籍古典原文，为译者根据日文原著意思，补录赵汝适著、杨博文校释《诸蕃志校释》（中华书局 2000 年版，第 61 页）"苏吉丹"条目相关内容而成。——译者注

耕，则祀之；凡七年，则不复祀矣。以十二月七日为岁节。……无器皿，以竹编贝多叶为器，食毕则弃之。其国邻于底门国。有药树，取其根煎为膏服之，仍涂其体，兵刃所伤皆不死。①

其中提及"有麻、稻，以沙糊为粮"，即这里种植稻谷和西谷椰子树，主食是西米。

10. 麻逸（民都洛岛）、三屿、蒲哩噜（吕宋）、毗舍耶（米沙鄢）

麻逸国，在渤泥之北；团聚千余家，夹溪而居。土人披布如被，或腰布蔽体。有铜佛像，散布草野，不知所自。……三屿、白蒲延、蒲里噜、里银、东流新、里汉等，皆其属也。

三屿，乃麻逸之属，曰加麻延、巴姥酉、巴吉弄等；各有种落散居岛屿，舶舟至则出而贸易，总谓之三屿。其风俗，大略与麻逸同。……博易用瓷器、皂绫、缬绢、五色烧珠、铅网坠、白锡为货。

蒲哩噜与三屿联属，聚落差盛。人多猛悍，好攻劫。海多卤股之石，槎牙如枯木芒刃，铦于剑戟；舟过其侧，预曲折以避之。产青琅玕、珊瑚树，然绝难得。风俗博易，与三屿同。

毗舍耶，语言不通，商贩不及；袒裸盱睢，殆畜类也。……不驾舟楫，惟以竹筏从事，可折叠如屏风；急则群异之泅水而遁。②

在上述各地等菲律宾群岛上，人们过着非常原始的生活，但却没有关于粮食的记载。

由此来看，13世纪末期东南亚的土地大致可分为三类土地利用区。

---

① 此处汉籍古典原文，为译者根据日文原著意思，补录赵汝适著、杨博文校释《诸蕃志校释》（中华书局2000年版，第135—136页）"渤泥国"条目相关内容而成。——译者注

② 此处汉籍古典原文，为译者根据日文原著意思，补录赵汝适著、杨博文校释《诸蕃志校释》（中华书局2000年版，第141、143、149页）"麻逸""三屿""蒲哩噜""毗舍耶"条目相关内容而成。——译者注

一是越南中部、柬埔寨以及爪哇东部构成的大米产地；二是以加里曼丹岛为中心的西米圈；三是除此之外的其他地区，主要是种植谷类和薯类作物的火耕田，以及混种西谷椰子树的地区。

（二）14—15世纪的土地利用

通过《岛夷志略》①，可以了解14世纪中叶东南亚的土地利用情况。书中记载了东南亚的46个国家，但有农业记录的只有24个国家。24个国家的位置如图23所示，各国的情况分别如下所述。

1. 交趾（越南北部）

> 古交州之地，今为安南大越国。山环而险，溪道互布。外有三十六庄，地广人稠。气候常热。田多沃饶。俗尚礼义，有中国之风。……民煮海为盐，酿秫为酒。酋长以同姓女为妻。地产沙金、白银、铜、锡、铅、象牙、翠毛、肉桂、槟榔。贸易之货，用诸色绫罗匹帛、青布、牙梳、纸扎、青铜、铁之类。②

其中提到，当地"地广人稠。……田多沃饶"，即当地土地众多，土壤肥沃。

2. 民多朗（芽庄）

> 临海要津，溪通海，水不咸。田沃饶，米谷广。气候热。俗尚俭。男女椎髻，穿短皂衫，下系青布短裙。民凿井而饮，煮海为盐，酿小米为酒。有酋长。禁盗，盗则戮及一家。地产乌梨木、麝

---

① 《岛夷志略》是元代航海家汪大渊所著记述海外诸国见闻的著作。涉及亚、非、澳各洲的国家与地区达220多个，详细记载各地的风土人情、物产、贸易。——译者注
② 汉籍古典原文，为译者根据日文原著意思，补录汪大渊著、苏继庼校释《岛夷志略校释》（中华书局1981年版，第50—51页）"交趾"条目相关内容而成。汉籍古典原文与作者的解读有差异。日文原著中，作者将"交趾"记录为"交阯"。——译者注

檀、木绵花、牛麂皮。货用漆器、铜鼎、阇婆布、红绢、青布、斗锡、酒之属。①

其中提及,当地"田沃饶,米谷广",即当地土地肥沃,大米便宜。

3. 占城(归仁)

地据海冲,与新旧州为邻。气候乍热。田中上等,宜种谷。……煮海为盐,酿小米为酒。地产红柴、茄蓝木、打布。货用青瓷花碗、金银首饰、酒、色布、烧珠之属。②

其中提及,当地"田中上等,宜种谷",即当地土地质量中上等,适合种植谷物。

4. 真腊(柬埔寨)

气候常暖,俗尚华侈,田产富饶。民煮海为盐,酿小米为酒。……地产黄蜡、犀角、孔雀、沉速香、苏木、大枫子、翠羽,冠于各番。货用金银、黄红烧珠、龙段、建宁锦、丝布之属。③

其中提到,当地"田产富饶",即当地田地广袤,物产富饶。

5. 罗斛(华富里)

山形如城郭,白石峭厉。其田平衍而多稼,暹人仰之。气候常暖如春。……煮海为盐,酿秫米为酒。有酋长。……此地产罗斛

---

① 汉籍古典原文,为译者根据日文原著意思,补录汪大渊著、苏继庼校释《岛夷志略校释》(中华书局1981年版,第59—60页)"民多朗"条目相关内容而成。——译者注
② 汉籍古典原文,为译者根据日文原著意思,补录汪大渊著、苏继庼校释《岛夷志略校释》(中华书局1981年版,第55—56页)"占城"条目相关内容而成。——译者注
③ 汉籍古典原文,为译者根据日文原著意思,补录汪大渊著、苏继庼校释《岛夷志略校释》(中华书局1981年版,第69—70页)"真腊"条目相关内容而成。——译者注

香，味极清远，亚于沉香。次苏木、犀角、象牙、翠羽、黄蜡。货用青器、花印布、金、锡、海南槟榔□、觃子。①

其中提及，当地"其田平衍而多稼，暹人仰之"，即当地土地平整广阔，盛产大米，连暹罗人都会蜂拥前来购买当地的大米。

6. 淡邈（土瓦）

小港去海口数里，山如铁笔，迤逦如长蛇，民傍缘而居。田地平，宜谷粟，食有余。气候暖，风俗俭。男女椎髻，穿白布短衫，系竹布梢。民多识山中草药，有疮疖之疾，服之其效如神。煮海为盐，事网罟为业。地产胡椒，亚于八都马。②

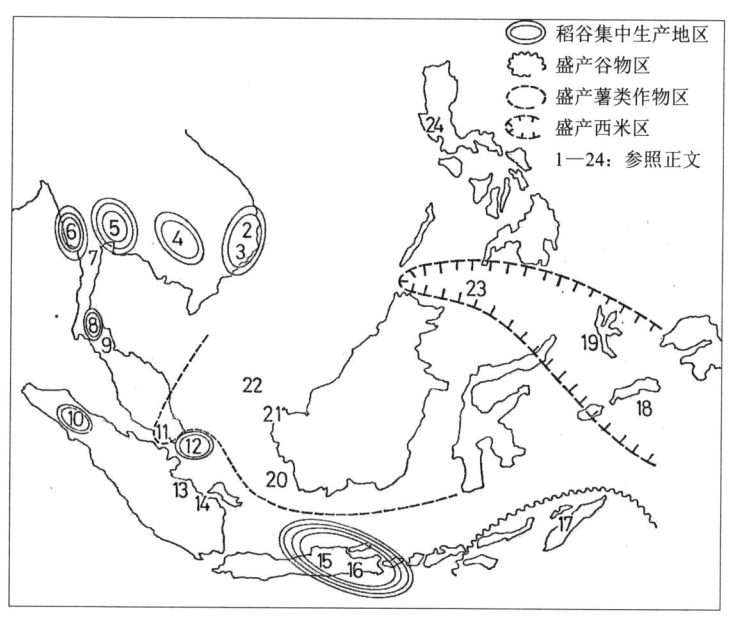

图 23 《岛夷志略》中出现的 14 世纪中叶作物分布情况

---

① 汉籍古典原文，为译者根据日文原著意思，补录汪大渊著、苏继庼校释《岛夷志略校释》（中华书局 1981 年版，第 114 页）"罗斛"条目相关内容而成。——译者注
② 汉籍古典原文，为译者根据日文原著意思，补录汪大渊著、苏继庼校释《岛夷志略校释》（中华书局 1981 年版，第 133 页）"淡邈"条目相关内容而成。——译者注

其中提到，当地"田地平，宜谷粟，食有余"，即当地土地平整，适合种植谷粟，有余粮。

7. 暹（碧武里）①

自新门台入港，外山崎岖，内岭深邃。土瘠，不宜耕种，谷米岁仰罗斛。气候不正。……地产苏木、花锡、大风子、象牙、翠羽。贸易之货，用硝珠、水银、青布、铜、铁之属。②

其中提及，当地"土瘠，不宜耕种，谷米岁仰罗斛"，即当地土地贫瘠，不适合农业生产，粮食通常从罗斛购买。

8. 丹马令（素叻他尼）

地与沙里、佛来安为邻国。山平亘，田多，食粟有余，新收者复留以待陈。俗节俭，气候温和。……民煮海为盐，酿小米为酒。有酋长。产上等白锡、米脑、龟筒、鹤顶、降真香及黄熟香头。③

其中提到，当地"山平亘，田多，食粟有余"，即当地土地较多，主要食用粟谷，有余粮。

9. 东冲古剌（洛坤）

巉崿丰林，下临淡港，外蝶为之限界。田美谷秀。气候骤热，雨下则微冷。…民不善煮海为盐，酿蔗浆为酒。有酋长。地产沙金、黄蜡、粗降真香、龟筒、沉香。④

---

① 樱井由躬雄校对后，推测此处的"暹"应为碧武里。
② 汉籍古典原文，为译者根据日文原著意思，补录汪大渊著、苏继庼校释《岛夷志略校释》（中华书局1981年版，第154—155页）"暹"条目相关内容而成。——译者注
③ 汉籍古典原文，为译者根据日文原著意思，补录汪大渊著、苏继庼校释《岛夷志略校释》（中华书局1981年版，第79页）"丹马令"条目相关内容而成。——译者注
④ 汉籍古典原文，为译者根据日文原著意思，补录汪大渊著、苏继庼校释《岛夷志略校释》（中华书局1981年版，第120页）"东冲古剌"条目相关内容而成。日文原著中，作者将"东冲古剌"记录为"东冲古利"。——译者注

其中提及，当地"田美谷秀"，即当地土地美丽，谷物丰饶。

10. 花面（巴塔克）

其山逶迤，其地沮洳。田极肥美，足食有余。……气候倍热。俗淳。有酋长。地产牛、羊、鸡、鸭、槟榔、甘蔗、老叶、木绵。货用铁条、青布、粗碗、青处器之属。①

其中提到，当地"田极肥美，足食有余"，即当地土地非常富饶，有余粮。

11. 无枝拔（马六甲以南）

在阇麻罗华之东南，石山对峙。民垦辟山为田，鲜食，多种薯。气候常热，独春有微寒。……民煮海为盐，酿椰浆、蕨粉为酒。有酋长。产花斗锡、铅、绿毛狗。②

其中提及，当地"民垦辟山为田，鲜食，多种薯"，即当地农民开山成田，粮食少，大多种植薯类作物。

12. 罗卫（新加坡）

南真骆之南，实加罗山，即故名也。山瘠，田美，等为中上。春末则禾登，民有余蓄，以移他国。气候不时。……煮海为盐，以葛根浸水酿酒，味甘软，竟日饮之不醉。有酋长。地产粗降真、玳瑁、黄蜡、绵花。虽有珍树，无能割。贸易之货，用棋子手巾、狗迹绢、五花烧珠、花银、青白碗、铁条之属。③

---

① 汉籍古典原文，为译者根据日文原著意思，补录汪大渊著、苏继庼校释《岛夷志略校释》（中华书局1981年版，第234页）"花面"条目相关内容而成。——译者注
② 汉籍古典原文，为译者根据日文原著意思，补录汪大渊著、苏继庼校释《岛夷志略校释》（中华书局1981年版，第38页）"无枝拔"条目相关内容而成。——译者注
③ 汉籍古典原文，为译者根据日文原著意思，补录汪大渊著、苏继庼校释《岛夷志略校释》（中华书局1981年版，第109页）"罗卫"条目相关内容而成。——译者注

其中提到，当地"春末则禾登，民有余蓄，以移他国"，即当地农民春天收割谷物，有余粮，还卖往其他国家。

13. 三佛齐（占碑）

> 自龙牙门去五昼夜至其国。人多姓蒲。习水陆战，官兵服药，刀兵不能伤，以此雄诸国。其地人烟稠密，田土沃美。气候暖，春夏常雨。……采蚌蛤为鲊，煮海为盐，酿秫为酒。有酋长。地产梅花片脑、中等降真香、槟榔、木绵布、细花木。贸易之货，用色绢、红㭁珠、丝布、花布、铜、铁锅之属。旧传其国地忽穴出牛数万，人取食之，后用竹木塞之，乃绝。①

其中提及，"其地人烟稠密，田土沃美"，即当地人口众多，土地肥沃。

14. 旧港（巨港）

> 自淡港入彭家门，民以竹代舟，道多砖塔。田利倍于他壤，云一季种谷，三年生金，言其谷变而为金也。后西洋人闻其田美，每乘舟来取田内之土骨，以归彼田为之脉而种谷，旧港之田金不复生，亦怪事也。气候稍热。……地产黄熟香头、金颜香，木绵花冠于诸番，黄蜡、粗降真、绝高鹤顶、中等沉速。②

其中提到，当地"云一季种谷，三年生金"，即当地土地只需种植一次，即可连续收获三年。

---

① 汉籍古典原文，为译者根据日文原著意思，补录汪大渊著、苏继庼校释《岛夷志略校释》（中华书局1981年版，第141—142页）"三佛齐"条目相关内容而成。——译者注
② 汉籍古典原文，为译者根据日文原著意思，补录汪大渊著、苏继庼校释《岛夷志略校释》（中华书局1981年版，第187页）"旧港"条目相关内容而成。——译者注

15. 爪哇（爪哇）

即古阇婆国。门遮把逸山，系官场所居，宫室壮丽。地广人稠，实甲东洋诸番。旧传国王系雷震石中而出，令女子为酋以长之。其田膏沃，地平衍，谷米富饶，倍于他国。……地产青盐，系晒成。胡椒每岁万斤。极细坚耐色印布、绵羊、鹦鹉之类。药物皆自他国来也。①

其中言及，当地"地广人稠，实甲东洋诸番"，即当地土地肥沃，面积宽广，粮食产量是其他国家的好几倍。

16. 重迦罗（戎牙路）

杜瓶之东曰重迦罗，与爪哇界相接。间有高山奇秀，不产他木，满山皆盐麸树及楠树。内一石洞，前后三门，可容一二万人。田土亚于阇婆。气候热。……煮海为盐，酿秫为酒。……不事耕种，专尚寇掠。与吉陀、亚崎诸国相通交易，舶人所不及也。②

其中提到，当地"田土亚于阇婆"，即当地土地的肥沃程度仅次于爪哇。

17. 古里地闷（帝汶）

居加罗之东北，山无异木，唯檀树为最盛。以银、铁、碗、西洋丝布、色绢之属为之贸易也。地谓之马头，凡十有二所。有酋

---

① 汉籍古典原文，为译者根据日文原著意思，补录汪大渊著、苏继庼校释《岛夷志略校释》（中华书局1981年版，第159—160页）"爪哇"条目相关内容而成。——译者注
② 戎牙路（Janggala），故地在今印度尼西亚爪哇岛泗水一带。有重要港口，可通八节涧。参见《诸蕃志》"苏吉丹"条和《元史·外国列传》"爪哇"条。《岛夷志略》译作重迦罗，有专条记述。汉籍古典原文，为译者根据日文原著意思，补录汪大渊著、苏继庼校释《岛夷志略校释》（中华书局1981年版，第168页）"重迦罗"条目相关内容而成。——译者注

长。田宜谷粟。气候不齐，朝热而夜冷。①

其中提及，当地"田宜谷粟"，即当地的土地适合种植谷粟。

18．文诞（班达）

渤山高环，溪水若淡，田地瘠。民半食沙糊、椰子。气候苦热。……日间畏热，不事布种，月夕耕锄、渔猎、采薪、取水。山无蛇虎之患，家无盗贼之虞。煮海为盐，酿椰浆为酒，妇织木绵为业。有酋长。地产肉豆蔻、黑小厮、豆蔻花、小丁皮。②

其中提到，当地"田地瘠。民半食沙糊、椰子"，即当地土地贫瘠，有一半的农民食用西米和椰子。

19．文老古（马鲁古）

益溪通津，地势卑窄。山林茂密，田瘠稻悭。气候热。……民煮海为盐，取沙糊为食。地产丁香，其树满山，然多不常生，三年中间或二年熟。③

其中言及，当地"田瘠稻悭。……取沙糊为食"，即土地贫瘠，稻谷少，食用西米。

20．假里马打（卡里马达岛）

山列翠屏，阛阓临溪。田下，谷不收。气候热。……采蕉实为食，煮海为盐，以适他国易米，每盐一斤易米一斗。地产番羊，高

---

① 汉籍古典原文，为译者根据日文原著意思，补录汪大渊著、苏继庼校释《岛夷志略校释》（中华书局1981年版，第209页）"古里地闷"条目相关内容而成。——译者注

② 汉籍古典原文，为译者根据日文原著意思，补录汪大渊著、苏继庼校释《岛夷志略校释》（中华书局1981年版，第175—176页）"文诞"条目相关内容而成。——译者注

③ 汉籍古典原文，为译者根据日文原著意思，补录汪大渊著、苏继庼校释《岛夷志略校释》（中华书局1981年版，第204—205页）"文老古"条目相关内容而成。——译者注

大者可骑，日行五六十里，及玳瑁。①

其中提到，当地人"采蕉实为食"，即当地人种植香蕉充当粮食。

21．都督岸（达士角）

自海腰平原，津通淡港。土薄田肥，宜种谷，广栽薯芋。气候夏凉多淫雨，春与秋冬皆热。……不喜煮盐，酿蜜水为酒。有酋长。地产片脑、粗速香、玳瑁、龟筒。②

其中提及，当地"土薄田肥，宜种谷，广栽薯芋"，即当地土地肥沃，适于农业，且大面积种植着薯芋。

22．尖山（纳土纳群岛）

自有宇宙，兹山盘据于小东洋，卓然如文笔插霄汉，虽悬隔数百里，望之俨然。田地少，多种薯，炊以代饭。气候烦热。……煮海为盐，酿蔗浆、水米为酒。地产木绵花、竹布、黄蜡。粗降真沙地所生，故不结实。③

其中提到，当地居民"多种薯，炊以代饭"，即当地人大量种植薯类作物，以代替大米。

23．苏禄（苏禄群岛）

其地以石崎山为保障，山畲田瘠，宜种粟、麦。民食沙糊、鱼

---

① 汉籍古典原文，为译者根据日文原著意思，补录汪大渊著、苏继庼校释《岛夷志略校释》（中华书局1981年版，第202页）"假里马打"条目相关内容而成。——译者注

② 都督岸为古港名。故址或以为在今加里曼丹岛北岸的达士角（Tanjong Datu）。汉籍古典原文，为译者根据日文原著意思，补录汪大渊著、苏继庼校释《岛夷志略校释》（中华书局1981年版，第172—173页）"都督岸"条目相关内容而成。——译者注

③ 汉籍古典原文，为译者根据日文原著意思，补录汪大渊著、苏继庼校释《岛夷志略校释》（中华书局1981年版，第135—136页）"尖山"条目相关内容而成。——译者注

虾、螺蛤。气候半热。……煮海为盐，酿蔗浆为酒，织竹布为业。[①]

其中提及，当地"山畲田瘠，宜种粟、麦。民食沙糊"，即当地山上的火耕田适合种植粟麦（杂粮），当地居民食用西米。

24. 麻里鲁（马尼拉）

小港迢递，入于其地。山隆而水多卤股石，林少，田高而瘠。民多种薯芋。地气热。……民煮海为盐，酿蔗浆为酒，编竹片为床，燃生蜡为灯。地产玳瑁、黄蜡、降香、竹布、木绵花。[②]

其中提到，当地"田高而瘠。民多种薯芋"，即当地土地海拔高，土壤贫瘠，人们多种植薯芋。

以上是《岛夷志略》的主要内容，较之《诸蕃志》所提及 13 世纪末的情况，可得出如下结论。

第一，东南亚土地利用的基本结构仍然是以马鲁古为中心的西谷椰子树种植区、以加里曼丹岛为中心的薯类作物区以及其他种植区。

第二，爪哇东部是东南亚最优质的稻谷产地。

第三，较之《诸蕃志》所提及的时代，《岛夷志略》中新出现了几个稻谷生产富余地，包括华富里、土瓦、素叻他尼、巴塔克等。

根据《瀛涯胜览》的叙述，此处也顺便介绍一下 15 世纪初期东南亚的情况。《瀛涯胜览》聚焦的时代是 15 世纪初叶，与 14 世纪中期相比，主要有两个不同点。

其一，占城的地位下降。据前述《岛夷志略》记载，当时的占城"气候乍热。田中上等，宜种谷"。由此可知，当时的占城拥有中上等

---

① 汉籍古典原文，为译者根据日文原著意思，补录汪大渊著、苏继庼校释《岛夷志略校释》（中华书局 1981 年版，第 178 页）"苏禄"条目相关内容而成。——译者注

② 汉籍古典原文，为译者根据日文原著意思，补录汪大渊著、苏继庼校释《岛夷志略校释》（中华书局 1981 年版，第 89 页）"麻里鲁"条目相关内容而成。——译者注

的田地。但在《瀛涯胜览》中，对占城情况的描述如下：

> 气候暖热，无霜雪，常如四五月之味。草木常青，山产乌木、伽蓝香、观音竹、降真香。……水牛、黄牛、猪、羊俱有，鹅鸭稀少。……果有梅、橘、西瓜、甘蔗、椰子、波罗蜜、芭蕉子之类。……蔬菜则有冬瓜、黄瓜、葫芦、芥菜、葱姜而已，其余果菜并无。人多以渔为业，少耕种，所以稻谷不广。土种米粒细长多红者。大小麦俱无。槟榔、荖叶，人不绝口而食。①

其中，对占城农业耕种情况记载的是"人多以渔为业，少耕种，所以稻谷不广"，即当地"大部分人从事渔业捕捞，很少有人从事农耕，所以这里很少有稻谷"。

其二，需要特别指出的是马六甲的崛起。马六甲大概在1402年初具规模，但根据《瀛涯胜览》的记载，当时满刺加国（马六甲）的情况如下：

> 其国东南是大海，西北是老岸连山。皆沙卤之地，气候朝热暮寒，田瘦谷薄，人少耕种。……人多以渔为业，用独木刳舟泛海取鱼。……山野有一等树，名沙孤树，乡人以此物之皮，如中国葛根捣浸澄滤其粉作丸，如菉豆大，晒干而卖，其名曰沙孤米，可以作饭喫。……果有甘蔗、巴蕉子、波罗蜜、野荔枝之类。菜、葱、姜、蒜、芥、东瓜、西瓜皆有。牛、羊、鸡、鸭虽有而不多。价亦甚贵。其水牛一头直银一斤以上。驴马皆无。②

---

① 汉籍古典原文，为译者根据日文原著意思，补录马欢著、冯承均校注《瀛涯胜览校注》（华文出版社2019年版，第2—3页）"占城国"条目相关内容而成。——译者注
② 汉籍古典原文，为译者根据日文原著意思，补录马欢著、冯承均校注《瀛涯胜览校注》（华文出版社2019年版，第23—24页）"满剌加国"条目相关内容而成。——译者注

由此可知，当时的马六甲还只是一个非常小的村落。"田瘦谷薄，人少耕种。……人多以渔为业，用独木刳舟泛海取鱼"，即"这里土地贫瘠，收成少，从事农耕的人也很少……大部分人从事捕捞业，划小木船出海捕鱼"①，当地居民食用西米。

（三）16世纪初期的物产

在16世纪初，马六甲已成为东西方贸易在东南亚的最大中转港口。当时，多默·皮列士（Tome Pires）以马六甲为中心，游历东南亚各个港口，并将其见闻收录于《东方志》之中②。他从勃固出发往东南方向游历，从巽他群岛直到马鲁古，之后从加里曼丹岛南岸返回马六甲。在途中，他到访很多港口，并记录下各处的物产。其中，主要内容列举如下。

1. 白古（勃固）

它是我们曾看见和知道的最肥沃的国土。它比暹罗更丰产，和爪哇差不多。……主要的商品是大米。③

2. 暹罗

暹罗产丰富的米及大量的盐、干咸鱼、奥拉瓜、菜蔬，每年有

---

① 小川博：《译注马欢瀛涯胜览》，弘文馆1969年版，第63页（小川博：『訳注 馬歓瀛涯勝覧』、弘文館1969年版、第63頁）。

② 多默·皮列士：《东方志》（大航海时代丛书5），生田滋等译，岩波书店1966年版（トメ·ピレス：『東方諸国記』（大航海時代叢書V）、生田滋ら訳、岩波書店1966年版）。《东方志：从红海到中国》（Suma Oriental que trata do Mar Roxo até aos Chins）是欧洲第一部介绍葡属东方及中国的著作，它是多种资料的汇编：历史、地理、人种学、植物学、经济、商业等，包括硬币和度量衡。参见〔葡〕多默·皮列士：《东方志：从红海到中国》，何高济译，中国人民大学出版社2011年版。——译者注

③ 〔葡〕多默·皮列士：《东方志：从红海到中国》，何高济译，中国人民大学出版社2011年版，第87—88页。——译者注

多达 30 艘船常装载这些东西到马六甲。①

3. 马六甲海峡沿岸各个港口

有 20 多个港口，几乎每个港口都备有大米。内陆生产的大米，虽然数量不多，但会被运到港口，所到之处均有胡椒。

4. 柬埔寨、吉打、林加岛、巨港、巽他各港口

各港口都有大量大米，特别是巨港、巽他，每年都会向马六甲出口大米。

5. 爪哇

有 4、5 种数量非常多的大米，非常白，胜过其他任何地方生产的；有乳牛、绵羊、山羊、无数的水牛，肯定还有猪——全岛都是。它有许多体大的鹿、很多水果，沿海有大量的鱼。它是一个空气好的国家，有很好的水，有高山、大平原、山谷，像我们的国家。②

爪哇岛上国家众多，除了地处内陆的印度教王国满者伯夷（Majapahit）外，在沿岸地区还有穆斯林建立的雅普拉（Japura）、直葛（Tegal）、淡目（Demak）、图班（Tuban）等半独立王国，这些地方都出口大米。

6. 望加锡

与爪哇北海岸的各个港口一样，有大量大米。

7. 泗水（Surabaya）以东的小巽他群岛

巴厘（Bali）、龙目（Lombok）、松巴哇（Sumbawa）等地向爪哇

---

① 〔葡〕多默·皮列士：《东方志：从红海到中国》，何高济译，中国人民大学出版社 2011 年版，第 93 页。——译者注
② 〔葡〕多默·皮列士：《东方志：从红海到中国》，何高济译，中国人民大学出版社 2011 年版，第 157—158 页。——译者注

出口粮食、布匹、奴隶、马匹；比马（Bima）向爪哇出口奴隶、马和粮食；桑吉昂（旧称Foguo，现为Sangiang）①的粮食和奴隶很多；弗洛勒斯（Flores）多生产粮食、酸角、硫黄；帝汶（Timor）出口粮食和白檀。此处所说的粮食似乎都是指粟子之类的杂粮。

8. 班达（Banda）

班达完全不产粮食，前往此处的船只从比马运来粮食。周围岛屿可以收获西米。

9. 马鲁古

该岛屿盛产丁香、肉豆蔻等香料。主食是西米。

10. 加里曼丹岛

从丹戎布拉（Tanjungpura）到坤甸（Pontianak）一带，以及在加里曼丹岛南海岸沿线，附近的岛屿出口粮食和黄金，一些地方也出口奴隶。

从上述多默·皮列士《东方志》所提供的信息来看，可以推测出如下内容。

第一，在当时的欧洲航海者看来，值钱的商品主要有苏门答腊的胡椒、帝汶的白檀、摩鹿加群岛的香料、加里曼丹岛的黄金以及从爪哇海域和弗洛勒斯海域掠夺得来的奴隶。

第二，马六甲是最大的贸易中转港口，生活在这里的人们依靠从勃固、暹罗、爪哇运来的大米生活。其中，勃固和暹罗在当时是新兴的大米产地。

第三，上述三国是主要的大米产地，除此之外，苏门答腊和南苏拉威西也是比较重要的大米产地。

第四，巴厘岛和帝汶之间的各个岛屿主要生产杂粮且有剩余。

上述情况可归纳为图24。

---

① 桑吉昂（Foguo）岛，"多山，居民众多。当地人出外打劫。它有许多港口和许多食物、许多供售卖的奴隶"。〔葡〕多默·皮列士：《东方志：从红海到中国》，何高济译，中国人民大学出版社2011年版，第172页。——译者注

通过对比《诸蕃志》《岛夷志略》《东方志》可以看出，当时在东南亚海岛地区，很多岛屿都在生产大米。之前一般认为，东南亚海岛地区广泛分布着雨林，原本并不是适合生产大米的地方，但这种看法被彻底推翻了。至少在东南亚各大港口，已经有大量大米集中于此。

此外，值得注意的是，在《岛夷志略》成书的 14 世纪，目前我们所看到的作物分布格局已经基本确立下来。例如，马鲁古种植西谷椰子树，小巽他群岛种植杂粮，加里曼丹岛和菲律宾种植薯类作物，其他地区则种植稻谷等。

由此可知，早在 14 世纪，东南亚海岛地区就已经开始为域外航海者同时提供粮食和特产。

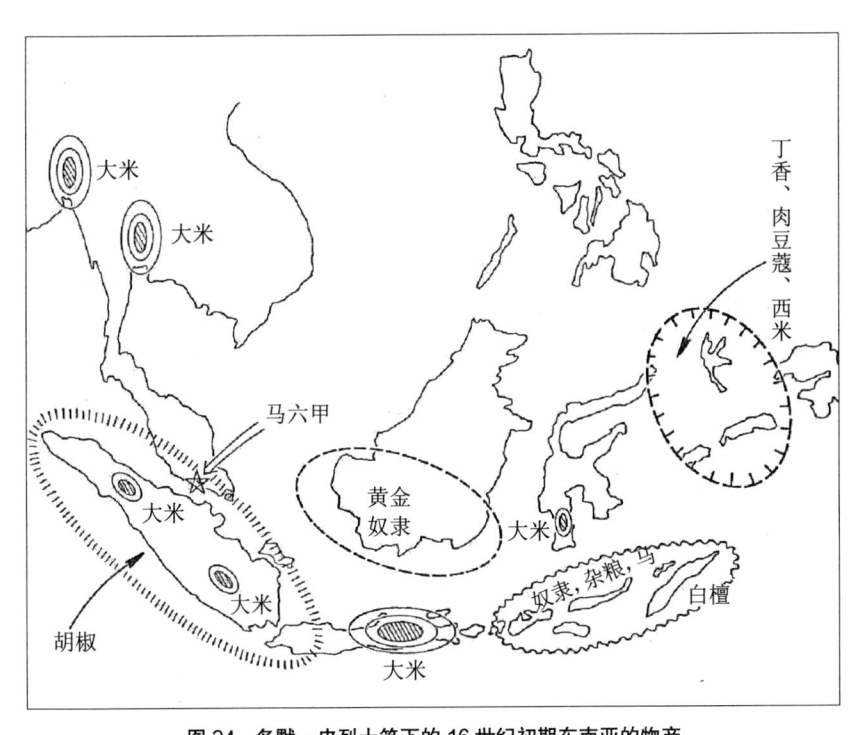

图 24　多默·皮列士笔下的 16 世纪初期东南亚的物产

二、爪哇的水田扩张

为了满足域内外航海者的需求，需要扩大大米产量，这一过程从东爪哇的三个王朝时期可以看出。以下是以 13—14 世纪为中心的爪哇稻作演变情况。

（一）谏义里王国时期（10—13 世纪初期）

谏义里王国（Kerajaan Kediri）[①]的都城位于利玛火山（Lima，海拔 2563 米）和阿朱那火山（Arjuna，海拔 3239 米）中间的马鞍部。该国主要的粮食产地位于阿朱那火山北部的山脚，在皮卡坦河（Pikatan）沿岸海拔约 300—500 米的地方。该地平均倾斜度可达数十分之一，是非常陡峭的斜坡。

在皮卡坦河沿岸发现了当时开凿的引水渠、引水渠隧道以及石碑文。在巴卡拉目（Bacarum）石碑文（公元 934）中，标明了使用水渠进行灌溉时的注意事项。在研究了这些出土文物之后，范·赛顿·范德梅尔（Van Setten van der Meer）认为当时爪哇有着高度发达的灌溉稻作系统。[②] 但笔者对范德梅尔的说法有些许怀疑。因为在如此险峻的火山山脚，即便能够建造复杂的灌溉设施，也不能发挥相应的功效。笔者认为，上文中的引水渠隧道和碑文应该与当地寺院的圣水池有关。笔者推测，当时就是为了修建圣水池，才挖掘了许多水渠，而这些水渠的次要作用才是顺便用来灌溉。

不过此处的重点并非灌溉系统的有无，而是谏义里王国的农业生产中心居然位于高海拔的险峻斜坡之上。这与以下特征相符合，即季

[①] 谏义里王国，10—11 世纪位于爪哇东部的独立王国，其势力曾向东达到巴布亚。《宋史》卷四八九《阇婆国传》称其国，"产稻、麻、粟、豆，无麦，民输十一之租"。——译者注
[②] 范·赛顿·范德梅尔：《古爪哇的水稻种植：从 5 世纪到 15 世纪印度化时期的发展》，澳大利亚国立大学出版社 1979 年版，第 51—52 页（Van Setten van der Meer, *Sawah Cultivation in Ancient Java, Aspects of Development during the Indo-Javanese Period, 5th to 15th Century*, A.N.U. Press, 1979, pp. 51-52）。

风地带火山岛的土地利用，通常都是从高海拔地段开始的。

谏义里王国的农业生产中心位于山脚斜坡，在进入艾尔朗加国王（Airlangga，1019—1045年在位）时代后，其农业生产中心逐渐向低湿地转移，于是出现了沼泽田（Rěněk）这一词语，并从此处开始征税。[①]在这一时期，皮卡坦河的一部分冲积平原也被逐渐开发使用。

（二）新柯沙里王国时期（1222—1292年）

新柯沙里王国（Kerajaan Singasari）的都城建立在谏义里东部约70千米的泗水以南。[②]其都城也位于两座火山中间的马鞍部，海拔约400米。这里的地理条件酷似谏义里王国。在前述《诸蕃志》中，曾描述了当地非常发达的农业，即指新柯沙里王国的农业。该书还记载了当时这里大量种植胡椒。在火山山脚下，同时种植有稻谷和胡椒，土地的利用程度极高、密度极大。

从当地大量种植胡椒这一点可以看出，新柯沙里王国极其重视开展贸易活动。而从地理上来看，由于新柯沙里王国距离马都拉海较近，交通方便，所以也不足为怪。

（三）满者伯夷王国时期（1293—1528年）

拉登·韦查亚（Kertarajasa）是满者伯夷（Majapahit）王国的创立者[③]，据说在他尚未创建满者伯夷王国之前，他的封地是位于布兰塔斯河（Brantas River）下游的荒芜地。在此之前，艾尔朗加王着手开发布

[①] 范·赛顿·范德梅尔：《古爪哇的水稻种植：从5世纪到15世纪印度化时期的发展》，澳大利亚国立大学出版社1979年版，第33—34页（Van Setten van der Meer, *Sawah Cultivation in Ancient Java, Aspects of Development during the Indo-Javanese Period, 5th to 15th Century*, A.N.U. Press, 1979, pp. 33-34）。

[②] 新柯沙里王国是印度尼西亚古国。以爪哇东部卡威山以东为中心，后扩展至加里曼丹岛西南部、马鲁古群岛、巴厘、苏门答腊南部及马来半岛的彭亨。——译者注

[③] 满者伯夷国（爪哇语：Madjapahit，马来语：Majapahit，也译称麻喏巴歇）是13世纪末建立于爪哇岛东部的封建王朝。满者伯夷是东南亚历史上最强大的王国和商业帝国之一，也是爪哇岛上最后一个印度教王国。——译者注

兰塔斯河冲积平原，但在韦查亚在世的 13 世纪末期，当地大部分还是荒芜之地。

满者伯夷王国的都城建在布兰塔斯河的冲积平原上，海拔低至 40 米。较之谏义里王国与新柯沙里王国，这是最大的不同之处。

古川久雄就此有一篇未发表的调查报告，他通过分析航空照片和地形图发现，满者伯夷王国都城周边的土地呈现大面积的条块分割形状。在这一地区，的确可以看到边长约 20 千米的方块土地。以东南西北为参照，这些方块看上去稍微向右边下沉倾斜，和满者伯夷王国都城城墙的方向完全一致。虽然目前没有能够证明这是满者伯夷王国时期土地分布情况的证据，但其可能性极大。那个时代的一些问题虽然可能永远无法找到答案，但在这样整齐划一的方形平坦之地建造都城、开展农业生产活动本身就值得探究。

满者伯夷王国十分热衷于开垦耕地。在《爪哇史颂》（Nagarakertagama）①第 88 篇第 3 节中，有如下记载："旱地、水田以及能种植作物的任何地方都非常重要。为了作物的茁壮成长，必须要小心照料，并加以保护。村落开垦后的耕地应该一直耕作下去，不得驱逐垦荒人。在这个国家，扩大耕地面积是最高的追求。"②14 世纪时，满者伯夷王国的冲积平原上还有很多空地，王室想方设法让农民来开垦这些土地。上述内容，便是西奥多·皮格奥得（Theodore G. Th. Pigeaud）的解释。③

由此看来，在满者伯夷王国时期，扩大农业生产是时代要求。在南宋、元朝之后，南海贸易飞速发展。在此背景下，穆斯林商人非常活跃。沿岸地区出现了很多港口，对大米的需求急剧上升。由此，大

---

① 在满者伯夷王国王室的赞助下，诗人普拉潘查（Prapancha）所撰写的梵体诗歌，也是该国重要史书，亦称《那加克塔加玛》（*Nagarakertagama*），成书于 1365 年。——译者注
② 西奥多·皮格奥得：《14 世纪爪哇的文化历史研究》（第 4 卷），斯普林格出版社 1962 年版，第 106—107 页（Theodore G. Th. Pigeaud, *Java in the 14th Century: A Study in Cultural History*, Vol. IV, Springer, 1962, pp. 106-107）。
③ 西奥多·皮格奥得：《14 世纪爪哇的文化历史研究》（第 4 卷），斯普林格出版社 1962 年版，第 300—301 页（Theodore G. Th. Pigeaud, *Java in the 14th Century: A Study in Cultural History*, Vol. IV, Springer, 1962, pp. 300-301）。

米成为一种畅销商品。

笔者曾在苏拉威西东南部做过调研,据说那里古老的港口早在 14 世纪就已建成使用。而且他们还认为,由于满者伯夷军队入侵,其后当地的水田面积开始扩大。不仅是苏拉威西,在广阔的爪哇海沿岸地区,也发生了类似变化。

笔者认为,在加札·马达(Gadjah Mada)宰相在位时期,即 14 世纪前半期,开垦爪哇冲积平原的势头最猛。以往局限在火山山腰高地的东山型稻作方式,由此被推广到广阔的平原地区。在这一时期以后,爪哇才开始真正推广犁耕。

三、阿瑜陀耶的水田开拓

笔者认为,河漫滩稻作处于平原地区的印度型稻作和三角洲地区的深水直播稻作之间,发挥着前者向后者过渡的桥梁作用。其地理位置如此,历史亦是如此。据此可以认为,阿瑜陀耶(Ayutthaya)王国是真正意义上最先开展河漫滩稻作的王国。

(一)阿瑜陀耶的位置

阿瑜陀耶王国的位置如图 25 所示,阿瑜陀耶(Ⓐ)位于湄南河干流附近,相当于平原和三角洲的交界处。

在阿瑜陀耶王国北部的平原地区,是华富里(Ⓛ,Lopburi),该城也是深受高棉影响的城市。在阿瑜陀耶王国的西部,则是素攀武里(Ⓢ,Suphan buri)。华富里和素攀武里都是 7 世纪左右建成的古老城市。当地有一种说法,即阿瑜陀耶是这两个城市的孩子,在 1350 年左右诞生。

阿瑜陀耶建国前的情形如下。首先,在《岛夷志略》中出现的是华富里(罗斛)和碧武里(Ⓟ,Phetburi,暹)①。华富里盛产大米,碧武里

---

① 樱井由躬雄校对后,推测此处的"暹"应为碧武里。

所产西米甚多,大米要从华富里购入。15 世纪初期的《瀛涯胜览》也介绍过暹罗,但从其记述的内容来看,似乎介绍的是碧武里。有意思的是,碧武里的国王是印度人。

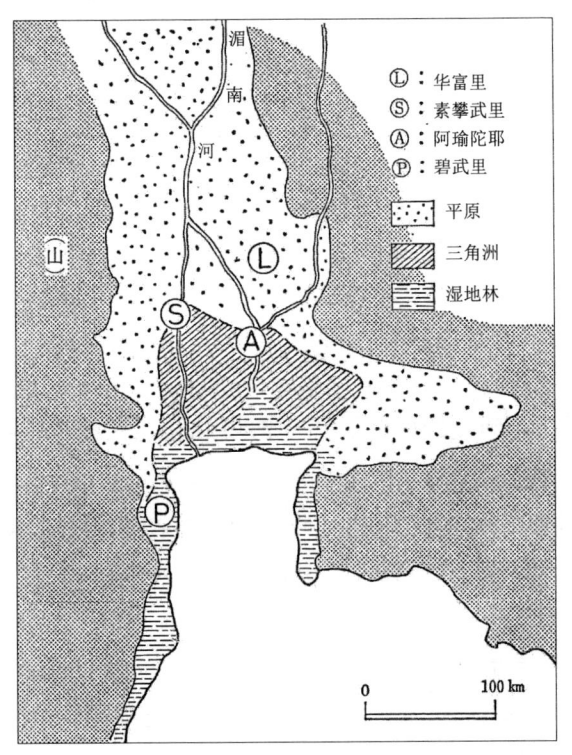

图 25　阿瑜陀耶的位置示意图（阿瑜陀耶时期）

到 16 世纪初叶,多默·皮列士更加清楚翔实地记载了阿瑜陀耶的相关状况。如前所述,阿瑜陀耶是佛教国家,盛产大米、盐、腌鱼干等,每年都有 20—30 艘中国式帆船把这些商品运到马六甲。根据多默·皮列士的记叙,从马来半岛沿岸的暹罗湾①到彭亨（Pahang）之间

---

① 暹罗湾（Gulf of Siam）,泰国湾的旧称。位于南海西南部,中南半岛和马来半岛之间。暹罗湾是南海最大的海湾,泰国、柬埔寨、越南位于其北,泰国、马来西亚位于其西。——译者注

有十多个港口，这些港口对外大量出口胡椒。①其中，有几个港口国家的国王是穆斯林。

综上所述，当时湄南河河口的状况大致如下。即北部地区是盛产大米的广阔平原，那里有以华富里为代表的古老城市。而在南方的暹罗湾沿岸，几乎都是生产西米的雨林湿地，有很多港口。港口背后的山丘上盛产胡椒，一些港口的国王是印度人。碧武里位于这一连串港口城市的最北端。

湿地种植大量西谷椰子树，湄南河河口一带也同样如此。此外，这样的种植方式还沿着湄南河传到了内陆地区。或许阿瑜陀耶附近也是类似的状况。由此看来，阿瑜陀耶是平原和热带雨林湿地的连接地带。上文将阿瑜陀耶比作华富里和素攀武里的亲生孩子，实际上不如说是华富里和碧武里的私生子。

（二）阿瑜陀耶时期的稻作

1. 种植情况

尼古拉斯·吉尔文斯（Nicholas Gervaise）认为，在17世纪后半期，阿瑜陀耶有三种稻谷，分别是火耕田稻、移栽稻、直播稻。②火耕田稻的品质不好，但价格便宜。移栽稻白如雪、易于消化，在高处种植，重量轻且水分少，属于高级大米，价格昂贵，是王侯、贵族们的专用大米。直播稻5月份时撒播，11月末洪水退去后即可进行收割，依靠牛蹄脱粒。

此外，西蒙·德·拉·卢贝尔（Simon de La Loubére）认为，降雨

---

① 多默·皮列士：《东方志》（大航海时代丛书5），生田滋等译，岩波书店1966年版，第216页（トメ・ピレス：『東方諸国記』（大航海時代叢書Ⅴ），生田滋ら訳，岩波書店1966年版，第216頁）。

② 尼古拉斯·吉尔文斯：《暹罗王国的自然政治史》，1928年（由休·奥尼尔翻译自1688年的原著）(Nicholas Gervaise, *The Natural and Political History of the Kingdom of Siam*, 1928［Translated by H. S. O'neill from original text of 1688］)。

后土壤松动，人们就开始进行犁耕，依靠两头牛牵引犁翻地。在雨季，只要有积水的地方，随处都可以种植稻谷。① 根据地方的不同，一天水涨高一尺，当地的稻谷也随之长高一尺。通常情况下，在水退去之后进行收割，也有的地方在积水中乘船进行收割。

上述描述与浮稻如出一辙。卢贝尔还提到了移栽田，即田地的布局要像盐田一样，积浅水，用手插秧栽种。

从这些研究成果来看，17世纪阿瑜陀耶周边的稻作，以与浮稻相似的直播稻为中心，此外还有移栽稻作以及通过刀耕火种种植稻谷。

2. 旱田撒播和浮稻的关系

在水源不足的高棉平原上撒播，可称之为旱田撒播。与此相比，在河漫滩、三角洲、积水很深的地方进行的撒播称为深水撒播。浮稻就是深水撒播，在水特别深的深水地带种植。笔者想再次强调的是，旱田撒播和浮稻之间并没有本质区别，两者只是同一系列事物的两个极端。

不管从品种还是种植技术上看，旱田撒播和浮稻之间都是一脉相承的。从水深2米的低地步行到完全不积水且地势较高的土地，尽管水文环境迥然不同，但却能经常看到当地农民种植同样的品种，并用同样的方法进行撒播。在播种时，都是在完全没有积水、异常干燥的秧田里撒播干谷种，并覆土盖上。在该地的季风气候下，只要种植某一品种，并且严格遵守雨季初期犁耕翻地、撒播干谷种、盖土这些基本流程，即便是非常干燥的土地，或是积水很深的地方，种子也会顺利发芽、生长、结穗。对此，笔者在另外一本著作《热带三角洲的农业发展》中详细介绍了这一过程。由此，笔者认为，10世纪之前在高棉平原上所进行的印度型旱田撒播稻作，实际上也完全可以在阿瑜陀耶的河漫滩上迅速传播开来。

---

① 西蒙·德·拉·卢贝尔：《暹罗王国》，1969年（Simon de La Loubère, *The Kingdom of Siam*, 1969. 原著出版于1688年前后）。

从各种仪式也可以看出，阿瑜陀耶稻作是印度型稻作的一个分支。阿瑜陀耶时期举行的"农耕节"与柬埔寨的"御耕节"非常相似，现在这种仪式在泰国仍在举行。① 这种仪式明显是起源于印度，关于这一点也请参见笔者所著的《热带三角洲的农业发展》。②

（三）奖励开荒

根据尼古拉斯·吉尔文斯的观点，在17世纪的阿瑜陀耶周边，除了华富里等少数几个人口密集地之外，还分布着大片热带雨林，不断有外来人口迁入当地。③ 迁入者以暹罗人为主，也有约三分之一是老挝人和勃固人等外国人，他们几乎都是被俘虏后带到当地的。国王担心这些俘虏发动叛乱，禁止他们住在一起，而是分散安置在各处，让其从事稻谷种植，并派遣暹罗人官员看管。

对此，卢贝尔也有类似记载，国王对城镇附近的休耕地征收高额税费，而对偏僻的新开垦土地则免除税金以鼓励开垦。④ 当时国王最关心的事情之一，就是如何进一步扩大耕地面积，从而增加稻谷产量。

从阿瑜陀耶的年代纪事中可以看出，阿瑜陀耶的历代国王都将大米视为商品，十分重视大米生产。在阿瑜陀耶的年代纪事中，几乎都是记录和邻国缅甸的战争，关于祭祀礼仪和国家经济的记载一片空白。但在其中，只有大米的相关记载偶尔见诸记录。例如，"951年乃牛年，

---

① 农耕节（Plowing Day）是泰国的重要节日，每年到农耕节时泰国都要在曼谷大王宫旁边的王家田广场举行大典。农耕节大典始于13世纪的素可泰王朝。节日由占卜师选择在每年5月（泰农历6月）的一个吉日良辰举行。——译者注
② 高谷好一：《热带三角洲的农业发展》，创文社1982年版，第102—105页（高谷好一：『熱帯デルタの農業発展』、創文社1982年、第102—105頁）。
③ 尼古拉斯·吉尔文斯：《暹罗王国的自然政治史》，1928年，第25—26页（由休·奥尼尔翻译自1688年的原著）(Nicholas Gervaise, *The Natural and Political History of the Kingdom of Siam*, 1928, pp.25-26 [Translated by H. S. O'neill from original text of 1688])。
④ 西蒙·德·拉·卢贝尔：《暹罗王国》，1969年（Simon de La Loubére, *The Kingdom of Siam*, 1969. 原著出版于1688年前后）。

大米歉收。一台牛车可以卖 10 丹棱（Tamlüng）"[①]。

在 14 世纪的满者伯夷王国之后，阿瑜陀耶王朝也开始生产商品大米。如同爪哇农田从火山山脚扩展到冲积平原一样，阿瑜陀耶和勃固的稻作地也从平原扩展到更适合种植的河漫滩。从严格意义上来讲，阿瑜陀耶和勃固的土地开垦可以分为两个阶段，即 16 世纪之前和 16 世纪之后。最早的开垦始于 14 世纪，但更有组织、更正式的开垦是在 16 世纪之后。尽管缺乏更为有力的资料证明，但笔者认为可以做这样的初步分类。

第四节　殖民地时期

当荷兰和英国在东南亚各地实施殖民统治之后，东南亚的土地利用情况发生了根本性的巨变。这是由于殖民当局强制推行大规模种植经济作物所致。在这一时期，东南亚原有的耕作景观销声匿迹，取而代之的是如今我们更为常见的东南亚各地的人造新景观。

一、湿润岛屿西部地区的橡胶

（一）马来半岛

当广阔的橡胶种植园映入眼帘，让人感到这才是典型的种植园农业。即使是很小的橡胶种植园，一个种植园区的面积也有数十公顷。稍大一些的种植园可达数千公顷，地面上整齐地种满了橡胶树。类似

[①] 法兰克福：《阿瑜陀耶时期的仪式（佛历 686—966 年）》，精选自《暹罗学会杂志》1954 年第 1 期，第 60 页（O. Frankfurter, "Events in Ayuddhya from Chulasakaraj 686-966", Selected Articles from *The Siam Society Journal*, Vol. I, 1954, p.60）。丹棱为阿瑜陀耶王朝时期的货币单位，1 丹棱 = 4 泰铢。具体参见以下文献。石井米雄：《关于泰国奴隶制的备忘录》，《东南亚研究》第 5 卷第 3 期，1967 年 12 月，第 167—180 页（石井米雄：「タイの奴隷制に関する覚え書」，『東南アジア研究』5 卷 3 号、1967 年 12 月、第 167—180 頁）。——译者注

这样的橡胶种植园在马来半岛随处可见。

在橡胶种植园中，天刚蒙蒙亮的时候，印度籍的割胶工人就开始了一天的工作，他们用小刀划开树干表皮让树液渗出。每个割胶工人大概会被分配管理250—300棵橡胶树，他们需要在早上凉爽的时间段完成割胶工作。剥开薄皮的树会在几十分钟内渗出白色液体——橡胶液，并流淌到树干上事先设置好的小罐里。如果放置橡胶液不管的话，其品质就会降低，所以要在上午9—10点之间完成收集工作。在上午完成采集工作后，到了下午，橡胶种植园内空无一人。

收集好的橡胶液要迅速送到种植园内的加工厂，在那里进行加工。在马来半岛，除了橡胶加工厂，还有轮胎、胶鞋、雨披的制作工厂。橡胶产业是马来半岛最重要的产业。

马来半岛的橡胶种植和生产历史并不长，据说在1895年橡胶树才开始作为经济作物在庄园内种植，其后橡胶树的种植面积迅速扩大。这是由于到20世纪初期，汽车开始普及，对轮胎的需求量急速攀升。在20世纪初的伦敦交易市场上，马来半岛的橡胶价格非常高，于是许多人涌入马来半岛开设橡胶种植园。从1900年开始，直到20世纪前10年间，马来半岛的雨林以惊人的速度缩小，并被开垦成橡胶种植园。

橡胶种植园的开设过程如下。英国资本家或华人资本家首先购买土地，让马来人或华人进行开垦。开垦工作有承包制，也有雇佣制。开垦者使用与刀耕火种同样的方法，先是砍伐森林，之后点火焚烧，接着种上橡胶苗，种植后数年开始着手除草。在橡胶树苗还小的时候，工人们可以在橡胶种植园内套种木薯、香蕉、木瓜等食物。

从20世纪前10年间开始，橡胶产量快速增长，但在20世纪20年代就陷入供给过剩的困境。橡胶价格逐年下降，20世纪20年代初就已经下跌到1900年最高价位时的十分之一。橡胶种植园被大甩卖，地价暴跌至最高价位时的五十分之一。在1930年世界经济危机期间，这种趋势更加严重，甚至可以说，当时马来亚的橡胶行业陷入濒死状态。

即便如此，20世纪20年代马来半岛的土地利用模式已经完全固定下来。马来半岛全部耕地的 65% 已经变成橡胶林。其余百分之十几的地方种植的都是同为商品经济作物的椰子树。

根据二战前夕的统计数据，在占地 100 英亩（40 公顷）以上的橡胶种植园中，75% 的种植园主是英国人，华人种植园主占 16%。一方面，在橡胶种植园工人中，有 70% 的工人是印度人，20% 是华人，4% 是爪哇人。由于这时已经不需要开垦新土地，所以许多马来人为此失去工作，印度籍割胶工人则占据了其中的多数。

在 20 世纪 20 年代，马来半岛 80% 的耕地被橡胶树和椰子树等经济作物所覆盖。当地的土地利用模式大多是英国人驱使印度人进行经营管理。原本居住在当地的马来人与这一新型土地利用模式几乎没有任何关系。由此，东南亚前所未有的新型土地利用模式登上了历史舞台。

（二）苏门答腊岛和加里曼丹岛

橡胶种植不只局限在马来半岛，欧洲人没有直接染指的苏门答腊岛和加里曼丹岛也受到了橡胶产业的影响。苏门答腊岛和加里曼丹岛的橡胶种植盛况出现在 1910 年前后，华人中间商拿着橡胶树种子，在各地村庄游说村民种植。当地村民已经熟练掌握了咖啡树和胡椒树的种植技术，也清楚种植经济作物的好处，所以很容易接受这种说辞。读者应该还记得前述苏门答腊科梅林河流域土地利用的变化。科梅林河中游地带原本只种植火耕田，种植陆稻，在 20 世纪 20 年代后，当地迅速变成橡胶种植园和果园。这是苏门答腊岛和加里曼丹岛土地利用模式转变的最典型案例。

为避免重复，此处不再赘述。一旦开始种植橡胶树，传统的刀耕火种景观就会消失殆尽，取而代之的是整齐划一、难以言喻的新景观。不单是景观，当地村落的经济也得以全面开放，与外来大资本紧密结合。从 20 世纪前 10 年的后半期到 30 年代，在湿润岛屿西部地区的河流中游地带，以橡胶种植为代表的土地利用犹如星星之火一般迅速蔓延。

二、三角洲的水田开垦

在19世纪后半期,湄南河三角洲、湄公河三角洲、伊洛瓦底江三角洲以迅雷不及掩耳之势被大规模开垦。而在此之前,这些三角洲地带还几乎都是无人居住的荒蛮之地。自此,全球资本主义狂潮开始席卷这些肥沃的低洼平坦地区。

(一)湄南河三角洲

早在19世纪20年代,英国人伯尼(Burney)就要求泰国开放。[①] 英国此举的最大目的在于将湄南河三角洲开垦成水田,以生产大米。泰国王室最初虽然对此强烈抵制,但最终还是在1855年与英国缔结《鲍林条约》(The Bowring Treaty),被迫开垦湄南河三角洲。[②]

如前所述,要想开发三角洲就必须修建运河。最初雇佣的是华人劳工,由王室直接负责运营工作。但王室逐渐无法承受如此巨大的开支,在1888年将其开发权出售给民间的暹罗运河挖掘与水田灌溉公司。该公司由1名王族成员、2名华人和1名意大利工程师共同经营。公司在曼谷东北部的兰实(Rangsit)获批20万公顷的土地,随后便进行大规模开垦。现在,从日本去泰国,在飞机即将降落着陆曼谷机场之前,能看到几十条笔直的运河环绕着的美丽水乡,那就是兰实地区。

在被快速开发的三角洲地带,各种问题层出不穷,其中最大的问题就是土地纠纷。因为三角洲的大多数土地归属不明,加之土地买卖和租赁等赚钱机会太多,导致当地土地纠纷频发。在兰实地区,从1880年到1901年,其地价的变化如表8所示。在短短的20年间,地

---

① 亨利·伯尼:《伯尼随笔》(第2卷),1826年(Henry Burney, *The Burney Papers*, Vol. II, 1826)。
② 1855年,英国派其驻香港总督鲍林,率领使团乘军舰前往泰国。在英国武力胁迫下,泰国国王拉玛四世被迫于4月18日签订《鲍林条约》。该条约破坏了泰国的司法独立,打破了泰国封建王朝一贯奉行的外贸垄断政策,便利了英国资本对泰国的掠夺,并为西方资本主义的入侵打开了大门。作者在原著中将该条约的签署时间误记为1850年,译者就此做了订正。——译者注

价实际上涨 35 倍，投机倒把遍布各处。由于土地台账不完备，经常有多人主张对同一块土地的所有权。于是，势力强大者使用武器驱赶弱者。在当时，当地强盗横行、杀人放火等现象司空见惯。就是在这样一片混乱之中，土地开垦依旧持续推进。在《鲍林条约》签署后的 50 多年时间里，湄南河三角洲新开垦的水田面积达到 100 万公顷。

表8 19世纪末到20世纪初兰实的地价变化

年份	地价
1880 年	1.00
1890 年	4.25
1892 年	5.30
1894 年	4.80
1896 年	6.30
1898 年	3.50
1899 年	22.67
1901 年	35.00
1902 年	26.50
1903 年	35.00
1904 年	37.50

资料来源：大卫·约翰斯顿：《1880—1930 年的泰国农村社会和稻米经济》，耶鲁大学博士学位论文，1975 年，第 121 页（D. B. Johnstone, *Rural Society and the Rice Economy in Thailand, 1880-1930*, Yale Univ. PhD thesis, 1975, p.121）。

在这一时期，湄南河三角洲的种植情况与现在完全不同。在挖开的运河堤坝上，只有一些狭小的茅草屋。由于周边治安太差，如果在此常住，可能会有生命危险。另外，在短时间内建成的运河有很多地方十分干涸，在旱季甚至无法确保足够的饮用水。所以当地农民几乎都住在湄南河沿岸，只有在播种和收获季节才进入水田开展稻作。贫苦农民虽然移居至该地，但却连水牛都没有。因此，他们在割草焚烧之后，在地里点播稻谷或进行撒播。概言之，当时的湄南河三角洲只是一个季节性的火耕田地带。

进入20世纪后，湄南河三角洲的情况有了很大改观。朱拉隆功国王的行政改革取得很大成效，当地治安状况得以改善。人们开始在运河沿岸定居。随着水牛增多，犁耕直播法得以推广。犁耕直播法是在阿瑜陀耶时代，由暹罗人传统的农耕法演变而来。

自此，湄南河三角洲逐步发展成为颇具规模的稻作农村地带。其中有两次显著变化。第一次是第一次世界大战（一战）后的农业巅峰期，第二次是世界经济危机期间。在一战期间，即1917—1918年前后米价上涨数倍，即便如此高价，还是供不应求。据说当时在运河上，华人中间商的船上满载衣服、家具以及其他的日常用品。商人们为了顺利收购到大米，甚至在稻谷还没有成熟的时候，就带着农民感兴趣的商品前来订购。

三角洲的农民原先只能住在用竹子和茅草盖起来的简陋小屋里，但到这个时期，开始变成现在所能看到的漂亮住房。20世纪以后，中间商不但运来家具，还带来了大量柚木木材，农民们购买这些木材用来改造房屋。在1915年前后，三角洲地区还只有狭小的茅草屋。但在20世纪前10年过后的短短十几年时间里，这里就变成了令人耳目一新的新农村地带。

从另外一个角度来看，在这一时期，运河沿岸也发生了很大变化，即地主开始驱赶佃农。从地主的角度来看，在这个发财致富的时候不能把土地租给他人，最好由自己种植，自己赚得盆满钵满。于是，很多已经开垦水田的佃农都被驱赶出去。例如，在曼谷附近的班昌（Ban Chang），村子中近一半的人都被驱赶出去。① 被驱赶的佃农只能去到更为偏僻的地方，迅速开垦当地剩下的荒地，种植稻谷用来出售。

1930年，世界经济危机爆发，米价一落千丈。原来到了曼谷就会有很多赚钱机会的日子一去不复返。总之，之前到曼谷打工的年轻人

---

① 大卫·约翰斯顿：《1880—1930年的泰国农村社会和稻米经济》，耶鲁大学博士学位论文，1975年，第119—120页（D. B. Johnstone, *Rural Society and the Rice Economy in Thailand, 1880-1930*, Yale Univ. PhD thesis, 1975, pp. 119-120）。

又回到老家。世界经济危机时期的变化并不像高潮时期那样显著,但还是在湄南河三角洲开发史上留下了浓重的一笔。农村利用突然增加的劳动力平整土地,提高稻谷产量以应对米价暴跌。具体而言就是挖沟修渠,在之前未加修整的三角洲水田里堆砌田埂、平整田地、整修引水渠、调节水量。在这个时期,湄南河三角洲首次引入移栽法。

这一时期不仅引入移栽法,还在翻挖引水渠的堤坝上种植橡胶、芒果、椰子等果树。由于当时劳动力过剩,许多人家将住宅的地基抬高,并在周围种上果树以维持生计,例如芒果、菠萝蜜、酸角、椰子等。至此,湄南河三角洲中各户人家都被茂密的果树所包围,这些都是在经济危机时期种下的。在20世纪前10年之前,这里根本没有任何树木。此后,光秃秃的湄南河三角洲开始出现了绿色点缀,湿润的绿色让这里逐渐增加了人间烟火气息。

在经济危机的余波还未平息之际,二战接踵而来,泰国的贸易出口完全中断。曾经盛极一时、充满活力的湄南河三角洲也由此深陷停滞状态。

湄南河三角洲在英国的武力强迫下打开了国门,之后深受外部经济的直接冲击,经历了多次惊涛骇浪。湄南河三角洲的这种情况,和日本的稻作全然不同。湄南河三角洲的开发,目的是生产大米这一国际商品,其自身的发展最终也只能被全球局势所左右。

(二) 伊洛瓦底江三角洲

伊洛瓦底江三角洲的开发过程与湄南河三角洲不太一样。英国殖民者从缅甸手里抢走了伊洛瓦底江三角洲并亲自经营管理。

1852年,伊洛瓦底江三角洲的主要区域落入英国殖民者手中。对于英国殖民者来说,开垦三角洲面临的最大问题就是如何确保足够的劳动力。当时缅甸贡榜王朝王室禁止上缅甸的人移居到下缅甸。因此,英国殖民者只能依靠印度人进行开垦。1860年前后,每年从印度到伊洛瓦底江三角洲的印度劳工有 2000 多人。① 在此期间，英国殖民者不断强烈要求缅甸王室放开移民限制。1862 年，缅甸贡榜王朝曼同王废除禁止移民法。此后，印度人和缅甸人开始大规模迁移至伊洛瓦底江三角洲。

缅甸人和印度人的迁入方式大为不同。缅甸移民通常乘竹筏从伊洛瓦底江上游顺流而下，举家迁至三角洲，并在当地成为自营小农，在新获得的一片土地上开始种植生活。但当时三角洲还处于未开垦状态，所以上缅甸传统的移栽法无法直接照搬。移民们通常在得到 4—5 公顷的土地后开始种植直播稻，并在犁耕之后进行直播。对他们来说，最重要的生产工具就是水牛。但他们很难凑足购买水牛的经费，所以很多农民过得异常辛苦。

印度移民大致可分为两类，大部分属于无房无产的贫苦劳工，只有一小部分是发放高利贷的印度投机商人。后者只是购买土地，然后让贫苦的印度劳工种植。大部分印度劳工身无分文，他们要么住在雇主提供的小房子里，要么拿着雇主给的船费在印度和缅甸之间季节性迁移。

随着伊洛瓦底江三角洲移民的增加，英国殖民当局开始修建水利工程。19 世纪 80 年代是当地水利工程建设最为兴盛的时期。与湄南河三角洲不同，在自然河流较多的伊洛瓦底江三角洲，没有必要挖掘运河来提供饮用水和保障航运。而修建围垦地堤坝保护农田免受洪水侵袭却是很有必要，这一点已经在第二章第三节第三目中进行过论述。

但不久以后，伊洛瓦底江三角洲情况也发生了翻天覆地的变化。在 20 世纪前 10 年的后半期，三角洲的土地利用达到了饱和状态。印度投机者利用廉价劳动力不断扩张耕地，缅甸的自营小农无法保住自己的土地，情况逐渐变得对缅甸农民越发不利。在此背景下，世界经济危机更给缅甸人造成毁灭性打击。

---

① 关于以印度人为代表的南亚居民大规模移居缅甸事宜，可参见〔印度〕苏尼尔·阿姆瑞斯：《横渡孟加拉湾：自然的暴怒和移民的财富》，浙江人民出版社 2020 年版。——译者注

即便在经济危机之下，缅甸农民还得继续借贷。在他们当时的农业生产活动中，借贷是理所当然的。农民为了购买耕牛需要借钱。为此，缅甸农民向缅甸放贷人借款，而缅甸放贷人又向印度投机商借款。在20世纪前10年之前，这种操作没有任何问题。因为不管有多少贷款，只要收获季节一到，农民还清贷款完全不成问题。但进入经济危机以后，情况急剧变化，在1925年能卖195卢比的大米，到了1931年只能卖75卢比。到这个时候，绝大多数农民已经无力偿还贷款。有很多缅甸农民因此失去了土地。据1934—1935年的统计，下缅甸全部耕地的50%落入了印度投机商等非种植地主的手中。

以经济危机的爆发为导火索，缅甸农民的不满情绪彻底爆发。他们发现自己失去土地是由于错误的经济政策所导致，于是对英国殖民当局偏重出口的政策大肆批判。此外，印度人对缅甸人的压迫也被放大，导致各地都发生了缅甸人袭击印度人的事件。缅甸农民在得知伊洛瓦底江三角洲开垦历史和现状之后，上述不满行为逐渐具有更多的政治色彩，其后逐渐发展演变为争取独立的民族主义运动。

在二战期间，所有的印度人都从伊洛瓦底江三角洲撤离。二战后，曾经离开的印度人再也没有返回，这导致伊洛瓦底江三角洲的劳动力供给出现巨大缺口。

此外，二战后，伊洛瓦底江三角洲又出现了其他问题，例如三角洲的少数民族问题。在二战期间，克伦族支持英国殖民当局，这引发了缅族的强烈不满。1974年，笔者在访问伊洛瓦底江三角洲时，当地人不断强调阻碍三角洲开发的难题并非技术问题，而是政治问题。缅族和克伦族之间持续不断的民族纠纷，导致伊洛瓦底江三角洲的治安极为恶劣，这是阻碍三角洲开发的最大难题。20世纪70年代初期，经常可以听到克伦族的村庄被缅族烧毁、在田间劳作的缅族被克伦族袭击等传闻。

这样，伊洛瓦底江三角洲的大开发在殖民地经济的浪潮中匆忙登场，然而一旦脱离殖民统治的枷锁，当地经济随即变得脆弱并走向崩溃，其重建甚至比新建要耗费更多的时间和精力。较之当地居民能够自行经营的湄南河三角洲，伊洛瓦底江三角洲的发展历程堪称时代悲剧。直到现在，伊洛瓦底江三角洲还没有从殖民统治的后遗症中完全恢复过来。

三、大陆山地的柚木树

对西方殖民列强而言，柚木比任何东西都重要。柚木是制造军舰不可或缺的材料，而含有特殊树脂成分的柚木不仅牢固异常，而且即便被水浸湿也能很快变干。因此，没有比柚木更适合做甲板的材料。而且这种贵重的柚木树几乎只生长在缅甸北部和泰国北部。

在二战爆发前，将柚木运出森林的方法通常如下。首先，使用剥皮枯树法。即把靠近树根部分的树皮剥开，让其自然干枯，约 2 年之后再砍树。这是因为如果不充分使其干枯，木材就不能浮在水面上。伐木一般在雨季进行，旱季期间地面坚硬，树木砍倒落地后容易摔坏开裂。从砍倒柚木树的地方运送到小河边，雨季期间驱使大象搬运，旱季期间则依靠水牛搬运，因为旱季太热无法牵引大象。抵达小河边后，等到雨季河水水位上涨的时候，把木头一根一根地放入河里，使其自行向下游漂去。对于中途卡在岸边无法动弹的木材，则用大象牵引出来，便可再次向下漂流。大象是搬运柚木的主要劳动力，据说在鼎盛时期，仅泰国北部就有一万多头大象在搬运柚木。

离开山地后便是河漫滩，这里是组装木筏的地方。湄南河主要有三条支流，分别是流经达府（Tak）的宾河（Ping River）、流经宋加洛的荣河（Yom River）和流经程逸的难河（Nan River），每条河流都有各自的木筏组装地。从这里顺流缓缓而下，2—3 年后可以到达曼谷。从在山上伐木开始到抵达曼谷，通常需要 4—5 年时间。慢一些的话，据说要 10 多年才能到达。在曼谷，沿着湄南河干流有方圆数十千米的贮木场，这里经常储存有数量惊人的木材。

从古代开始，柚木就在当地作为优良的建筑材料使用。当地土邦首领的宫殿就使用了大量柚木。但柚木树被大肆砍伐是在19世纪80年代后半期以后。英国人贿赂泰国北部土邦首领，从他们那里得到了伐木许可，之后便兴起了砍伐柚木树的热潮。由于柚木是热销产品，伐木企业蜂拥而至，其中也包括当地人。19世纪末期到20世纪初期是柚木滥砍滥伐的高峰期。据说在当时，仅泰国北部的大型伐木公司就超过100家。

对于上述滥砍滥伐的行为，泰国政府十分震惊。为控制过度的滥砍滥伐，泰国政府开始调整伐木政策，并于1896年在清迈设立森林局。据说森林局原本是在英国的唆使下成立的。[①] 英国人的目的有两个：第一，抑制滥砍滥伐；第二，整顿无资质的中小伐木公司，以此消除竞争对手。这样一来，只有大企业才能更有规划且可持续地进行采伐。到了1910年前后，当时100多家伐木公司经过整顿，只剩下少数几家大公司。

森林局成立之后，直到二战爆发，泰国北部的柚木砍伐数量每年基本保持稳定，每年的采伐量大概维持在10万棵左右。其中六到七成是由英国公司砍伐的，剩下的三到四成被法国公司、丹麦公司、华人企业和当地土邦首领瓜分。这些木材被运到曼谷后，其中的90%都由英国公司加工并出口至世界各地。

柚木产业并没有对泰国北部当地社会产生太大影响。除去亲自参与经营的一部分土邦首领、直接参与木材运输的克伦族和泰雅伊族等当地居民以外，伐木产业与种植稻谷的当地普通农民之间并没有太多交集。但从国家财政角度来看，柚木产业具有重要意义。在出口高峰期的1919—1920年，柚木出口额甚至占据泰国出口总额的14%。[②]

[①] 筱原武夫：《东南亚大洋洲的林业》，地球社1981年版，第91—92页（篠原武夫：『東南アジア・オセアニアの林業』、地球社1981年版、第91—92頁）。

[②] 高山庆太郎：《柚木史话》，木材经济研究所1943年版，第69页（高山慶太郎：『チークの話』、木材経済研究所1943年版、第69頁）。

一般而言，在东南亚大陆地区最深处，几乎都是和外界隔绝的山地。但到了 19 世纪末，由于柚木变成重要军需物资，这一地区也开始受到外界的直接影响。

四、荷兰对爪哇岛的"经营"

荷兰在爪哇岛的"经营"情况有些复杂。因为荷兰的殖民统治有两个性质各异的时代，即 18 世纪之前的荷兰东印度公司时代和 19 世纪之后的荷属东印度时代。而爪哇岛本身也有两种大相径庭的生态圈，分别是湿润的西爪哇和旱季明显的爪哇中东部。大致来说，在荷兰东印度公司时代西爪哇为主要舞台，而荷属东印度时代的主要舞台转移到了爪哇中东部。

（一）西爪哇和荷兰东印度公司

17 世纪初期创立的荷兰东印度公司专门从事贸易活动。[①] 主要沿着波斯（现为伊朗）、斯里兰卡、马六甲、巴达维亚（Batavia，后来的雅加达）、平户（后来的长崎）这条线路进行进出口贸易，主要目的之一是获取日本的白银。另外，荷兰东印度公司还垄断摩鹿加群岛的香料并将其销往欧洲。但在 17 世纪后半期以后，这种贸易被后来居上并掌握制海权的英国夺走，这条贸易线路逐渐走向衰亡。因此，荷兰东印度公司不得不转移到爪哇这种小地方。

当时，荷兰东印度公司趁着马塔兰王国的衰落和混乱，占领了西爪哇内陆的勃利央安（Priangan）。之后，荷兰殖民者又利用万丹王国（Banten）[②] 的混乱，在 1680 年将爪哇海岸地带也纳入其势力范围。到 17 世纪末期，曾经的"海上马车夫"——荷兰人蜕变成西爪哇的殖民

---

① 有关荷兰东印度公司与东南亚各地的关系及其具体活动，可参见〔日〕羽田正：《东印度公司与亚洲之海》，毕世鸿、李秋艳译，北京日报出版社 2019 年版。——译者注
② 亦称万丹苏丹国（Banten Sultanate），又称下港，印度尼西亚巽他人在爪哇岛西部所建伊斯兰教王国。——译者注

统治者。

　　荷兰东印度公司在成为新的统治者之后，继承了马塔兰国王和万丹国王的征税权，对本地居民收取租税，并命令他们提供能够满足国际市场需求的产品。从最初的蓝靛、砂糖等，到最后转为咖啡。之所以这样，是因为湿润岛屿的山地勃利央安最适宜种植咖啡，且当时欧洲市场对咖啡的需求正在不断增加。

　　咖啡的强制供给制度让巽他社会发生了巨变。一直以来，巽他属于居无定所的刀耕火种社会。但随着咖啡这种多年生农作物种植面积的不断扩大，雇佣长期劳工的需求增加，当地居民也逐渐定居下来。而随着咖啡种植园的出现，也让巽他社会的定居方式逐渐增多，水稻种植也随之被引进。在引进水稻种植的过程中，荷兰人采取了积极的奖励措施。当前，展玉（Cianjur）被誉为印度尼西亚最好的大米产地之一，即是经由这样的过程发展而来的。

　　上述变化并不限于西爪哇。不久之后，苏门答腊的山地也出现了类似变化。在广阔的湿润岛屿西部上游山地的刀耕火种社会中，荷兰东印度公司的强制供给制度促使村落定居并引入了水稻种植。如前所述，在 20 世纪初到 30 年代期间，当地中游地区出现了大量橡胶种植园和果园。而在上游山地，由于荷兰殖民者的强制介入，早在 100 多年前，当地居民的生计和社会状况就已经发生了巨大变化。

（二）爪哇中东部与荷兰殖民当局

　　如前所述，15、16 世纪的爪哇中东部粮食充足，是东南亚最为富庶的地方。19 世纪初期的爪哇也非常富饶。根据当时居住在爪哇的莱佛士（Raffles）所言，爪哇每年都向锡兰（Ceylon，现为斯里兰卡）和科罗曼德（Coromandel）出口 6000—8000 吨大米。① 比起孟加拉，爪

---

① 托马斯·斯坦福·莱佛士：《爪哇史》（第 1 卷）（牛津亚洲史丛书再版，初版发行于 1817 年），牛津大学出版社 1965 年版，第 117 页（Thomas Stamford Raffles, *The History of Java*, vol. 1 [Oxford in Asia Historical Reprints, 初版发行于 1817 年], Oxford University Press, 1965, p. 117）。

哇才是真正的大米出口国。① 但进入 20 世纪以后，爪哇却深受粮食不足的困扰，变得民不聊生。这是因为荷兰殖民当局强制推行甘蔗种植，许多稻田都变成甘蔗种植地。

荷兰东印度公司破产后，荷兰殖民当局取代该公司对爪哇实施殖民统治，并采取了完全不一样的统治政策，即引入了强制种植制度。该政策在 1830 年制定，主要包含两个部分：一是强制农民在田地里种植甘蔗；二是征用农民劳工从事国土改造的土木工程。殖民当局没有任何投资，一味压榨当地农民的劳动力，企图以甘蔗种植为中心，对爪哇进行所谓"综合开发"。

为提高甘蔗种植效率，需要修建灌溉工程和道路等基础设施。早在 19 世纪 40 年代，殖民当局在淡目（Demak）就先后投入了超过 10 万人次的农民劳工用于修建灌溉工程，最终该工程不了了之。接着，又在芝拉扎（Cilacap）修建港口，但也以失败告终。虽多次失败，但荷兰殖民当局并不罢休，又在各地修建了许多基础设施。其中，取得最大成功的就是布兰塔斯河下游的灌溉工程。另外，各地的道路建设工程也在如火如荼地进行。

这一政策给爪哇的经济社会带来了十分深远的影响。在强制种植制度实施 40 年后，荷兰殖民当局虽自主叫停该制度，但爪哇经济社会已经变得面目全非。道路和港口修建后，激发了民间种植园主的投资意愿。1870 年以后，民间种植园主取代了殖民当局的角色，开始自己主动推进甘蔗种植。

民间种植园主通过村长，以村落为单位租借水田。在租借到村庄的水田后，种植园主将其分成三个区域，雇佣当地农民进行甘蔗种植。据植村泰夫的记载，当地的种植情况如下。②

---

① 托马斯·斯坦福·莱佛士：《爪哇史》（第 1 卷）（牛津亚洲史丛书再版，初版发行于 1817 年），牛津大学出版社 1965 年版，第 216 页〔Thomas Stamford Raffles, *The History of Java*, vol.1〔Oxford in Asia Historical Reprints, 初版发行于 1817 年〕, Oxford University Press, 1965, p.216〕。

② 本节与甘蔗相关的大部分内容均参照了以下文献。植村泰夫：《糖业种植园与爪哇农村社会》，《史林》第 61 卷第 3 期，1978 年 5 月，第 379—406 页（植村泰夫：「糖業プランテーションとジャワ農村社会」、『史林』第 61 卷第 3 号、1978 年 5 月、第 379—406 頁）。

第一年，被雇佣的农民在出租的水田中，按照公司要求，将三分之一的面积改为种植甘蔗。到了4月份雨一停，他们就在刚收割完的水田里点火，把稻秆和杂草焚烧掉，匆忙地将水田变为甘蔗田。这些工作相当耗费力气，而且还需要把平坦的水田修整成宽50厘米左右的高田垄和深沟渠，沟渠和田垄之间需要有1米左右的高低差。为了灌溉田垄，需要持续向沟渠里引入灌溉水。整理田垄的工作一般需要两个月的时间，通常是在4月到5月之间进行。

到了6月份，在整理好的田垄上种植由公司提供的甘蔗苗。甘蔗的成长期一般为6月种下、次年5月成熟。其间还得进行补种、施肥、中耕、除草、培土和灌水等繁重工作。次年6月到9月是收获季节，要根据公司决定的日期收割甘蔗，而且必须当天运进榨糖厂。

从最初打垄到收割完成，大约需要一年半的时间。收割完成后，土地终于又回到当地农民手中，他们铲除田垄，让田地恢复到原来的样子。之后的一年半，又接着异常忙碌地种植稻谷（12月—次年4月）、玉米（5月—11月）、复种稻谷（12月—次年3月）。在第四年度的4月份，又得再次在地里堆砌田垄并种植甘蔗。

上述只是划分为三个地块中的一个地块的种植工作，除此之外还有第二、第三个地块。第二个地块在第二年的4月打垄，必须按顺序逐步完成一系列种植工作。第三个地块也一样，从第三年度开始进行。以三年为单位，当地农民被强制编入严格管理的轮流农耕日程之中，被迫重复为公司种植甘蔗，以及为自己种植稻谷。

甘蔗需要灌溉，四季皆可种植。为了稳定产量，必须扩大灌溉面积。为此，种植园主大力投资灌溉设施，之前这里的水田只依靠地下水灌溉，得益于如此完善的灌溉设施，它们后来都变成了优质良田。

然而，优质灌溉田的出现对当地农民而言绝非幸事，反而给他们带来了巨大损失。随着灌溉水渠的扩展，种植园主们把所有的水都用于灌溉甘蔗，由此导致其他作物失去灌溉水源。例如，之前复种作物中的玉米就无法种植，相对而言，玉米生长也需要大量水源，而在这种新的水利条件下难以开展种植。因此，当地农民不得不改种在恶劣条件下也能够生长的木薯，以取代玉米。

更为恶劣的是，当地农民甚至再也无法种植口感好的稻谷。因为公司担心甘蔗田的打垄日程被推迟，所以禁止租借的水田里种植晚稻。这使得当地农民不得不放弃之前种植的传统晚稻，改种口感不好且产量低的早稻。

此外，甘蔗种植还产生了更为重大的社会影响。由于甘蔗种植是村落承包制，为了提高效率，1830 年，殖民当局实施强制种植制度，这导致很多村落废除了私有制，把所有的田地都变成公有田。在爪哇中东部，19 世纪末期以后这样的变化仍然在发生。如此一来，农民采取每年轮流的制度，根据分摊到的田地来种植稻谷。为了按照严格的日程有效推进甘蔗种植，这在当时无疑是最佳的办法。但在事实上，当地农民也因此被迫放弃了世代传承下来的土地，此事对他们意义重大。农民们只要拥有自己深爱的土地，就可以悠闲且有尊严地活下去，但彼时他们已经失去了最根本的尊严。

当地农民牺牲粮食生产甚至牺牲自己的尊严也不得不被迫种植甘蔗，这其实还有更深层次的理由。19 世纪后半期，就算是在农村，农民也处于没有现金就无法生存的状态。首先，佃农租借他人的耕地必须支付地租，买犁、买牛、买谷种都需要钱，但获取现金的渠道却极为有限，农民们经常为钱着急上火。在这种情况下，由种植园主提供的现金就是为数不多的现金来源渠道之一。种植园主通常会预付地租，农民们为了获得现金收入而投入其种植劳动之中。但土地一旦租出且收取了预付金之后，再想抽身已经几乎是不可能的了。

就这样，甘蔗种植取得了飞速发展，这与当地农民的窘态形成了鲜明对比。图 26 显示了从甘蔗强制种植开始实施到世界经济危机期间甘蔗产量的增长情况。1860 年以后，由于甘蔗的种植面积几乎没有增长，所以图 26 中数十倍的增长应该是得益于甘蔗单位产量的大幅提升。在 19 世纪 80 年代之前，灌溉设施的扩大和种植方法的改良使得甘蔗产量大增。19世纪90年代之后，欧洲的大企业也开始参与甘蔗种植，运入了大量肥料，于是甘蔗产量再次飞跃。20世纪20年代以后，随着POJ 2878等高产品种的问世，甘蔗产量又开始以惊人的速度暴增。①

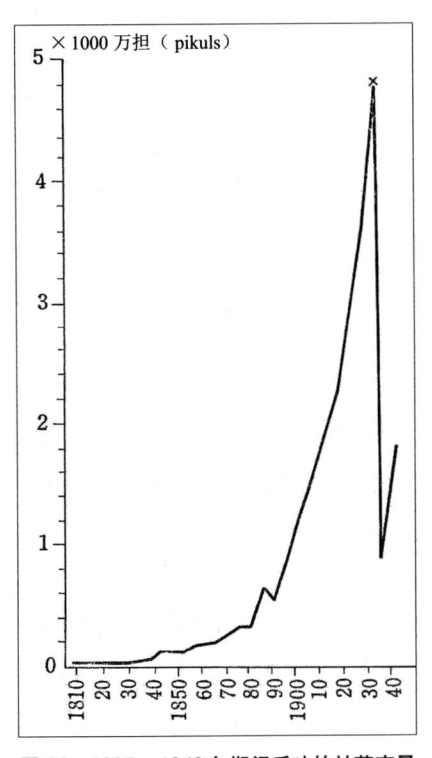

图26　1807—1940年期间爪哇的甘蔗产量

资料来源：1807—1890年的数据来自格尔茨（Geertz）、1890—1940年的数据来自艾伦和唐尼索恩（Allen & Donnithorne）的相关著作。具体参见以下文献。克利福德·格尔茨：《农业内卷化：印度尼西亚生态变迁的过程》，加利福尼亚大学出版社1963年版，第67页（Clifford Geertz, *Agriculture Involution: The Process of Ecological Change in Indonesia*, Univ. of California Press, 1963, p.67）。乔治·西里尔·艾伦、奥黛丽·唐尼索恩：《在印度尼西亚和马来亚的西方企业》，伦敦：艾伦与昂温出版有限公司1954年版，第84—85页（G. C. Allen & A. G. Donnithorne, *Western Enterprise in Indonesia and Malaya*, London: George Allen & Unwin, 1954, pp.84-85）。

---

① 乔治·西里尔·艾伦、奥黛丽·唐尼索恩：《在印度尼西亚和马来亚的西方企业》，伦敦：艾伦与昂温出版有限公司1954年版，第84—85页（G. C. Allen & A. G. Donnithorne, *Western Enterprise in Indonesia and Malaya*, London: George Allen & Unwin, 1954, pp.84-85）。

在蔗糖产业持续增长的 19 世纪后半期到 20 世纪 20 年代，甘蔗的种植面积达到 20 万公顷左右。换言之，有 60 万公顷左右的水田实际用来种植甘蔗。实际上，爪哇全部耕地的五分之一都已租给了甘蔗种植园主，约 100 万人在甘蔗地劳作，甘蔗榨糖厂的长期雇佣劳工有 6 万人之多。

在 20 世纪 20 年代，这 20 万公顷的甘蔗地由 180 个种植园主经营。一位种植园主手下有经理、工程师等 20 多名荷兰人职员。他们管理着 800—1100 公顷的甘蔗地，隶属他们的农民大约有 5000 户。

在被迫改种甘蔗后，爪哇中东部的农村几乎都变成以种植园为中心的农村。这与莱佛士笔下的"虽是典型的乡下，但大家的生活却属于小康水平"的农村大不相同。道路和铁轨被修建得密密麻麻，甘蔗田的产量也变得极高。荷兰殖民当局主导的综合开发计划确实取得了成功，并由此创造了很多财富。然而，这些财富却又全部从港口被运往欧洲，当地居民却无缘享受。

从 19 世纪后半期开始，在不到 100 年的时间里，爪哇中东部变成了土地生产力极高但粮食匮乏的地方，农民经常性地处于极度疲乏之中。

第五节　第二次世界大战结束后

二战后，东南亚各地的土地利用模式再次发生巨变。其中变化最为显著的是湄南河三角洲、泰国东北部以及印度尼西亚的海岸低湿地三个地区。

一、湄南河三角洲的高密度利用

从世界经济危机到二战爆发前，湄南河三角洲的发展曾一度陷入停滞，但在二战后再次复活。当时，联合国粮食及农业组织（FAO）

在讨论如何克服二战后全世界粮食不足问题的过程中，选中了湄南河三角洲开展调查研究。FAO 在其调查报告中提到，湄南河三角洲是全世界最具有发展潜力的粮食供给地，于是世界银行等机构开始在这里投入大量资金和技术。以此为契机，湄南河三角洲从二战前的自主开发，转向国际机构参与的大规模再开发时代。由此，也揭开了大湄南河工程的序幕。

大湄南河工程主要由两个部分组成。一是在上游建设超大型水坝，进行流量调节。实际上，在 1957 年建成了库容 122 亿吨的普密蓬水坝，其库容是日本最大的奥只见水坝容量的 30 倍。接着在 1972 年又建成了另一大水坝，即诗丽吉特水坝。二是进一步扩大用于稻作的灌溉引水渠。三角洲上半部分的古三角洲从扇顶开始，灌溉引水渠呈树枝状分布。下半部分的新三角洲从扇顶的取水点开始，大面积的干线水渠延伸开来，并和二战前农民分散开凿的水渠连接在一起。大湄南河工程的灌溉引水渠网如图 27 所示。

这里稍微转换一下话题。二战前，曼谷的洪水水位逐年递增。据 1914—1950 年的数据显示，在此期间曼谷的洪水水位每年递增 1.1 厘米。[①] 在此背景下，曼谷市民对湄南河上游的农业开发极为敏感，尤其强烈反对开发分散在各处的沼泽和湿地。因为如果这些地方变成水田，就会丧失滞洪水库的效果，进而导致曼谷的洪灾更加严重。围绕在上游所进行的农业开发，出现了各种论调，包括要么加固增高曼谷既有的围垦地堤坝，要么重新挖掘更大的排水渠以提高排水效率等。

经过激烈争论之后，西部堤坝建设计划被列为大湄南河工程的重要一环。西部堤坝位于曼谷西北部，南北长约 50 千米、东西宽约 30 千米，将湄南河的洪水人工引入西部堤坝，可使曼谷免受洪水袭扰。

---

① 坎查纳拉克·文乔布：《三角洲及排放口拓展导致的河流水文显著变化》，联合国在"气候适应研讨会"上关于潮湿热带三角洲科学问题及其影响的讨论，1964 年（K. Boonchob, "Significant Change of River Hydrology due to Delta Extention at its Outfall", U.N. Dacca Symposium on Scientific Problems of Humid Tropical Zone Deltas and their Implications, 1964）。

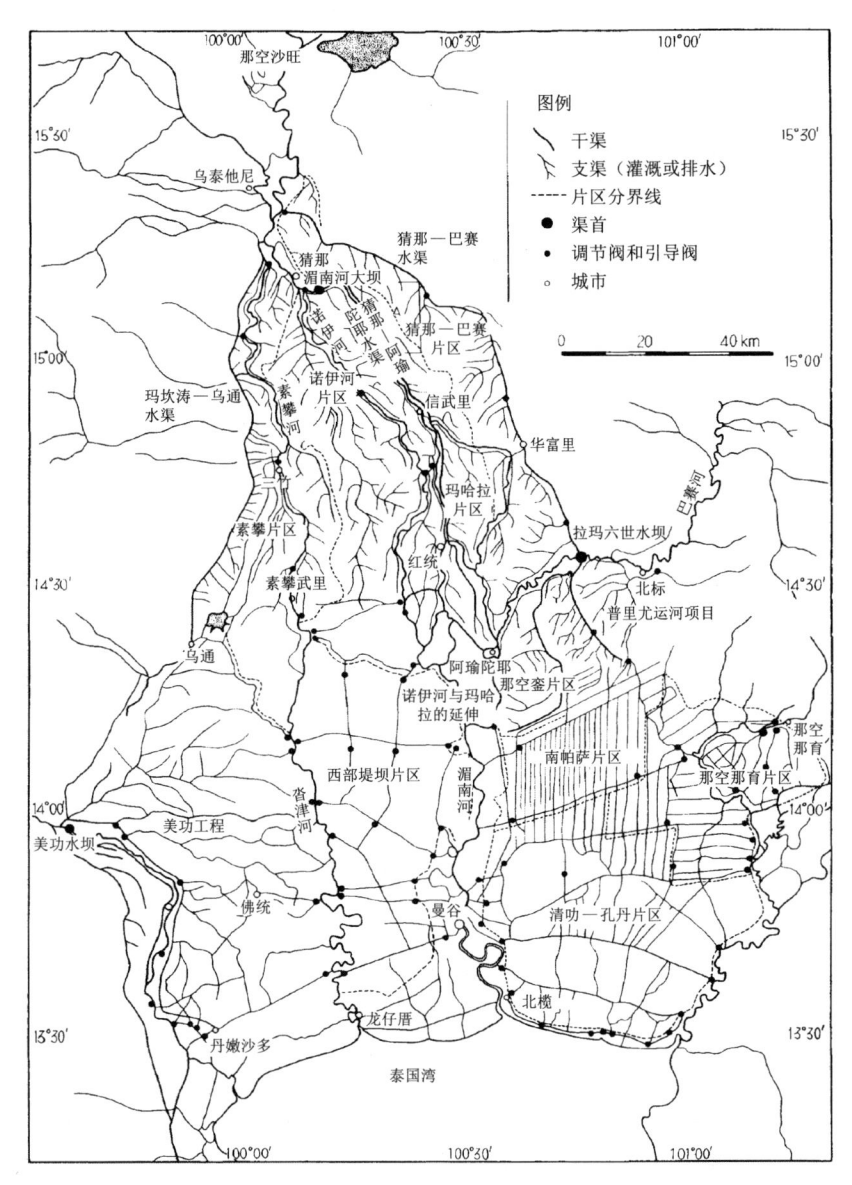

图 27　以大湄南河工程为中心的 20 世纪 60 年代中期湄南河三角洲灌溉水渠网

资料来源：富士冈义一、海田能宏：《关于泰国曼谷平原的灌溉排水》，《东南亚研究》第 5 卷第 3 期，1967 年 12 月，第 574 页（富士岡義一、海田能宏：「タイ国バンコク平原の灌漑排水について」，『東南アジア研究』5 巻 3 号、1967 年 12 月、第 574 頁）。

但这一计划给西部堤坝的稻作造成了直接的负面影响，西部堤坝在雨季的水位显著升高，许多地方无法开展稻作生产。有鉴于此，泰国政府面向受灾地的农民出台了新版西部堤坝计划，即鼓励农民在西部堤坝栽种旱季稻。

原本湄南河三角洲并没有旱季稻，但到了20世纪60年代，上述情况有所改变。上游的普密蓬水坝建成后，即便在旱季也能保证足够的用水。于是泰国政府命令西部堤坝的农民改变以前5月播种、次年1月收割的稻作方式，转为旱季人工引水灌溉，即1月种植、4月收割的旱季种植。

当地农民最初并不满意政府的提议，但无奈之下只得逐渐接受。并且，他们发现如果种植旱季稻，在青黄不接的时候，收获的大米还可以卖出更好的价钱。得益于政府投资修建的抽水设施和宽阔的道路，原本较为落后的西部堤坝变成了让人眼前一亮的现代化水田地带。

由于西部堤坝计划的实施，彻底改变了人们对湄南河三角洲稻作的印象。自当地开始农耕以来，所有的稻作都是在雨季三角洲被水淹没的时候，用水牛和小船进行栽种，这已成为一种常识。而到旱季时，三角洲整体上非常干燥、酷暑难耐，人们原本只能在阴凉处发呆。然而，现在比起原来的雨季稻作，人们在旱季可以更快更好地使用水泵和拖拉机进行种植。二战后湄南河三角洲变化的第二阶段，就表现为三角洲出现旱季种植。

对于普通市民而言，通常期待的是在雨季能控制好洪水、以及在旱季有足够的水源。作为实现现代化的一大前提，人们认为在雨季只能靠船移动是落后的象征，交通工具应从船只变成汽车。在此背景下，早在20世纪60年代，将灌溉堤坝改造成为公路的计划也被提上议事日程。到了20世纪70年代，当地开始大量修建汽车专用公路。在20世纪80年代，湄南河三角洲已经遍布高速公路。二战前谁也不会想到，从雨季洪水中解放出来的湄南河三角洲能发展到如此模样。在能够控制雨季洪水的大前提下，如今，湄南河三角洲的改造仍在不断推进。

可惜的是，只有在获得大量国际投资的湄南河三角洲，才能看见上述令人难以想象的巨变。而在治安混乱、没有外来投资的伊洛瓦底江三角洲、湄公河三角洲，目前还处于二战前的状态。或许在不久的将来，这些三角洲也会发生与湄南河三角洲相似的变化。

二、泰国东北部的旱地扩充

二战前，泰国东北部并没有旱地种植。干燥且海拔较高的地区全被落叶林所覆盖，经常可见有人在此处放牧水牛。总而言之，这里是仅由疏林和水田组成的空间。

二战期间，泰国东北部这种基本模式被打乱。据说日军在停止进口棉布后，泰国东北部部分地区开始在火耕田里种植棉花，并把这些棉花卖到曼谷。这就是泰国东北部最早出现的旱地种植。进入20世纪60年代，当地开始引入红麻（Kenaf），这种经济作物很快传播开来，很多疏林都变成了栽种红麻的田地。红麻并非栽种在火耕田里，而是将当地原有的树木连根拔起后进行犁耕，以便能够连年进行种植。红麻收割后需浸泡在水里1个月左右，等肉质部分开始腐烂时，只取出纤维并洗净，经干燥后即可出售。

到了20世纪70年代后半期，种植红麻的旱地大多变成木薯地。收割红麻后所需的泡水、剥皮、水洗等工作均属于脏重体力活，当地农民大多不愿意从事。而由种植红麻变成种植木薯，还有一个更重要的原因，即木薯和红麻相比，其栽种、收割等处理都不费工夫。在道路状况良好、附近有工厂可以打工的地方，原本种植红麻的土地都改成种植木薯。当地农民可以利用改种木薯后节省下来的时间，到附近的工厂打工赚钱。

木薯地的翻地一般使用拖拉机。在地上插入木薯块茎，8—9个月后即可收获。在收获的时候，只要和加工厂提前约定好时间，工厂就会派人开着卡车直接到田里来搬运。当地农民只需在搬运的前一天拔出木薯，当天装上卡车即可。木薯直接被运到加工厂切片，在种植木薯的地区，有很多加工厂在从事这样的工作。

租赁拖拉机进行翻地种植和加工厂切片处理这两道工序一经结合，木薯的种植面积随即快速增加。当全部工序都实现机械化后，木薯种植面积更得到进一步扩大。与此相对比，森林面积则显著减少。20世纪60年代还是广袤森林的地方，到了20世纪80年代就变成了广阔的木薯地。

同期，水田面积也在快速增长。以1919年的人口为基准，泰国东北部的人口在二战后的1947年增长2.0倍，到1970年增长3.9倍，到1980年增长5.0倍。与此相适应，当地也必须进一步增加大米产量。二战前，当地只在山谷谷底才有水田，而现在的丘陵斜坡上也有大片梯田延绵起伏。

像在泰国东北部的平原地区，不可能只种植雨养水稻。雨养水田要想增加产量其实非常困难。因为不知道什么时候土地就会变得干旱导致颗粒无收，所以农民一般不会在田里施肥。图28显示了黎府（Loei）从1939—1940年到1978—1979年期间单位产量的变化，可以看出单位产量几乎没有增加。较之该图中泰国北部的清迈，两者的差异非常明显。清迈在20世纪50年代中期之后，单位产量一直在增加。在20世纪70年代后半期，达到二战前的2倍。这是得益于灌溉设施的大规模普及，清迈的稻作情况得以大幅改良。与清迈相比，黎府就无法实现这一目标。目前，泰国东北部的平均单位产量仍在泰国北部的三分之一以下。

在二战后的泰国东北部，尤其是20世纪70年代以后，较之二战前发生了巨大变化。雨养水田开始出现在斜坡上，再往上走就是广阔的木薯地。在当地的森林中，水牛到处觅食的景象已经消失得无影无踪，取而代之的是拖拉机扬起的一地灰尘，到处是一片忙碌景象。

对此，当地农民和政府官员都不认为这是什么好现象，斜坡侵蚀严重、水源枯竭、土壤营养流失，木薯单位产量显著下降。这已经严

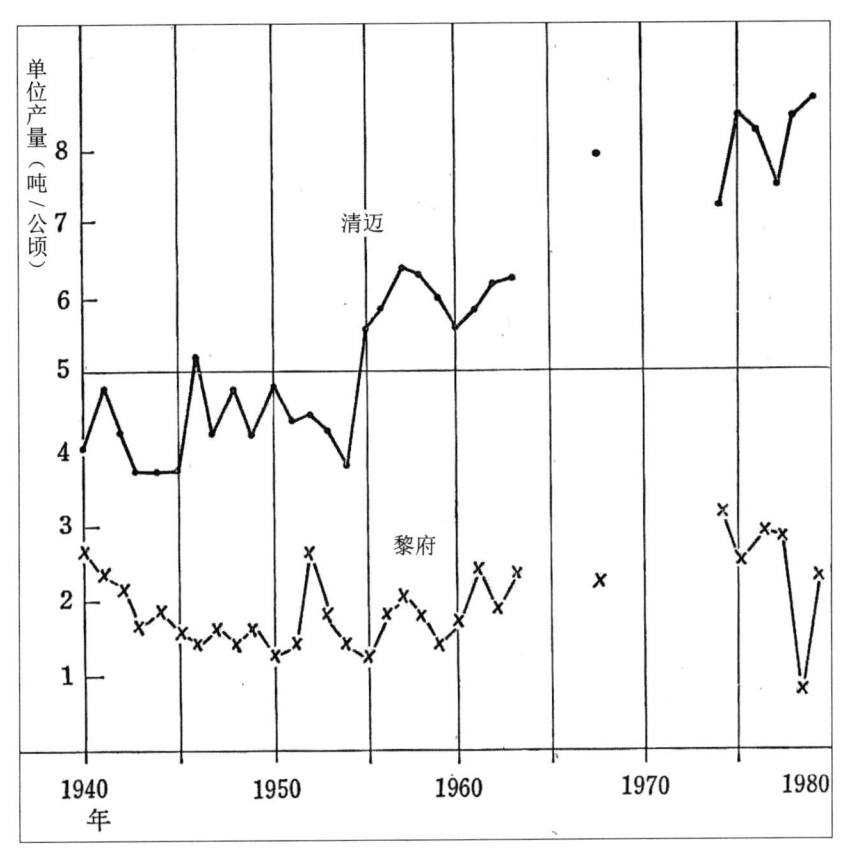

图28 呵叻高原（黎府）和大陆山地（清迈）大米单位产量的历年变化

资料来源：《泰国统计年鉴》第 21—24 期，1940—1963 年（*Statistical Year Book, Thailand, No. 21-24, 1940-1963*）。《泰国农业统计》，1974—1979 年（*Agricultural Statistics of Thailand, 1974-1979*）。

重超出了泰国东北部稳定的土地利用状态，迫使土地超负荷运转。

由此可见，泰国东北部的土地利用已超过饱和点，开始出现崩溃的征兆，今后这里将走向何方，备受关注。是恶化成为南印度那种寸草不生、地表裸露、贫瘠的土壤、干涸的雨养水田的模样，还是会悬崖勒马并保留更多的绿色，泰国东北部如今正站在面临重大选择的十字路口。很多人都在探索如何实现泰国东北部富裕的未来，但泰国东北部的平原属性也是无法改变的事实，这里没有山也没有水，必然会限制其农业的进一步发展。

也许将来湄公河计划实现之后会有所改变。泰国政府曾有计划设想，在万象上游修建大坝截断湄公河干流，并通过抽水机向泰国东北部引水，从而一揽子灌溉当地边长 300 千米的四方形平原。湄公河计划是一项规模异常庞大的工程，要在原本没有水源的平原最高处连接世界上屈指可数的超大河流——湄公河，以此给整个平原供水。如上所述，这比湄南河三角洲的防洪蓄洪工程更为庞大。

联合国早在二战后初期就设立湄公河委员会（MRC）[①]，并对实现这一计划的可能性进行了研究。但由于这是超大型工程，技术、资金都存在不少问题。而且湄公河是一条国际河流，除了上述问题，还涉及到国际政治等诸多问题。为实现这一计划，湄公河委员会一直在做各种努力。

三、印度尼西亚海岸低湿地的开发

爪哇的人口在 1815 年是 450 万、1880 年是 1950 万、1930 年是 4170 万，1980 年急剧增长到 9127 万。早在二战前，爪哇就出现了人口过剩的情况。与此相比，在苏门答腊、加里曼丹、苏拉威西等外岛上，却保留着广阔的雨林。不管是二战前还是二战后，印度尼西亚农业政策的特点之一，就是试图将过剩的爪哇人口迁移出去，以开垦这些外岛的大片热带雨林。

在荷兰殖民当局的主导下，最初的移民计划始于 1905 年，但并没有取得预期效果。从 1937 年开始迁入南苏门答腊州勿里洞岛（Belitang）的移民还稍微算得上是成功。殖民当局在苏门答腊沿岸山

[①] 1995 年 4 月，泰国、老挝、柬埔寨和越南四国在泰国清莱签署《湄公河流域发展合作协定》，决定成立湄公河委员会（Mekong River Commission, MRC, 湄委会），重点在湄公河流域综合开发利用、水资源保护、防灾减灾、航运安全等领域开展合作。——译者注

脉东边的山脚下挖掘灌溉水渠，截至1941年，从爪哇共迁入了5600户人家。

二战后，由于爪哇的人口密度变得更大，实施移民政策的必要性越发紧迫。同时，为了增加粮食生产，开垦新的农业用地也是当务之急。加之由于印度尼西亚二战前的种植园经济已经崩溃，所以亟须开垦农地以满足当地居民主食的自给自足。

虽然二战后的移民计划仍然作为国策施行，但推行并不顺利。这是因为移民计划过于宏大，但实际上由于缺乏各种信息等因素，大多数计划没有经过深思熟虑。例如，1947年，印度尼西亚政府决定在15年内从爪哇迁出3100万人口，这相当于爪哇全岛人口的一半。但这一计划实在太过离谱，无法实施。1951年，印度尼西亚政府又更改计划，宣称在未来35年内从爪哇迁出4867万人口。照此换算，平均每年需要从爪哇迁出约140万人口到外岛。但实际上，在该计划正式实施的1959—1969年的11年间，平均每年只有大约2万人迁出。①

到20世纪60年代后半期，移民计划得到落实，开始顺利实施。在20世纪70年代，出现了最适合移民迁入的海岸低湿地。而这些地区在二战前曾是瘴疫之地，当地居民完全弃之不理。

1976年开始有移民迁入的乌班岛就是其中之一。这里位于苏门答腊科梅林河的最下游，河流在此处形成了河口三角洲，乌班岛就是河中岛之一。整体看上去就像顶点朝南的细长三角形，长约50千米，沿着海岸线的底边约长15千米。由于是河口三角洲，海拔几乎为零。这里虽然离海很近，但位于大河的河口，所以拥有丰富的淡水资源。

农民迁入后，要在岛上纵横挖掘高密度的水渠，这些水渠在作为水运通道的同时，其主要用途是用于潮汐灌溉。稻作方法采用武吉斯人发明的固定式潮汐灌溉稻作（参照第二章第四节第四目），主水渠宽

---

① 琼·哈乔诺：《印度尼西亚的政府移民》，牛津大学出版社1977年版，第23页（J. M. Hardjono, *Transmigration in Indonesia*, Oxford Univ. Press, 1977, p.23）。

10 米左右，载重量在 10 吨以下的船只可轻松通过。支渠宽 4 米左右，在支渠上还开凿了许多梳子齿形状的小水渠，这使得各块田地旁边都有水渠经过。在笔者进行田野调查的 1978 年，此处已经迁入 1700 多户人家，并形成了 4 个小村落。迁入的每户人家都获得 0.25 公顷的宅基地和 1.75 公顷的农田。宅基地普遍位于深沟和田垄上，这些地方种植着木薯、香蕉、木瓜、田菁花（Sesbania）等作物。虽然是低湿地，但房屋周围的模样都明显仿效爪哇农村进行了规划设计。

农田大多位于距离村落 2 千米左右的地点，当时笔者一行看到大部分水田还没有开始犁耕。与上文穆阿拉拓朗乌记述的一样，在大多数情况下，只有用砍刀割除杂草的地方才会种植稻谷。很多农民迁入当地还不到 1—2 年，听说他们将来会把这里逐步改造成犁耕水田。虽然稻谷的收成不多，但也算稳定，平均每公顷有 3 吨的收成。

按照规定，除了政府提供给移民的 2 公顷土地，还要配备住宅，配给移民后 2 年期间最低标准的粮食和生活必需品，视情形还会提供农具和牛。据统计，在 1978 年的时候，政府提供给乌班岛 146 头牛用于犁耕。根据相关政策，6 年之内移民处于移民事业部的管辖之下，在新的移居地逐步构建起生活基础。之后就被纳入普通的地方行政管辖范围之内，成为当地正常纳税的农民。

在实际的生产生活过程中，移居当地的农民虽然也有各种不满或牢骚，但并非都是难以解决的严重问题。例如，1978 年乌班岛发生了饮用水不足的问题，针对这一情况，政府提供了储水罐用以储存雨水，成功解决了该问题。针对农民们深受疟疾困扰的问题，政府分发药剂并进行播撒之后，当地疟疾感染明显减少。当时人们最大的烦恼，莫过于啃食稻谷的野鼠和虫害。诸如此类的问题并不少见，但总体来看，移民和政府都认为这一计划取得了成功。

此类移民计划在 20 世纪 70 年代之后迅速普及开来，尤其是在潮汐地带的沿岸低湿地，甚至还掀起了一股移民热潮。

对此，笔者谈几点个人见解。对于目前正在推进的海岸低湿地移民计划，笔者不仅看到希望，也有非常不安的复杂情绪掺杂其中。首先是不安，这和泥炭有关。海岸低湿地原本富含泥炭，农业开发稍有不慎就有可能引发严重的环境退化。20世纪80年代，在苏门答腊英德拉吉里河的最下游，笔者曾与负责此处移民移居地建设的工程师进行过对话，他认为此处作为移民地并非最好选择。因为如果挖掘水渠建造地基的话，不超过两周地基就会下沉，或者修建地基本身就是无法完成的工作。这是因为用于施工的土地由很厚的泥炭层构成，而一旦泥炭凝缩之后，自然会导致地面下沉。

不仅是施工本身可能会导致地面下沉，施工结束后，在作为农田种植的过程中还会产生别的问题。例如在海拔1米、泥炭层深2米的地方种植，由于泥炭本来就是植物遗体堆积而成，如果重复种植，这些泥炭就会逐渐氧化为二氧化碳而消失。如此一来，在种植十多年后，曾经的泥炭层就会消失殆尽。农田也会由此下沉至海面以下1米。这就是凝缩下沉和土壤氧化所引发的地层消失。

当然，上文提及的例子比较极端，并不是说就一定会发生这种情况。但在海岸低湿地，类似的情况肯定无法避免。因为大部分海岸低湿地从开始种植至今还不到10年，到目前为止还没有出现上述情况。但今后地下隐藏的危险可能就会一举暴露出来，这正是笔者的担忧所在。

有鉴于此，笔者提出自己的期望，但其实也可以说是对当地政府的请求。笔者希望印度尼西亚政府采取更加灵活的发展战略，移民计划的最大目的就是实现自给自足的水田开垦，因此要把开垦水田放在最重要位置。不过，考虑到海岸低湿地这一极其特殊的生态环境，笔者认为最好将水田之外的其他土地利用方式也纳入考量范围。例如，也可以栽种西谷椰子树、养鱼、养鸭、养鸡等，从多个领域加以着手。

除了泥炭的凝缩下沉和氧化导致的土地消失外，还存在其他问题，例如当地的土壤极其贫瘠。在海岸低湿地，酸性硫酸盐土壤不适合种植也是当前的难题，这些问题已经在第一章第一节第三目中有所提及。在岛屿地区的海岸低湿地，其生态环境并不适合发展农业，但却可以利用这些低湿地极其丰富的水资源和水域空间。

此外，还有森林保护问题也需要认真考虑。热带海岸低湿地是极其广阔的无人地带，曾经非常不适宜人类居住，如今却面临消亡的危险。从保护遗传基因资源的角度来看，东南亚海岛地区的海岸低湿地举世无双，其价值举世罕见，绝不能任其消失。笔者对当地的未来规划构想是，对当地的森林、水池、农田进行非常细致的规划，遵循自然规律，这片土地在未来必然可以发挥更大的作用。但如今大规模的水田开发模式，与笔者的设想存在巨大鸿沟，前景实在是令人担忧。

上述看法或许夹杂了一些私人感情，但这只是笔者长期开展田野调查和研究后的一点期待。东南亚海岛地区的海岸低湿地是地球上最后一片尚未开发的处女地，希望在其开发过程中不要出现不可挽回的错误。1970年以后，为了满足当地粮食自给自足的需求，印度尼西亚政府开始开发这片全新的土地。目前，只有印度尼西亚在为实现上述目标而奋斗。但考虑到世界人口不断增长的趋势，这必然是未来全人类都要为之奋斗的事业。从这个角度来说，印度尼西亚走在世界前列，印度尼西亚人民正在探索人类生存发展的新模式，并为此开展各种实验和实践。

结　语

　　以上，本书主要论述了东南亚的主粮生产。但种植主粮并非土地的唯一用途，种植经济作物和工业原料作物（Industrial Crop）也很重要。特别是当我们在关注地区经济、社会特征等问题时，除了作物种类和种植技术的谱系以外，其生产规模也值得研究。例如，虽然同样是水稻种植地，由数百人家种植、位于封闭的山间小盆地的水田与由数万、甚至数十万人家种植的无边无际的水田，其社会经济意义必然大不相同。图29将上述各要素都考虑在内，是一幅基于自然地理学（Physical Geography）的地区划分图。

　　根据自然地理学的特征，可以将东南亚的国家和集团划分为六大类：一是拥有大规模大米产地的国家；二是拥有小规模大米产地的国家；三是把大米作为经济作物的国家和地区；四是生产大米以外其他经济作物的地区；五是独具优势的贸易中转地；六是自给自足的地区。

　　在本书落笔之际，作为全书的归纳总结，笔者根据自己对东南亚历史和社会的粗浅印象，将其绘制成图29。作为一个农业生态学领域的学生，笔者无法对此进行更加深入详细的研究，还希望各位读者谅解并给予批评指正。

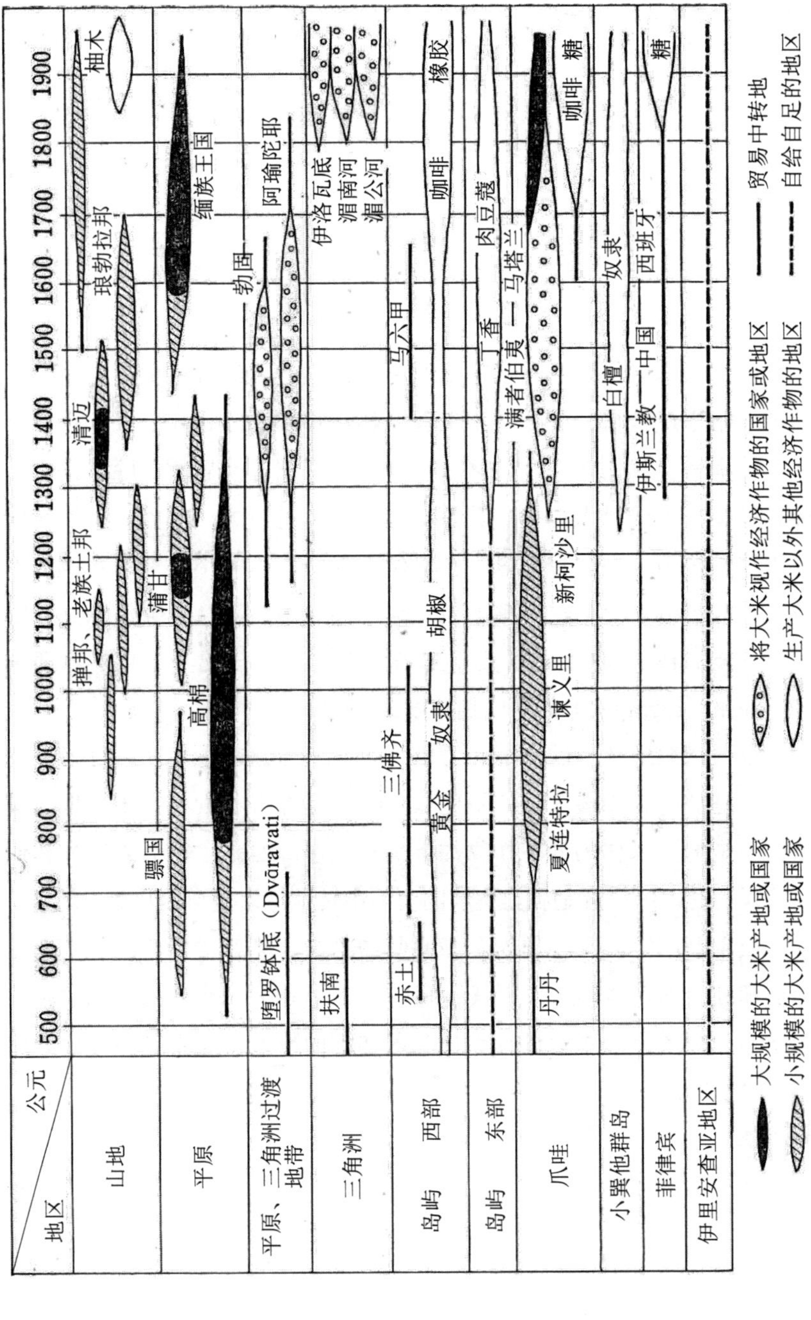

图 29 东南亚生态、土地利用、历史一览表

作者后记

笔者平时没有太多机会写作长篇大论，但撰写这本书却不由得一气呵成。笔者也时常反思，是否书中议论部分过于分散，导致论述的焦点问题模糊不清。或许只聚焦土地利用的现状，不涉及历史会更好一些。

但在搁笔付梓之际，笔者的心情有了巨大转变，甚至觉得写得不够。这里说点题外话。笔者时常有机会和一些历史学家交流，其间经常听到他们提及高棉、斯里巴加湾等词语，总觉得不太明白。他们经常做一些高深的讨论，却疏于提及当地的风土和当地居民的生计，或许他们未必了解当地那一领域的情况。经济学家们也是如此。其中有的学者还认为东南亚完全没有地域差异。这些论调是不准确的。笔者从很早就在考虑，有机会的话，想概括性地介绍东南亚各个地区的不同情况。

虽然有这样的想法，但实际操作起来却十分困难。土地利用情况本身看上去非常简单，但却免不了要牵扯到历史、文化等诸多因素。一旦考虑到这些因素的话，问题就会变得异常复杂。再者，传达自身的想法还需要整理资料和认真写作。因此，笔者虽然持有某种看法，但却很难完整地表达出来。这样想来，本书不一定称得上成功，笔者为此感到十分羞愧。

虽然上述言论有些针对历史学家无事生非的嫌疑，但客观来说，笔者这些年来从许多历史学家身上学到了不少知识。本书的许多内容都来自于笔者的同事石井米雄、樱井由躬雄所组织的讨论会。对笔者来说,能够坚持完成本书的写作还得益于笔者的同事——矢野畅。我们鲜有机会在一个研究小组里开展共同研究,但他有时会引用笔者的研究成果,这给笔者带来莫大的勇气,让笔者开始考虑研究自然地理学科以外的知识。此次笔者能定下这个有些宽泛的选题,也是受到了他的鼓励。

最后,笔者也要向负责本书的编辑——藤林泰致谢。本书仓促落笔之后,笔者立即赴往苏门答腊开展田野调查,因此当时本书的书稿尚有诸多纰漏之处,最后还是在藤林泰的帮助下得以出版。作为自然科学研究人员,笔者听说藤林泰也在菲律宾生活和工作过,于是擅自揣测他应该能理解自己的想法,遂将出版事宜全盘托付。谬误之处无疑不少,借此机会,笔者再次向藤林泰表达谢意。

高谷好一

1984 年 9 月 19 日

索 引*

事项索引

ア—オ A——O

藍　靛蓝　176

アイルランガ　艾尔朗加国王　237，238

アウトリッガー　舷外支架　126

アカザ　藜　171

アヌラダプラ王朝　阿努拉特普拉王朝　223

アノーヤタ王　阿奴律陀国王　221—223，225

アバカ　马尼拉麻蕉　182，186—188

アブラナ　油菜花　212

アヘン　鸦片　33，65

アユタヤ　阿瑜陀耶　91，240—245，289

アユタヤ時代　阿瑜陀耶时期　251

アレカヤシ　散尾葵　171

---

* 索引分为事项索引和人名索引，事项索引按日文五十音图排序，人名索引按姓氏发音英文字母排序。页码为日文原著页码，即本书边码。

アワ（粟） 粟 34，83，157，202，204，210，212，228，231，234
アンコール・ボレ 吴哥波雷 208
安南 安南 216
安南山脈 长山山脉 31，204，205
アンコール 吴哥 74
アンコール期 吴哥王朝时代 213—215
アンコール・トム 吴哥城 211
アンコール・ワット 吴哥窟 207，213
安山岩 安山岩 11
イギリス 英国 187，246，254，256，258
イギリス人 英国人 247，248，258
石斧 石斧 209
移住 移居 254
移住事業省 移民事业部 279
季節的移住 季节性迁移 255
移植 移栽 59，74，75，77，93，94，99，102，112，114，121，139，142，159，162，175，176，179，181，187，216，218，219，253
移植稲 移栽稻 74，95，122，242
移植田 移栽田 75，77，103，159，243，253
移植法 移栽方法 92，111，253，254
雨季移植稲地帯 雨季移栽稻地带 103
天水移植田 雨养移栽田 77
二回移植法 二次移栽法 102，194
イスラム 伊斯兰 239，289
ダルル・イスラムの乱 伊斯兰之家动乱 123
井堰 坝堰 40，43，53，59—63，109，179
井堰灌漑 坝堰灌溉 69，180，221
井堰修理 坝堰修理 175，180

農民井堰　农民坝堰　62，63

遺伝資源　遗传基因资源　281

稲作　稻作　37，58，66，72—75，80，97，99，110，112—114，121，122，124，181，195，141，174，227，240，283，284

稲作技術　稻作技术　109，110，174，176，181，193，226

稲作区　稻作区　74

稲作経営　稻作经营　64

稲作作業　稻作作业　68，175

稲作地　稻作地区　178，181，189

伝統的稲作法　传统的稻作方法　109

稲田　稻田　109，111

稲魂　谷神　46，47，219

稲　稻　22，69，71，73，79，87，88，90，93，98，99，103，104，108，109，116，122，155—157，174，175，183，210，214，217，229，231，242，284

稲栽培法　稻谷种植方法　102

稲生産　稻谷生产　209

稲穂　稻穗　112，115

稲藁　稻秆　83

雨季作稲　雨季稻　110

乾季作稲　旱季稻　110

イネ科　禾本科　19

イフガオ　伊富高　184

イモ　薯类作物　22，24，26，28，29，31，33，45，145—147，152，157，171，172，184，185，200，203，235

イモ・稲区　薯类作物、水稻混合区　32，33，36，178，184，186—188

イモ区　薯类作物区　31，32

ii

イモ栽培　薯类作物种植　144，145，147，151，230

イモ卓越区　盛产薯类作物区　231，232

薯　薯类　231

イラワジ　伊洛瓦底　6，79，96，103，289

イラワジ河　伊洛瓦底江　78，95，100，101

イラワジ本流　伊洛瓦底江干流　99

イラワジ・デルタ　伊洛瓦底江三角洲　85，95—99，101，104，254—257，272

イリアンジャヤ　伊里安查亚　10，31，144，151，152，157，186，192，203，205

イリアンジャヤ区　伊里安查亚地区　35，36

イロコス　伊罗戈斯　178，180，181，190，191

イロコス・ノルテ　北伊罗戈斯　179

インディカ　籼稻　77

インド　印度　4，76，203，207—211，214，218，219，227

インド亜大陸　南亚次大陆　4，217

インド化　印度化　211，227

インド型稲作　印度型稻作　207，215，217，220，227，240，244

インド型技術　印度型技术　218

インド人　印度人　241，242，246，248，254—256

インド人労働者　印度劳工　254，255

インド犂　印度犂　213

北インド　印度北部　226，227

南インド　印度南部　160，164，203，213，226，227

インドシナ　印度支那　283

インドシナ半島　印度支那半岛（中南半岛）　216，283

インドシナ平原　中南半岛平原地区　217

インドネシア　印度尼西亚　2，128，164，168，186，203，261，

268，276，282，287

東インドネシア　印度尼西亚东部　5

インド洋　印度洋　4

インドラギリ　英德拉吉里　123

インドラギリ川　英德拉吉里河　280

ヴィジャバフー一世王　维阇耶巴忽一世　223

ウエスト・バンク　西部堤坝　270，271

ウエスト・バンク計画　西部堤坝建设计划　270

植付け　种植　68—70，73，76，79，111，112，115，120—122，138，139，146，150，159，162，175，189，190，271

植付け期　种植期　60，93

植付け棒　点种棍　112

浮稲　浮稲　94，95，99，104，214，215，243

ウギンバ　乌金巴　148—151

ウコン　姜黄　171

牛　牛（黄牛）　53，54，59，76，78，80—83，111，127，162，176，202，215，229，265，279

牛飼い　养牛　81

牛囲い　牛栏　81，212

牛番　看牛　81

ウジュンパンダン　望加锡　163

ウパン島　乌班岛　278，279

馬　马　54，56，111，137，234，236

裏作　复种　40，53，147，167，175，176，264

裏作作物　复种作物　167

雨緑林　常绿雨林　18

ウルシ　树漆　42

ウルチ　粳稲　52，79，205，210，216

ウルチ稲　粳稻　74—77，228

ウルチ圏　粳稻种植圈　74

運河　运河　91，92，252

運河堤　运河堤坝　251

運河堀削　运河挖掘　96，250

『芸台類語』《芸台类语》216

雲南　云南　65，200，201，205，206

『瀛涯勝覧』《瀛涯胜览》232，233，240

エビ　虾　134，163

エビ池　虾养殖场　92，93，95

FAO　FAO（联合国粮食及农业组织）268

塩干魚　干鱼　143

園地　园地　139，212

塩田　盐田　92，93，95，163，243

沖縄　冲绳　203

オケオ　俄厄　208，209

オーストラリア　澳大利亚　4

オーストラリア・インド・プレート　印度—澳洲板块　4，5

オランダ　荷兰　118，139，140，142，154，176，190，246，260，261

オランダ人　荷兰人　267

オランダ政庁　荷兰殖民当局　169，219，261，262，267

オランダ東インド会社　荷兰东印度公司　260，262

温帯　温带

温帯作物　温带作物　22，24，26，28，92

温帯作物区　温带作物区　32—34

カーーコ　KA——KO

海岸　海岸

索　引

海岸湿地林　海岸湿地林　106
海岸带　海岸带　86，87，92，93，95，97—99，101，103
海岸低湿地　海岸低湿地　276—279
海溝　海沟　3—5
海南島　海南岛　216，285
ガ・ガ　噶噶　110，111
花崗岩　花岗岩　11，12
火山　火山　2，3，5，7，153，154，156，183，191，192，218—220，237
火山岩　火山岩　11，12
火山山麓　火山山脚　156，237，238，240
火山帯　火山带　3，11，12
火山島　火山岛　5—7，11，153，164，227，237
火山灰　火山灰　11
火山列島　火山列岛　4
アルジュナ火山　阿朱那火山　236
活火山　活火山　7
小火山島群　小火山群岛　165
非火山区　非火山区　3，31
非火山島　非火山岛屿　3—4，6，7，12
カシ　常绿栎乔木　18，42
ガジャマダ　加札・马达　239
果樹　果树　171
果樹園　果树园　117，249
ガション　美人蕉　171
画像磚　画像砖　201，282
Gazetteer　地名词典　225
家畜　家畜　80，84，175，212，229

カナンデデ　加南德德　137—142
カボチャ　南瓜　171，172
カボック　木棉　161
禾本科　禾本科　19
禾本科作物　禾本科作物　152
鎌　镰刀　52，59，73，76，201，205，215，216，220
鎌刈り　镰刀收割　204，215
大鎌　大镰刀　201，202
カヤツリグサ　具芒碎米莎草　88，114
カヤツリグサ科　具芒碎米莎草科　19，152
カラシナ　芥菜　42，48，55
カリマタ島　卡里马达岛　232
カルダモン　小豆蔻　82
カレン　克伦族　41，43，50，256，257，259
灌漑　灌溉　41，43，61—67，70—72，109，122，150，179，181，193，194，213，221，222，225，237，264，274，285，287
灌漑井堰　灌溉坝堰　59
灌漑稲作　灌溉稻作　58，180，237
灌漑技術　灌溉技术　180，224
灌漑組合　灌溉小组　179
灌漑局　水利局　53，63，92
灌漑系統　灌溉系统　176
灌漑工事　灌溉工程　181，262
灌漑施設　灌溉设施　60，63，94，111，159，179，222，237，262，265，266
灌漑水　灌溉水源　40，60，64，76，263
灌漑水路　灌溉引水渠　70，213，270
灌漑水路網　灌溉引水渠网络　150，181，270

索　引　257

灌漑田　灌溉田　175，179，264
灌漑面積　灌溉面积　61，63，221
国営灌漑　国营灌溉　63，181
水路灌漑田　使用引水渠进行灌溉的田地　110
無灌漑稲作　不需要进行灌溉的稻作　61
流水灌漑　引水灌溉　71
乾季　旱季　20，271
乾季稲　旱季稻　224
カンクン　空心菜　131，171
幹線水路　干流水路　91，124
乾燥月　干燥月份　7—9
感潮　潮汐　98，99，103
感潮河川　潮汐河　98，99，107
感潮クリーク　潮汐河道　92，95，126，131
感潮帯　潮汐带　96，102
乾田　旱田　179
乾田散播　旱田撒播　243
乾田直播田　直播的旱田　77
旱魃　旱灾　66，68，72，79，94，167，229，274
旱魃常習地帯　经常发生旱灾的地区　208
カンボジア　柬埔寨　12，72，74，77，78，84，102，194，208，210，212—214，228，230，234，244
カンボジア農民　柬埔寨农民　213
r型の鎌　r形镰刀　75
ギー　酥油　210—212
気温　气温　9，10
気候　气候　7
気候極相　气候条件　16

貴州　贵州　200

牛車　牛车　73，220

牛舎　牛圈　212

キドゥル　基杜尔　173

キドゥル台地　基杜尔山地　167—170

キビ　黍子　83，210

キャッサバ　木薯　34，99，138，140，147，157，161，167，168，171，172，176，187，247，264，273，275，278

キャッサバ畑　木薯田　84，138，139，273，274

キャベツ　卷心菜　50，185

キャベツ畑　卷心菜地　50，184

休閑　休耕　44，84，117

休閑期間　休耕期间　158，169，170

休閑地　休耕地　52，53，139

雜穀短期休閑畑区　杂粮短期休耕旱地区　32，34，36，178，181

短期休閑畑　短期休耕地　30，31，33，34，151，159，168，179，185，190—192

短期休閑耕作　短期休耕种植　156—158，169，170，183，191

長期休閑耕作　长期休耕种植　158，169

長期休閑畑　长期休耕地　159

休耕　休耕　30，117，149，156，161，183

休耕期間　休耕期间　116，151

休耕田　休耕田　111

牛蹄脱穀　牛蹄脱粒　74—76，79，215，220，242

牛乳　牛奶　211

厩肥　厩肥　82，150，161

キュウリ　黄瓜　48，171

恐慌期　世界经济危机时期　253

強制供出制度　强制供给制度　261
強制栽培制度　强制种植制度　262，265
共有田　公有田　265
漁業　渔业　119
魚醬　鱼酱　211
魚撈　捕鱼　118
金　黄金　235，236，289
ギンネム　银合欢　161，171
グアバ　番石榴　48，171
クイニョン　归仁　230
草地　草地　74，212
クズイモ　地瓜　171
クディリ　谏义里王国　236—238，289
クメール　高棉　211，217，220，226，240，243，289
グルムソル　腐殖质黏土　12
クロキビ　黑黍　217
黒潮・イモ畑区　黑潮、薯类作物种植区　192
鍬　锹　52，55，110，138，154，175，201，202，218，219
鍬耕　锹耕　141，176，219
ケシ　罂粟　41，42，54，55
ケシ栽培　罂粟种植　55，57
ケシ畑　罂粟田　54，55，57
ケダ　吉打　234
ケナフ　红麻　273
ケーノーイ　克诺伊村　51，54，57
元　元朝　239
減水期　旱季　215
減水期稲　旱季稻　75，97，99，102，214，215

減水期稲田　旱季稻田　75

玄武岩　玄武岩　11

降雨　降雨　7

降雨パタン　降雨类型　8，68

紅河　红河　200

耕起　翻地　30，52，53，55，68，69，72，73，76，77，80，90，94，103，110，149，158，160—162，167，168，176，179，183，184，191，219，273

無耕起　不翻地　93，201

耕牛　耕牛　81

耕作　种植　22，78，83，116，117，135，139，140，152，154，156，158，160，167，169，196

耕作期間　种植时间　151

耕作区　种植区　31，32，36，178

耕作形態　种植形态　34

耕作権　种植权　30

耕作带　种植地带　154，155

耕作法　种植方法　92，103，142，158

実耕作面積　实际种植面积　138

交阯　交趾　230

高収量品種　高产量品种　181

香辛料　香辛料　171，172

洪水　洪水　74，86，89，95，96

洪水害　洪水危害　99，104

洪水期　洪水期　88，89，92

洪水調節　洪水调节　100

洪水量　洪水流量　100

季節的洪水　季节性洪水　89

耕地　耕地　21，30，138，145，152，170，173

耕地選定　耕地选定　158

香料　香料　234，235，260

コクサムリヤム　三角莎草　88，89

穀類　谷类　152，192，203，287

ココア　可可　171

ココヤシ　椰子　90，83，118，119，121，122，124，127，130，135，148，151，154，157，162—164，171，186—188，212，248，253

コショウ　胡椒　234—236，238，241，242，249，289

コーヒー　咖啡　107—109，139，140，171，249，261，289

コーヒー園　咖啡种植园　108，109，261

コーヒー栽培　咖啡种植　109，261

コーヒー専業農家　咖啡种植农户　109

コプラ　椰仁干　186，187

ゴマ　芝麻　48，53，57，79，82，83，211，212，217，228，229

ゴマ油　芝麻油　211

ゴム　橡胶　113，115，246—248

ゴム園　橡胶种植园　107，115，246—248

ゴム園労働者　橡胶种植园工人　248

ゴム栽培　橡胶种植　249

コムリン　科美灵

コムリン川　科美灵河　105—109，113，114，116，195，249，278

コムリン中流域　科美灵河中游流域　113—115，249

コムリン中流部　科美灵河中游地区　116，118

米　大米　33，54，56，62，131，140，143，169，171，186，210，228，230，234—236，239，240，245，262，288，289

米穀生産地　稲谷产地　232

米倉　谷仓　139

米単作地　单独种植水稻地区　85

米単作農業　单独种植水稻农业　85

米輸出国　大米出口国　262

コルマタージュ　淤灌系统　102

コロマンデル　科罗曼德　262

混交林　混交林　42—44，154，155

混交林帯　混交林带　43，154，156

混作　混种　83，84，157，179

混播　混播　45，48，52，53，55，79，108，157

コンバウン期　蒲甘王朝时期　221

サーーソ　SA——SO

魚池　鱼塘　163

柵　栅栏　45，46，49，116，120，135，138，150，175

木柵　木栅栏　160

ザクロ　石榴　48，171

サゴ　西米　22—24，26，29，33，125—128，130，136，143，147，148，192，200，209，210，229—236，240，242

サゴ区　西米区　32，33，36

サゴ圏　西米圈　230

サゴ採取　西谷采集　131，209

サゴ採取組　西谷采集组　128

サゴ澱粉　西谷淀粉　33

サゴパール　珍珠西米　229

サゴヤシ　西谷椰子树　22，126—128，145，147，181，209，229，281

ササゲ　豇豆　171，172

雑穀　杂粮　22—24，26，28，29，33，48，157，203，209，210，212，

214，234，236

雑穀圏　杂粮圈　214

雑穀栽培　杂粮种植　209

サツマイモ　红薯　99，131，147，150，157，171，172，176，184—186

サツマイモ畑　红薯田　184，185

砂糖　蔗糖　185，261

砂糖キビ　甘蔗　48，171，176，182，188，191，212，262—264，266，267，287

砂糖キビ栽培　甘蔗种植　170，174，176，177，188，190，262，264—266

サバンナ　热带稀树草原　160

サバンナ林　热带稀树草原林　17，18，20，21

サラック　蛇皮果　171

珊瑚礁　珊瑚礁　183

酸性硫酸塩土壌　强酸性的盐酸土壤　103，281

山地部　山地部分　31

散播　撒播　48，73，76，77，79，83，103，112，140，142，159，167，175，215，219，227，242，243

散播・中耕　撒播中耕　83，216

散播・中耕法　撒播中耕法　76，79，214

散播稲　撒播稻　215

三仏斉　三佛齐　229，231

シカ　锡卡　154，156—158

シカ県　锡卡县　153

シカ族　锡卡族　153

直播　直播田　74，77，93，98，112，162

直播稲　直播稻　98，162，242，243，254

直播栽培　直播种植　76

直播田　直播田　74，75，162，213

直播法　直播法　79，111

始耕祭　农耕节　244

支谷　支流山谷　42，43，58，61，62，64，73，80

支谷底　支流山谷谷底　40，43，58，61，62，64，73，80

山間支谷　山间支流山谷　61

シコクビエ　穆子　48，157

四川　四川　200，201

湿潤島嶼　湿润岛屿　227，261

湿潤島嶼西部区　湿润岛屿西部地区　35，36，81，105，112，125，143，158，246，249

湿潤島嶼東部区　湿润岛屿东部地区　35，36，125，143

シッタン　锡唐　79

シッタン河　锡唐河　78

湿地　湿地　15，67，192

湿地林　湿地林　19，107，117，119，121，123，126，135，241

下流湿地　下游湿地　105—107，118，119，122，124

後背湿地　天然堤后漫滩沼泽　89，90

酸性湿地　酸性湿地　14

多雨林湿地　雨林湿地　242

淡水湿地　淡水湿地　19

低湿地　低湿地、低湿土壤　13，14，16，20

泥炭湿地　泥炭湿地　19—21

島嶼部低湿地　岛屿低湿地　19

ジャガイモ　土豆　33，185

ジャカルタ　雅加达　115

ジャックフルーツ　菠萝蜜　48，90，99，161，171，172，210，253

闍婆　阇婆　229

シャム　暹罗　233，235

シャム運河掘削・水田灌漑会社　暹罗运河挖掘与水田灌溉公司　250

シャム人　暹罗人　244，251

シャム湾　暹罗湾　241，242

斜面　斜坡　40，41，50，54，64，107—111，138，148，157，169，173，179，183，191—193，218—220

斜面侵食　斜坡侵蚀　275

ジャワ　爪哇　2，31，165，166，168—171，173，174，190，196，217，220，226，227，231—237，240，245，262，263，266，276—278，283，287，289

ジャワ稲作　爪哇稲作　174，218，236

ジャワ海　爪哇海　3，229，235，239

ジャワ区　爪哇地区　35，36，153，166

ジャワ人　爪哇人　173，248

中・東部ジャワ　爪哇中东部　36，166，169，260，261，265，267

中部ジャワ　爪哇中部　9，20，31，34，217，218

東部ジャワ　爪哇东部　229，232

西ジャワ　西爪哇　105，166，217，218，229，260，261

東ジャワ　东爪哇　10，236

シャン　掸　289

シャン州　掸邦　57，58

シャン族　掸族　221

ジャンカラ　戎牙路　232

ジャンク　中国式帆船　241

ジャンビ　占碑　116，229，231

ジャンビ州　占碑省　109，116

ジャンブー　莲雾　119

ジャンプーアイル　水莲雾　171

樹脂　树脂　82，118，257

呪師　占卜师　45，46

ジュート　黄麻　97，98

荘園　庄园　212

荘園稲作　庄园稻作　220

荘園領主　庄园主　213

少数民族問題　少数民族问题　256

小スンダ列島　小巽他群岛　2，31，234

常畑　常用耕地　30，31，33，34，43，50，52，53，112，149，151，168，169，179，185

条播　条播　76，167，190

商品作物　经济作物　48，65，176，178，185，248，288，289

商品作物栽培　经济作物种植　188，246，249

商品米　商品大米　228，245

照葉樹林　照叶林　18

条里地割　土地条块分割　238

上流山地　上游山地　105，109

常緑　常绿

常緑広葉樹　常绿阔叶林　148

常緑山地林　常绿山地林　18，41，42，51，58，64，65

常緑山地林帯　常绿山地林带　43，55

常緑樹　常绿树木　43

常緑樹林　常绿树林　17，154，155

ショウガ　姜　48，171，172，212

薯芋　薯芋　232

ジョクジャカルタ　日惹　167，176

植民地経済　殖民地经济　174，176，257

食用作物　粮食作物　23

『諸蕃志』《诸蕃志》　228，232，235，238

シルキット・ダム　诗丽吉特水坝　270

代掻き　耙田　69，73，75，76，79

白豆　白豆　217

森林　森林　17，21，173

森林産物　森林产品　118，119，122

森林物産　森林物产　81，82，125，229

真臘　真腊　210，211，228，230

『真臘風土記』《真腊风土记》　214，285

シンガサリ　新柯沙里　237，238，289

シンガサリ期　新柯沙里王国时期　237

シンガポール　新加坡　9，10，122，231

晉書　晋书　208，209

侵食　侵蚀　6，13，45

新植法　新种植法　189，190

シンハリ　僧伽罗　223

水牛　水牛　45，49，53，54，59，73，74，76，78，80—82，90，92，110，111，116，127，131，135—137，139，143，159，162，165，176，183，189，202，203，216，234，251，255，258，271，272，274

水牛糞　水牛粪　74

水牛放牧　水牛放养　131

隋書　隋书　210，217

水上集落　水上村庄　106

水田　水田　30，31，34，41，43，51，53，59，74，77，79，80，98，109，111，117，127，137—140，142，159，160，162，166，170，185，193，195，196，206，212，263

水田区画　水田划分　71

水田耕起　水田翻地和整地　162

水田耕作　水田种植　140

水田单作地　水田单独种植区　35

水田地带　水田地带　40，41

水田・常畑区　水田、常用耕地区　32，34，36

水稻　水稻　22，24，26，28，29，33，35，79，82，110，123，138，142，159，165，169，170，176，179，180，182，184，261，288

水稻耕作　水稻种植　43，64，124，142，160，161，174，175，261

水稻耕作技術　水稻种植技术　207

水稻耕作体系　水稻种植体系　142

水稻作　水稻种植　112，113，159，176

水稻卓越区　水稻区　31，32

水稻单作地　单独种植水稻地区　31

インド型水稻技術　印度型水稻技术　199

乾季水稻作　旱季水稻种植　117

水文　水文　85，95，97，101

水文環境　水文环境　66，87，89，94，99，100，103，194，243

水利　水利　20，61

水利慣行　水利灌溉惯例　61，64

水利条件　水利条件　110

水利調節　水利调节　253

水理条件　水环境　19

犁　犁　72，73，76，78，93，110，117，160，167，168，175，183，201，213，214，218—220，225，265

犁欠如地域　较少使用犁的地区　225

犁先　犁刃　220

スゴー・カレン　平原克伦族　44，205，206

スコタイ　素可泰　216

スペイン　西班牙　181，289

スマトラ　苏门答腊　2，13，15，16，31，33，105，106，195，228，229，235，249，261，277，278，280

南スマトラ州　南苏门答腊州　195，277

スラウェシ　苏拉威西　7，33，123，125，133，163，165，239，277

東南スラウェシ　苏拉威西东南部　239

南スラウェシ　南苏拉威西　125，153，162，235

スラカルタ　梭罗　176

スラタニ　素叻他尼　231，232

スラバヤ　泗水　234，237

スリランカ　斯里兰卡　164，174，203，221—227，260

スルー諸島　苏禄群岛　232

スンダ　巽他　113，234

スンダ社会　巽他社会　261

スンダ陸棚　巽他大陆架　3，4，7

スンダ列島　巽他群岛　20，233

スンバワ　松巴哇　234

生態・土地利用区　22

聖池　圣水池　212，237

政庁時代　荷属东印度时代　260

青銅器　青铜器　200—202，220，282

セイロン　锡兰　262

世界恐慌　世界经济危机　248，252，255，266，268

堰　堰　59，60

堰長　堰长　60，62

堰堤　坝堰　59—61

ix

堰普請　坝堰集体施工　60

堰守　堰守　60

堰霊　堰神　60，61

洗い堰　溢流堰　60，62

石寨山　石寨山　201，202

赤道　赤道　9

赤土国　赤土国　217

セスバニア　木田菁　157，278

石灰岩　石灰岩　12，50，51

石灰岩丘陵　石灰岩丘陵　168

石灰岩ドリーネ　石灰岩天坑　51

Settlement Report　马圭省拓殖报告　78，82，225

施肥　施肥　82，83，139，150

占城　占城　228，230，233

象　象　206，258

爪哇　爪哇　231

ゾウノリンゴ　象苹果　210

掃流土砂　沙土　96

掃流土砂量　输沙量　95，100

ソバ　荞麦　22，23，33，42，53

疏林　疏林　35，41，42，67，74，75，80—82，84，103，160，213，272，273

タート　TA——TO

タイ　泰国　2，13，41，49，78，84，85，181，189，193，257，259，284

タイ語　泰语　56

タイ国　泰国　244，250，284，287

タイ人　泰国人　56

タイ族　泰族　205

タイ湾　泰国湾　65，209

北タイ　泰国北部　18，42，59，61，63，70，81，173，258，259，274

黒タイ　黑泰族　205

中部タイ　泰国中部　70―72，77

東北タイ　泰国东北部　12，18，50，68，69，71，72，74，80，81，84，200，201，207，216，227，268，272，274，276

半島タイ　泰国半岛　81

北部タイ　泰国北部　193

第一次大戦　第一次世界大战　252

大根　萝卜　185

大豆　大豆　53，167，171，176

第二次大戦　第二次世界大战　268，277

タイ・ヤイ　泰雅伊族　43，58，64，259

大陸　大陆　2，4

大陸山地　大陆山地　40，43，61，73，191，257

大陸山地区　大陆山区　34，35，40

大陸山地部　大陆山地　65，72

大陸部　大陆地区　2，4，9，13，16，20，31，204，205

大陸部山地　大陆地区山地　12

大陸平地　大陆平原　192

東南アジア大陸部　东南亚大陆地区　259

多雨林　雨林　235，247，277

多雨林湿地　雨林湿地　242

高床　干栏式　52，81，90，122，202，220

高床家屋　干栏式建筑　205―207，283

x

高床ロングハウス　干栏式长屋　205
タケオ　茶胶省　75，101，208
タジャック　割草鎌　114
脱穀　砻谷　46，47，52，59，73—75，79，83，179，185，216
脱穀場　砻谷场　47，59，73，74，83，220
足踏み脱穀　脚踏脱粒　216
打ちつけ脱穀　打谷脱粒　74
水牛脱穀　牛蹄脱粒　216
ダトク　达士角　232
ダナウ・ラナウ　拉瑙湖　107—109
棚田　梯田　159，185，188，201，274
棚田地帯　梯田地带　184
タバコ　烟草　102，107，176
タパヌリ　打巴奴里　110—112，195
ダヒ　凝乳　211
タボイ　土瓦　230，232
タマリンド　酸角　99，234，253
タミル　泰米尔　223
溜池　水库　79，212，213，224
溜池灌漑　水库灌溉　84
タロ　芋头　146，147，171，185
短床犁　短床犁　218
タンジョンプラ　丹戎布拉　234
丹丹国　丹丹国　217，218
ダンマール　树脂　140
短粒　短粒
短粒稲　短粒稻　216
短粒型稲　短粒型稻谷　200，202，204，208，209

チアンジュール　展玉　261

チェタイ　印度投机商人　255，256

チェンマイ　清迈　40，41，43，44，49，51，61—63，258，274，275，289

チェンマイ盆地　清迈盆地　35，40，61—65

地下水　地下水　67，80

チガヤ　茅草原　20，157

チー川　齐河　72，73

チーク　柚木　18，42，43，82，160，257，259，287，289

チーク材　柚木木材　252

チーク林　柚木林　169

地形　地形　6，15

地形区　地形区　15

治水工事　水利工程　255

茶　茶　41，42，57，65，109，193

茶園　茶园　57，58

茶栽培　茶叶种植　58

チャウセ　皎施　221，224，225，285

チャウセ井堰　皎施坝堰　221

チャオプラヤ　湄南河　6，96，97，99，103，289

チャオプラヤ河口　湄南河　93，241，242

チャオプラヤ河　湄南河　4，88，95，96，101，251

チャオプラヤ水系　湄南河水系　77，216，227，258

チャオプラヤ・デルタ　湄南河三角洲　85，87—89，93，95—98，104，181，189，250，254，257，268，269，272

チャオプラヤ本流　湄南河干流　86，94，258

大チャオプラヤ・プロジェクト　大湄南河工程　268—270

チャンパ稲　占城稻　175

チモール　帝汶　9，31，34，153，159，162，165，183，203，232，
　　234，235
中位田　地势中等水田　68，69
中央区　中央地带　86，87，91，95，97，98，101，103
中央高地　中央高地　31，148，150
中継港　中转港口　208，233
中耕　中耕　83，190，263
中耕除草　中耕除草　219
中国　中国　51，65，82，208，289
中国人　中国人　55，140，188，189，247—250
チュラロンコン大帝　朱拉隆功国王　251
丁子　丁香　115，234，236，289
徴税権　征税权　261
潮汐　潮汐　86，96，102，122
潮汐灌漑稲作　潮汐灌溉稻作　122
移助式潮汐灌漑稲作　移动式潮汐灌溉稻作　123
定着式潮汐灌漑稲作　定居式潮汐灌溉稻作　124，278
長粒稲　长粒稻　208，209，213，215
貯貝器　贮贝器　202
チラチャップ　芝拉扎　262
『通典』　《通典》　217
低位田　地势较低水田　68，69
蹄耕　蹄耕　111，138，140，159，183，184，202，204，206
鉄器文化　铁器文化　220
テラロッサ　红色石灰土　12
デルタ　三角洲　6，13，16，19，20，31，35，77，80，81，85—89，
　　94—97，99，100，103，104，211，224，240，241，243，249—
　　256，268，271，276，289

デルタ開拓史　三角洲开垦史　253
デルタ区　三角洲地区　35，85
デルタ直播田　三角洲直播田　208
デルタ水文　三角洲水文　85
古デルタ　古三角洲　86—89，94，95，97，99，101，103，270
新デルタ　新三角洲　87—92，95—98，101，270
新デルタ中央区　新三角洲中央地带　93
大デルタ　大三角洲　13
天水　天水　71
天水稲作　雨养稻作　68，274
天水田　雨养水田　35，66，70，72，74—76，79，84，110，162，176，179，192，227，274
点播　点播　45，46，52，57，108，112，116，121，138，142，157，161，179，183，190，191，201，216，219，251
点播苗代　点播秧田　102，114
点播陸苗代　点播旱秧田　180，181，183
トウ　岱依族　205
籐　藤条　118，119，140，145
『島夷志略』《岛夷志略》　230—233，235
ドゥク　龙贡果　113，115
島嶼　海岛　2，4，19，289
島嶼火山帯　海岛火山地带　15，16
島嶼汽水性低地　海岛汽水性低地　16
島嶼淡水性湿地　海岛淡水性低湿地　16
島嶼低湿地　海岛低湿地　6，7，13
島嶼非火山帯　海岛非火山地带　15
島嶼部　海岛地区　2—4，7，9，11，12，16，20，31，112，191，192，204—206，235，281

島嶼部東南アジア　东南亚海岛地区　185，235

東南アジア島嶼部　东南亚海岛地区　203，281，282

稲長　水稻高度　85，87，88

『東方諸国記』《东方志》　233，235，286

ドゥマック　淡目　262

糖蜜　糖蜜　211

トウモロコシ　玉米　22，23，33，34，45，46，50，52—56，83，97，99，102，108，138，140，154—158，160—162，167，171，176，181—183，187，264

飼料トウモロコシ　饲料用玉米　50

トゥングラロンハイ　古拉隆亥平原　73，74

トウガラシ　辣椒　57，171

トカラ列島　吐噶喇群岛　186

トガール　托加鲁　170

土壌　土壤　11—16，18，66，67，113，145，154，157

土壌極相　土壤条件　16，18，20

土壌侵食　土壤侵蚀　219

土壌水分　土壤水分　18，67

土壌ストレス　土壤应力　18

酸性硫酸塩土壌　酸性硫酸盐土　14，16

沖積土壌　冲积土壤　13

問題土壌　问题土壤　13，14，16

土地　土地

土地係争　土地纠纷　250

土地利用　土地利用　1，95，97—101，105，109，113，118—121，148，150—154，166，170，173，176，178，184，199，213，229，230，237，246，248，275，288，289

土地利用区　土地利用区　191，199，230

索　引　277

トバ湖　多巴湖　110

トマト　番茄　171

トメ・ピレス　多默・皮列士　235，241

トラジャ　托拉查　132，135，137，139，161，163，183

トラジャ高地　托拉查高地　125，137，141，142

トラクター　拖拉机　273，275

トランニン高原東部　川圹高原　205

ドリアン　榴莲　113，127

奴隷　奴隶　156，234—236，289

ドンソン　东山

ドンソン型稲作　东山型稻作　200，202，205，206，208，216，218，220，227，240

ドンソン型生活　东山型生活方式　206

ドンソン期　东山文化时期　202，203，205，207，209

ドンソン・ドラム　东山铜鼓　200，204—206

ドンソン文化　东山文化　200，203

ドンソン文化圏　东山文化圈　220

ドンデン　钝岭村　68，72

トンレサップ　洞里萨湖　74，75，96，100，101，210，213—215，227

ナ――ノ　NA――NO

仲買人　中间商　252

ナガラ・クルタガマ　《哈奄・武禄颂》　239

ナコンシタマラート　洛坤　231

ナス　茄子　171

ナツナ島　纳土纳群岛　232

ナツメ　大枣　210

ナラパティーシィードゥ王　那罗波帝悉都国王　222，223，225

苗代　秧田　59，68，72，75，78，94，99，101，102，119，121，133，138，159，175，176，179，182

第一苗代　第一秧田　119，121，122

第二苗代　第二秧田　120—122

水苗代　水秧田　179

陸苗代　旱秧田　114，179

南海貿易　南海贸易　239

南宋　南宋　239

ニガウリ　苦瓜　171

二期作　双季稻　40，160

二期作地帯　双季稻种植地区　181

ニクズク　肉豆蔻　234，236，289

ニッパヤシ　水椰林　14，19，126，129

二年五作　两年五季　176

ニャチャン　芽庄　230

ニューギニア　新几内亚　144，148，150，195，203

東ニューギニア　新几内亚东部　152

入植　移居　251，279，280

入植者　移民　252，254，279

入植地　移居地　280

ニラ　韭菜　171

ニワトリ（鶏）　鸡　45—47，49，127，281

ニンニク　大蒜　48，53，57，171

ヌサ・トゥンガラ　小巽他群岛　160，164，165，169，235，289

ヌサ・トゥンガラ区　小巽他群岛地区　35，36，153

ネギ　葱　48，49，171

ネグロス島　内格罗斯岛　187—191

熱帯　热带

熱帯山地林　热带山地林　20，21

熱帯多雨林　热带雨林　17，20，21，37，171

熱帯モンスーン林　热带季雨林　184

亜熱帯山地林　亚热带山地林　20，21

ネパール　尼泊尔　52

農業水利　农业水利　66，67

ハ——ホ　HA——HO

培土　培土　263

パイナップル　菠萝　171

パガン　蒲甘　289

パガン期　蒲甘王朝时期　221，224，226

バサック河　巴塞河　103

バセイン　勃生　98

畑作　旱地种植　82，84，141，160，164，166—168，176

バタック　巴塔克　113，231，232

バタビア　巴达维亚　260

蜂蜜　蜂蜜　82，212

ハッカ　薄荷　171

伐開　采伐　57，109，110，121，150，247

発芽籾　发芽的种子　99，112，162

伐採　砍伐　30，45，118，119，138，158，179

伐採業者　伐木企业　258

伐採許可　伐木许可　258

森林伐採　森林砍伐　158

バッタンバン　马德望省　75，76

バナナ　香蕉　48，108，115，119，139，146，164，171，175，187，

232，247，253，278

パパイヤ　木瓜　161，171，248，278

バーマン　缅族　256，257

バーモ　八莫　9，10

葉野菜　带叶蔬菜　172

ハヤトウリ　哈密瓜　171

バヤム　菠菜　171

パラクラマバフー一世王　帕拉克拉马巴忽一世　223

パラン　短柄山刀　114

バリ　巴厘岛　31，34，36，218，234，235

パルメラヤシ　棕榈树　75，160，162—164

パレンバン　巨港　106，107，115，116，118，119，231，234

パロポ　帕洛波　126，131，132，136，143

バンコク　曼谷　10，50，63，82，93，250，252，258，259，270，273，287

バンダ　班达　232，234

パンダナス　露兜树　151

バンチェ　班清　200

バンチャン　班昌　252

バンテン王　万丹国王　261

パンパンガ　邦板牙省　188，189，190

氾濫　泛滥　97，101，102

氾濫エネルギー　泛滥能量　97

氾濫原　泛滥平原　75，77，86，87，103，105，107，108，224，243，245，258

氾濫原的な部分　泛滥平原地带　86，87，90，92，95，97，98，101，102

氾濫水　泛滥的河水　94

中流部氾濫原地帯　中游泛滥平原地带　113

火入れ　点火焚烧　30，45，57，109，110，121，149，158，179，247

火入れ作業　点火焚烧作业　150

ビェンチャン　万象　276

ピカタン川　皮卡坦河　236，237

ビサヤ　米沙鄢　190，230

ビジャヤ　拉登・韦查亚　238

羊　羊　234

ビーテルバイン　蒌叶　171

ピート　泥炭土　14—16，120，280，281

碑文　碑文　211—213，224，237

ビマ　比马　234

平畑　平原旱地　179

白檀　白檀　234，236，289

ピュー　骠国　222，224，226，289

肥沃度　肥沃程度　11，13，16，83，157

平戸　平户　260

ビルマ　缅甸　2，9，51，56—58，78，84，96，197，203，221—227，244，254，257，285，289

ビルマ王室　缅甸王室　254

ビルマ人　缅甸人　254，255

ビルマ人移民　缅甸移民　254

ビルマ人農民　缅甸农民　255，256

上ビルマ　上缅甸　72，78，80，82，84，95，221，222，224，225，227，254，285

下ビルマ　下缅甸　254，256

貧栄養　养分贫乏　19，281

ピン川　湄平河　40，41，258

ピンロー　槟榔　211

フィリピン　菲律宾　2，3，31，36，174，178，181，186—188，191，
　　230，235，289

フィリピン区　菲律宾地区　35，36，178

フィリピン西岸　菲律宾西海岸　9

フィリピン中央部　菲律宾中央部　34

フィリピン東岸　菲律宾东海岸　9，33，186

フオゴ　桑吉昂　234

深水　深水

深水稲　深水稻　94

深水散播　深水撒播　243

深水直播稲作　深水直播稻作　240

深水直播稲　深水直播稻　95，103

プカランガン　佩卡兰甘庭院　170—174，176

ブギス　武吉斯　123—125，133，156，278

ブギス移民　武吉斯移民　122

フジマメ　富士豆　171

豚　猪　49，53，54，56，60，150，151，165，203

フタバガキ　龙脑香　42

フタバガキ科　龙脑香科　43

フタバガキ林　龙脑香科林　42

乾燥フタバガキ林　干燥龙脑香科林　41，43

扶南　扶南　208，210，211，289

プミポン・ダム　普密蓬水坝　268，271

冬型降雨パタン　冬季降雨类型　7，9

ブラーマン　婆罗门　216

プランター　种植园主　190，263—267

プランタス　布兰塔斯河　238

索　引　283

プランタス下流　布兰塔斯河下游　238

プランタス川　布兰塔斯河　237，262

プランテーション　种植园　187，189，190，191，199，246，263，267，287

プランテーション作物　种植园作物　105

プランテーション農業　种植园农业　277

米プランテーション　水稻种植园　62，63

プリアンガン　勃利央安　260，261

ブル　婆罗　218

ブル稲　婆罗稻　185

プレアンコール　前吴哥　213，214

フレデリック・ヘンドリック島　约斯・苏达索岛　144，151

プレート・テクトニックス　板块构造论　4

Plaine des Joncs　同塔梅平原　103

フローレス　弗洛勒斯　133，153，154，157，159，160，161，165，168，183，203，218，219，234

フローレス海　弗洛勒斯海　235

フンゲン文化層　冯原文化层　200

平原　平原　6，12，13，15，16，31，35，66—74，77—81，84，85，87，94，208—212，214—216，218，220，221，227，240—243，245，274，276，284

平原居住者　居住在平原的人们　82

平原高燥地利用　开垦平原高燥土地　82

中央平原　中央平原　178，180，181，186

米西戦争　美西战争　189

ペグー　勃固　233，235，245

ペグー人　勃固人　244

ヘチマ　丝瓜　171，172

ベトナム　越南　2，31，101，207

ベトナム沿岸　越南沿岸　216

北ベトナム　越南北部　47，200，201，230

中部ベトナム　越南中部　210，228

ペニング　圈肥　82，83

ペブリ　碧武里　230，240—242，285

ペレコ　佩惹克　141

ペンカジョアン　本加约安村　126，128，131，132，134—137，143

ベンガル　孟加拉　262

ベンガル系列　孟加拉系列　208

ベンガル湾　孟加拉湾　65

ホー　贺族　41，43，51—53，56

放牧　放牧　78，80，81，90，116，135，176，272

刈跡放牧　在收割后的稻田里放牧　81，90

牧場　牧场　212

母材　成土母质　11

補植　补种　263

渤泥　渤泥　229

穂摘み　摘穂　112，115，116，138，139，157，159，162，175，176，179，181，185，201，202，204—206，216，218，219

穂摘み具　摘穂工具　201，203—205，216

ボホール島　薄荷岛　181，183

穂播き　穂播　175，176

ポリネシア　波利尼西亚　86

掘り棒　点种棍　52，108，109，111，114，116，121，138，139，146，149，152，157，158，160，161，184，185，191，201，202

ボーリング条約　鲍林条约　250，251

ボル　虱目鱼　133，134，163，164

索　引　285

ボルネオ　婆罗洲（加里曼丹岛）　3，7，13，15—17，31，205，229，230，232，234，235，249，277

ボルネオ西部　加里曼丹岛西部　33，105

ボルネオ東部　加里曼丹岛东部　33

ボルネオ南岸　加里曼丹岛南岸　233

ボルネオ南海岸　加里曼丹岛南海岸　234

ボロ　婆罗稻　224

ポロナルワ　波隆纳鲁瓦　223

ボロブドール　博罗布多尔　169，218，283

ボングカティアム　膜稃草　88，89，93

盆地　盆地　40，43，58，61，64，73，288

山間盆地　山间盆地　192，193

ポンティアナック　坤甸　234

本田　稻田　59

本田準備　稻田备耕　68，69，75，78，110，111，138，139，175，183，184，202，216

本田整地法　稻田备耕方法　201

ボントク　邦都　184，185

マーーモ　MA——MO

マイン　玛茵　97，224

マカッサル　望加锡　125，234

マジャパヒト　满者伯夷　238，239，245，289

マジャパヒト期　满者伯夷王国时期　238，239

マダガスカル　马达加斯加　203

マタラム　马塔兰　261，289

マタラム王家　马塔兰王国皇家　169

松　松树　42

マドゥラ　马都拉　36

マドゥラ海　马都拉海　238

マニラ　马尼拉　188，232

マハウエリ川　马哈韦利河　223

磨盤　磨盘　203，209

磨棒　磨棒　203

ママサ　马马萨　141

マメ（豆）　豆　45，48，83，154，155，157，167，171，172，176，211，228，229

マメ類　豆类　168

マラッカ　马六甲　231，233，234，236，241，260，289

マラリヤ　疟疾　148，156，279

マルク　马鲁古　232—235，260

マルク諸島　马鲁古群岛　33，235

マレー　马来　179，211，247，248

マレー人　马来西亚人　247，248

マレー半島　马来半岛　3，7，31，33，105，241，246—249

マレーシア　马来西亚　2

マングローブ　红树林　14，18—21，92，93，98，99，105，106，126，132—134，164

マングローブ帯　红树林带　14，92，93，103，134，164

マンゴー　芒果　43，48，90，99，127，161，171，210，212，253

ミカン　柑橘　48，102，115

水イモ　水芋　185，186

蜜蠟　蜜蜡　212

南シナ海　南海　3

南スラウェシ　南苏拉威西　160

ミナンカバウ　米南加保　113

ミャオ　苗族　41，43，54，205

ミルク　牛奶　212

ミンダナオ島　棉兰老岛　188

ミンダナオ島東部　棉兰老岛东部　184

ミンドロ　民都洛岛　230

ムアラトラング　穆阿拉拓朗乌　118，119—124，279

ムオン　芒族　205

ムギ（麦）　小麦　22，23，33，40，42，53，228，229

ムン川　蒙河　73，74

メイッティーラー池　密铁拉水库　221，222，225，226，285

メコン　湄公河　6，96，97，207，215，220，289

メコン委員会　湄公河委员会　276

メコン河　湄公河　4，75，100—103，207，227，276

メコン計画　湄公河计划　276

メコン・デルタ　湄公河三角洲　85，100，101，103，208，209，272

メスティーソ　麦士蒂索人　189

メラネシア　美拉尼西亚　151，186

木材　木材　122

モチ（餅）　糯稻（饼）　59，205，216，217

モチ稲移植　移栽糯稻　74

モチキビ　黍米　210

モチ米　糯米　73，206

モロコシ　高粱　46，48，79，80，83，157，161，202—204

モン　孟族　73，74

モン区　孟族居住区　72—74

モン人　孟族　73，221

モンスーン　季风

モンスーン気候　季风气候　243

モンスーン島嶼　季风性岛屿　173
モンスーン東南アジア　东南亚季风区　189
モンスーン林　季雨林　17，18，20，21
北東モンスーン期　东北季风期　184
モンテンボク　黄槿　157

ヤーーヨ　YA——YO

ヤオ　瑶族　43
山羊　山羊　127，234
焼畑　火耕田　30，31，33，40，43，47—59，52，107—112，116—118，121，138，140，145，149，151，158，169，179，180，184，185，190—194，207，212，227，230，232，242，243，247，249，273
焼畑稲作　通过刀耕火种种植稻谷　116，140
焼畑耕作　刀耕火种　44，47，49，50，116，225
焼畑耕作者　刀耕火种者　49，64
焼畑サイクル　火耕田循环利用　44
焼畑社会　火耕田社会　261
焼畑水田　火耕田水田　110
焼畑卓越区　适合开垦火耕田的地区　112
焼畑地帯　火耕田地帯　31，116，251
焼畑の神　火耕田土地神　46
焼畑民　火耕田农民　47，57，64
薬用植物　药用植物　172
野菜　蔬菜　45，48，171
野菜園　菜园　48，90，93，95
野菜栽培　蔬菜种植　50
野菜畑　菜地　135

屋敷　住宅

屋敷地　宅基地　172，174

屋敷地園地　宅基地和园地　170

屋敷畑　自留地　161

屋敷林　宅基地和园地树林　75，91，171

ヤシ　山芋　126，145

ヤシ砂糖　椰子砂糖　210

ヤッコササゲ　豇豆　171

山刀　砍刀　117，121，183，279

山畑　山地旱地　179

ヤム　山药　145—147，157，171

弥生　弥生　206

ユアン　泰沅族　43

養魚　养鱼　131—134，163，281

養魚池　鱼塘　132—134，164

揚水　打水　70，71，98

揚水灌漑　引水灌溉　110

揚水施設　抽水设施　271

風車揚水　风车抽水　93

ヨーグルト　酸奶　210

ヨム河　荣河　258

ヨーロッパ　欧洲　260，261

ヨーロッパ人　欧洲人　249

ラ—ロ　RA——RO

ラオ　老族　41，49，50，72，74，289

ラオ区　老族居住区　72—74

ラオ人　老族　244

ラオカイ　老街　205

ラオス　老挝　31，72

落葉林　落叶林　160

落葉帯　落叶林带　154，156

落葉樹　落叶树　17，18，272

落葉樹林　落叶树林　154，155

羅斛　罗斛　230，240

ラッカセイ　花生　83，97，161，167，171，176

ラック　虫胶　81，82

ラテライト　红壤　12，13，41

ラテライト質　红壤质　113

ラトゥーン法　宿根栽培法　189，190

ラフ　拉祜族　43，51—56

ラペケアベア（碁石茶）　碁石茶（后发酵黑茶）　57，58

ラペソウ（食用茶）　腌茶（食用茶）　57，58

ラペチョウ（乾燥茶）　干茶（绿茶）　57，58

ラム・ヤイ　龙眼　40

ラメット　拉棉人　47

『蘭印百科事典』《荷属东印度群岛百科全书》　174，196

ラングーン　仰光　98

ランシット　兰实　250

ランシット地区　兰实地区　250，251

ランテパオ　兰特包　135，136，141，143

ランプータン　红毛丹　113，115，119

リアウ　廖内　122—124

陸稲　旱稻　22—24，26，28，29，33，45，46，48，53，108，138，140，156，159，167，181，183，187，190

陸稲栽培　旱稻种植　112，197，249

陸稲・雑穀焼畑区　旱稲、杂粮火耕田区　32—34

陸稲畑　旱稲田　48，53，183

陸稲焼畑区　旱稲火耕田区　32，33，35，36

陸田　旱田　109

陸苗代　旱秧田　114，179

犂耕　犂耕　141，175，176，179，180，182，215，218，219，227，240，242，243，273，279

犂耕・散播　犂耕和撒播　213

犂耕・散播稲作　犂耕和撒播稲作　213

犂耕直播法　犂耕直播法　251

無犂耕　无犂耕　216

無犂耕耕作　无犂耕种植　206

犂耙耕　犂耙翻地　216，219

リマ火山　利玛火山　236

隆起　隆起

隆起山地　隆起山地　3，6，15

隆起帯　隆起带　2

琉球　琉球　186

竜骨車　水车　70

緑豆　緑豆　161

リンガ島　林加岛　234

ルー　傣仂族　64

ルア　拉瓦族　41，43，44，47—49，52，59，64，173

ルウ　鲁乌　49，125，143，163，164

ルウ王国　鲁乌苏丹国　126

ルウ県　鲁乌县　125，126，137

ルウ低地　鲁乌低地　125，131，137

ルソン　吕宋　230

292 东南亚的自然环境与土地利用

ルソン西部　吕宋岛西部　178
ルソン島　吕宋岛　31，197
北ルソン高地　吕宋岛北部高原　184
ルバック　洼地　113—117
ルバック稲作　洼地稻作　115，117
ルバック・ダラム　洼地深处　115
茘枝　荔枝　40，58
レモングラス　柠檬草　48，171
ロイエ県　黎府　274，275
ロップリ　华富里　230，232，240—242，244
ローマ　罗马　208
ロングハウス　长屋　44，64，205
ロンボク　龙目岛　34，234

ワ　WA
輪中　围垦地堤坝　95，97—99
輪中地帯　围垦地堤坝地带　93
輪中堤　围垦地堤坝　96，98，255，270
ワタ　棉花　45，48，65，83，212
綿畑　棉花田　273

人名索引

F
古川久雄　古川久雄　190，195，197，238，283
G
Gordon Hannington Luce　戈登・汉宁顿・卢斯　224，225

H

Henry Burney 亨利·伯尼　250，286

I

石沢良昭　石泽良昭　212，284

伊東利勝　伊东利胜　222，224，225，285

J

Joachim K. Metzner　约阿希姆·梅茨纳　153，154，157，159

John Crawfurd　约翰·克劳福德　176，196

M

Mahoney　马奥尼　167

N

Nicholas Gervaise　尼古拉斯·吉尔文斯　242，244

新田栄治　新田荣治　200

O

尾高邦雄　尾高邦雄　216，285

P

P. W. Richards　保罗·理查兹　17，37

Peter Kunstadter　皮特·昆斯塔特　40，44，49，193

S

斉藤照子　齐藤照子　221，224，225，285

桜井由躬雄　樱井由躬雄　200，285

Simon de La Loubére　西蒙·德·拉·卢贝尔　242—244，286

Stewart　斯图亚特　224

T

Theodore G. Th. Pigeaud　西奥多·皮格奥得　239，286

Thomas Stamford Raffles　托马斯·斯坦福·莱佛士　262，267，287

トメ·ピレス　多默·皮列士　233，236，286

U
植村泰夫　植村泰夫　263，287
V
Van Setten van der Meer　范·赛顿·范德梅尔　237，286
W
渡部忠世　渡部忠雄　37，59，193，208，213，283，284
Y
八幡一郎　八幡一郎　213，283，284

译者后记

如何站在巨人的肩膀上，百尺竿头、更进一步，不断深化东南亚区域国别研究，是学界同人孜孜以求的目标。译者在常年从事东南亚区域国别研究的过程中，始终觉得有关东南亚的诸多基础知识和认知还有待进一步完善。根据"海外东南亚研究译丛"顾问团和编委会推出的推荐翻译目录，在得到各方的大力支持下，历时四年，译者最终完成了《东南亚的自然环境与土地利用》的翻译和校对工作。通过这一工作，相信将有助于厘清东南亚各国土地利用和生态环境的基本脉络，并为中国学界深化东南亚人文社会历史生态研究提供一些有益的参考。当然，对于作者在日文原著中的一些观点和结论，译者也绝非完全赞同，例如其对东山文化及荷兰殖民统治的论述与中国学界的主流观点并不一致，且作者也回避了日本统治东南亚期间的相关史实。这可能与作者在当时缺乏与中国学界的交流也有关系。译者希望借助该书的翻译和出版，抛砖引玉，求教于方家。

本书各章的翻译分工如下：毕世鸿负责引言、序言、第二章、结语的翻译以及全书的校对工作，李秋艳负责第一章、第三章的翻译。在本书的翻译过程中，赵娟（云南大学外国语学院）、王继琴（云南大学外国语学院）、耿鑫（云南大学外国语学院）、李益璐（云南大学外国语学院）、李灵晟（云南大学外国语学院）、李根（云南大学国际关系研究院）、张国宝（中国建筑第八工程局有限公司华南分公司）、杜薇（云南大学国际关系研究院）、赵如意（云南大学外国语学院）、申帅霞（云南大学国际关系研究院）、林友洪（云南大学国际关系研究院）、屈婕（云南大学国际关系研究院）、马丹丹（曲靖师范学院马克思主义学院）、朱竞熠（云南大学国际关系研究院）、高莹（云南大学国际关系研究院）等，亦参与了资料的收集、译稿的核实和整理等相关工作。

在本书稿的审校过程中，还先后得到了孙来臣（加利福尼亚州立大学富勒敦分校）、杨绍军（云南大学）等学界前辈和同人的大力支持与鼓励。孙来臣、包茂红（北京大学历史系）、熊理然（云南师范大学地理学部）、金山（海南大学外国语学院）、周伟（海南大学国际学院）、傅聪聪（北京外国语大学亚洲学院）、李宇晴（清华大学国际与地区研究院）、霍然（北京外国语大学亚洲学院）、夏方波（清华大学国际与地区研究院）、王令齐（清华大学国际与地区研究院）、管浩（清华大学国际与地区研究院）、王晓峰（清华大学国际与地区研究院）、宋天耘（清华大学国际与地区研究院）、缪斯（清华大学国际与地区研究院）、曾嘉慧（清华大学国际与地区研究院）、胡昕怡（北京大学外国语学院）、黄友贤（海南省民族研究所）、张燕（中国人民解放军战略支援部队信息工程大学洛阳校区）、陈羲（中国人民解放军战略支援部队信息工程大学洛阳校区）、吴疆（莱顿大学语言学中心）、张佳琛（北京外国语大学欧洲语言文化学院）等同人为本书的审阅和校对倾注了大量心血，特别是为本书有关东南亚各地地名、各民族名称、各种物品和工具用具名称以及计量单位等专有词汇的翻译校对提出不少真知灼见。同期，译者还参阅了梁志明等主编《东南亚古代史》（北京大学出版社2013年版），贺圣达《东南亚历史重大问题研究》（云南人民出版社2015年版），澳大利亚安东尼·瑞德《东南亚的贸易时代：1450—1680年》（吴小安、孙来臣、李塔娜译，商务印书馆2013年版），日本冈田谦、尾高邦雄《黎族三峒调查》（金山、李明玲、陈宝环、金雪译，民族出版社2009年版）等著作，得到诸多启发。如果没有这些支持与鼓励，本书是无法如此顺利完成翻译和校对的。

关于本书中文译著书名，日语原著为《東南アジアの自然と土地利用》，经咨询地理学学者意见，在中文表达习惯中，"自然"一般与"环境"或"地理"结合起来使用，形成诸如"自然环境""自然地理"的概念。结合该书名后半句"土地利用"的表述，书名译为《东南亚的自然环境与土地利用》，更能准确表达原著中心思想。此外，需要说明的是，限于当时的条件，加之时代的变迁，在日文原著中，作者在使用中国和东南亚相关地名、民族名称或人名时，亦有一些遗漏和错别字，一些地名也发生了变化。为便于读者阅读和查证，在得到学界同人的大力支持下，译者根据目前通行的名称及说法，详细参阅《诸蕃志》《岛夷志略》《瀛涯胜览》等中国古代经典著作，对其尽可能地进行了校对和修改，补录汉籍古典原文，以保持原文韵味，并做了若干译者注释。针对东南亚的各地历史及一些少见的地名和人名，译者还参考了姚楠、周南京主编《东南亚历史词典》（上海辞书出版社1995年版），李崇岭主编《东南亚地名译名手册》（星球地图出版社1996年版），葡萄牙多默·皮列士《东方志：从红海到中国》（何高济译，中国人民大学出版社2011年版），李毅夫、王恩庆等编《世界民族译名手册（英汉对照）》（商务印书馆1982年版），《世界地名翻译手册》（知识出版社1988年版），新华通讯社译名室编《世界人名翻译大辞典（修订版）》（中国对外翻译出版公司2007年版）等工具书。对于日文原著中三级标题的序号，译者根据中国学界的惯例做了调整。对于日文原著注释及资料来源中缺失或有误的著作版权等相关信息，译者也尽可能做了更正和完善。日文原著中的注释原列在各章末，为便于读者阅读，译者将其调整为页下注，并与译者注一并排列。当然，翻译无止境，由于译者水平和学识的局限，本书中的错误和不当之处无疑不少。特别是由于缺乏对东南亚各国语言、民族文化、历史和地理的研究，使得一些专有名词的翻译仍有不尽人意的地方。诸如此类，不一而足。在此，真诚希望各位学者和读者不吝指正，以便于我们今后改进。

感谢王立礼博士、云南省哲学社会科学专家工作站和教育部哲学社会科学实验室云南大学"一带一路"研究院对翻译、出版等所提供的资助和支持。译者还要感谢商务印书馆各位同人为本书出版所提供的各种便利,并为此提出了许多宝贵的修改意见,付出大量的时间和精力进行润色,使本书增色不少。对于学界同人的各种支持和帮助,借本书翻译出版之机,译者一并表示最为诚挚的谢意。

毕世鸿

2023 年 3 月

图书在版编目(CIP)数据

东南亚的自然环境与土地利用 /（日）高谷好一著；毕世鸿，李秋艳译. -- 北京：商务印书馆，2025.（海外东南亚研究译丛）. -- ISBN 978-7-100-24448-0

Ⅰ.X323.3；F333.011

中国国家版本馆CIP数据核字第2024407M92号

地图审图号：GS（2025）0409号

权利保留，侵权必究。

本书系以下项目的阶段性研究成果
（1）国家社会科学基金中国历史研究院重大历史问题研究专项2023年度重大招标项目"东南亚现代国家发展历史"（23VLS026）
（2）云南省哲学社会科学专家工作站（2022GZZH01）
（3）教育部哲学社会科学实验室云南大学"一带一路"研究院建设项目

东南亚的自然环境与土地利用
〔日〕高谷好一 著
毕世鸿 李秋艳 译
毕世鸿 校

商务印书馆出版
（北京王府井大街36号 邮政编码100710）
商务印书馆发行
三河市尚艺印装有限公司印刷
ISBN 978-7-100-24448-0

2025年3月第1版　开本880×1260　1/32
2025年3月第1次印刷　印张10 3/8
定价：78.00元